国防工业出版社

王大轶　魏春岭　熊　凯　著

航天器自主导航技术
Autonomous Navigation Technology for Spacecraft

国防工业出版社
National Defense Industry Press

图书在版编目(CIP)数据

航天器自主导航技术/王大轶,魏春岭,熊凯著.—北京:
国防工业出版社,2017.4
(航天器和导弹制导、导航与控制丛书)
ISBN 978 - 7 - 118 - 11263 - 4

Ⅰ.①航…　Ⅱ.①王…　②魏…　③熊…　Ⅲ.①航
天导航　Ⅳ.①V556

中国版本图书馆 CIP 数据核字(2017)第 044251 号

航天器自主导航技术

著　　　者　王大轶　魏春岭　熊　凯
责 任 编 辑　肖　姝　王　华
出 版 发 行　国防工业出版社(010 - 88540717　010 - 88540777)
地 址 邮 编　北京市海淀区紫竹院南路23 号,100048
经　　　售　新华书店
印　　　刷　三河市腾飞印务有限公司
开　　　本　710 × 1000　1/16
印　　　张　20¾
印　　　数　1 - 2000 册
字　　　数　320 千字
版 印 次　2017 年 4 月第 1 版第 1 次印刷

定　　　价　112.00 元　　　　　　　　(本书如有印装错误,我社负责调换)

致读者

本书由中央军委装备发展部国防科技图书出版基金资助出版。

为了促进国防科技和武器装备发展,加强社会主义物质文明和精神文明建设,培养优秀科技人才,确保国防科技优秀图书的出版,原国防科工委于 1988 年初决定每年拨出专款,设立国防科技图书出版基金,成立评审委员会,扶持、审定出版国防科技优秀图书。这是一项具有深远意义的创举。

国防科技图书出版基金资助的对象是:

1. 在国防科学技术领域中,学术水平高,内容有创见,在学科上居领先地位的基础科学理论图书;在工程技术理论方面有突破的应用科学专著。

2. 学术思想新颖,内容具体、实用,对国防科技和武器装备发展具有较大推动作用的专著;密切结合国防现代化和武器装备现代化需要的高新技术内容的专著。

3. 有重要发展前景和有重大开拓使用价值,密切结合国防现代化和武器装备现代化需要的新工艺、新材料内容的专著。

4. 填补目前我国科技领域空白并具有军事应用前景的薄弱学科和边缘学科的科技图书。

国防科技图书出版基金评审委员会在中央军委装备发展部的领导下开展工作,负责掌握出版基金的使用方向,评审受理的图书选题,决定资助的图书选题和资助金额,以及决定中断或取消资助等。经评审给予资助的图书,由中央军委装备发展部国防工业出版社出版发行。

国防科技和武器装备发展已经取得了举世瞩目的成就，国防科技图书承担着记载和弘扬这些成就，积累和传播科技知识的使命。开展好评审工作，使有限的基金发挥出巨大的效能，需要不断地摸索、认真地总结和及时地改进，更需要国防科技和武器装备建设战线广大科技工作者、专家、教授，以及社会各界朋友的热情支持。

让我们携起手来，为祖国昌盛、科技腾飞、出版繁荣而共同奋斗！

国防科技图书出版基金

评审委员会

国防科技图书出版基金
第七届评审委员会组成人员

《航天器和导弹制导、导航与控制》丛书编委会

陈祖贵　　周　军　　周东华　　房建成*　　孟执中*

段广仁　　侯建文　　姚　郁　　秦子增　　夏永江

徐世杰　　殷兴良　　高晓颖　　郭　雷*　　郭　雷

唐应恒　　黄　琳*　　黄培康*　　黄瑞松*　　曹喜滨

崔平远　　梁晋才*　　韩　潮　　曾广商*　　樊尚春

魏春岭

常务委员（按姓氏笔画排序）

任子西　　孙柏林　　吴　忠　　吴宏鑫*　　吴森堂

张天序　　陈定昌*　　周　军　　房建成*　　孟执中*

姚　郁　　夏永江　　高晓颖　　郭　雷　　黄瑞松*

魏春岭

秘　书　　全　伟　　宁晓琳　　崔培玲　　孙津济　　郑　丹

注：人名有*者均为院士。

总 序

　　航天器（Spacecraft）是指在地球大气层以外的宇宙空间（太空），按照天体力学的规律运行，执行探索、开发或利用太空及天体等特定任务的飞行器，例如人造地球卫星、飞船、深空探测器等。导弹（Guided Missile）是指携带有效载荷，依靠自身动力装置推进，由制导和导航系统导引控制飞行航迹，导向目标的飞行器，如战略/战术导弹、运载火箭等。

　　航天器和导弹技术是现代科学技术中发展最快、最引人注目的高新技术之一。它们的出现使人类的活动领域从地球扩展到太空，无论是从军事还是从和平利用空间的角度都使人类的认识发生了极其重大的变化。

　　制导、导航与控制（Guidance，Navigation and Control，GNC）是实现航天器和导弹飞行性能的系统技术，是飞行器技术最复杂的核心技术之一，是集自动控制、计算机、精密机械、仪器仪表以及数学、力学、光学和电子学等多领域于一体的前沿交叉科学技术。

　　中国航天事业历经 50 多年的努力，在航天器和导弹的制导、导航与控制技术领域取得了辉煌的成就，达到了世界先进水平。这些成就不仅为增强国防实力和促进经济发展起了重大作用，而且也促进了相关领域科学技术的进步和发展。

　　1987 年出版的《导弹与航天丛书》以工程应用为主，体现了工程的系统性和实用性，是我国航天科技队伍 30 年心血凝聚的精神和智慧成果，是多种专业技术工作者通力合作的产物。此后 20 余年，我国航天器和导弹的制导、导航与控制技术又有了突飞猛进的发展，取得了许多创新性成果，这些成果是航天器和导弹的制导、导航与控制领域的新理论、新方法和新技术的集中体现。为适应新形势的需要，我们决定组织撰写出版《航天器和导弹制导、导航与控制》丛书。本丛书以基础性、前瞻性和创新性研究成果为主,突出工程应用中的关键技术。这套丛书不仅是新理论、新方法、新技术的总结与提炼,而且希望推动这些理论、方法和技术在工程中推广应用,更希望通过"产、学、研、用"相结合的方式使我国制导、导航与控制技术研究取得更大进步。

本丛书分两个部分:第一部分是制导、导航与控制的理论和方法;第二部分是制导、导航与控制的系统和器部件技术。

本丛书的作者主要来自北京航空航天大学、哈尔滨工业大学、西北工业大学、国防科学技术大学、清华大学、北京理工大学、华中科技大学和南京航空航天大学等高等学校,中国航天科技集团公司和中国航天科工集团公司所属的研究院所,以及"宇航智能控制技术""空间智能控制技术""飞行控制一体化技术""惯性技术""航天飞行力学技术"等国家级重点实验室,而且大多为该领域的优秀中青年学术带头人及其创新团队的成员。他们根据丛书编委会总体设计要求,从不同角度将自己研究的创新成果,包括一批获国家和省部级发明奖与科技进步奖的成果撰写成书,每本书均具有鲜明的创新特色和前瞻性。本丛书既可为从事相关专业技术研究和应用的工程技术人员提供参考,也可作为相关专业的高年级本科生和研究生的教材及参考书。

为了撰写好本丛书,特别聘请了本领域德高望重的陆元九院士、屠善澄院士和梁思礼院士担任丛书编委会顾问。编委会由本领域各方面的知名专家和学者组成,编著人员在组织和技术工作上付出了很多心血。本丛书得到了中央军委装备发展部国防科技图书出版基金资助和国防工业出版社的大力支持。在此一并表示衷心感谢!

期望这套丛书能对我国航天器和导弹的制导、导航与控制技术的人才培养及创新性成果的工程应用发挥积极作用,进一步促进我国航天事业迈向新的更高的目标。

丛书编委会
2010 年 8 月

序

当今，人类社会正处在一个科技创新成果不断涌现的重要时期，世界科技发展的势头非常迅猛，正孕育着新的重大突破。航天技术促进了人类对太空资源的开发利用，已成为推动经济发展和知识传播应用的重要引擎，吸引着众多有理想、有抱负的年轻人投身于这项事业，并为之奋斗。

经过 40 多年的发展，我国已成为世界上拥有地球卫星最多的国家之一，成功实现了载人航天和绕月探测，建设了"北斗"卫星导航定位系统，同时，火星探测、登月等项目也在进行之中。航天器数量逐年增加、任务能力不断提升，对不依赖地面测控的自主导航技术提出了迫切需求。开展新机理新体制自主导航技术研究，能够提升高价值空间系统的自主态势感知和持久信息保障能力，对保障国家利益和公共安全具有重要意义。

本书在大量参考国外资料的前提下，与我国的工程实践紧密结合，系统、深入地阐述了航天器自主导航的基本原理、关键技术、数据处理和试验方法，并对未来研究方向进行了分析与展望，比较充分地反映了自主导航技术的飞速发展状况。本书的出版为我国下一代智能高品质卫星平台和空间机器人导航系统的研发提供了理论依据，对将来小行星和木星系探测、地外生命探寻等重大工程方案的论证具有借鉴价值，较好地满足了当前日益增长的技术需求。

我曾担任北京控制工程研究所所长，本书作者王大轶、魏春岭和熊凯发扬老一辈航天人的科学精神和工作态度，坚持理论和方法创新，做出了卓有成效的工作，解决了一系列技术难题，取得了具有应用价值的研究成果,本书是作者十多年科研、教学成果的总结与提炼。

殷切希望本书能够为我国航天控制领域的科研人员,尤其是新加入航天科技攻关队伍的年轻人提供有价值的参考,并为航天器自主导航技术的推广应用起到积极的促进作用,衷心祝愿作者在今后的科研工作中取得更大进步,同时祝愿从事相关研究的学者们为我国航天科技发展做出更大贡献。

刘良栋

2017 年 2 月

前　言

　　航天器自主导航指的是在不依赖地面支持的情况下,仅利用自身携带的测量设备在轨实时确定航天器位置和速度的技术。自主导航能够降低航天器对地面测控的依赖程度,提高航天器的自主性和安全性。本书以地球轨道航天器为应用对象,重点论述以自然天体为测量目标的天文导航技术,内容涉及天文导航的基础理论、导航滤波算法、基于光学导航敏感器的目标测量和误差校正方法,以及地面试验验证技术等。

　　全书内容分为四部分,共 10 章。第一部分是基本概念和基本原理,其中第 1 章为绪论,介绍了自主导航的基本概念,综述了在航天任务中的发展历程和技术特点;第 2 章和第 3 章分别介绍了自主导航的基本原理以及自主导航滤波方法和性能分析方法。第二部分研究了针对不同敏感器配置方案的自主导航技术和提高自主导航精度的实用方法,包括第 4 章～第 8 章,分别是:基于红外地球敏感器和星敏感器的自主导航技术、基于一体化日－地－月敏感器的自主导航技术、基于紫外敏感器的自主导航技术和星间测量辅助的自主导航方法,以及自主导航系统误差建模与在轨校正技术。第三部分(第 9 章)主要介绍了自主导航的数学仿真和半物理仿真试验技术。第四部分(第 10 章)是全书总结和对技术发展趋势的展望。

　　本书是作者十多年相关研究成果的总结和提炼,重点论述了地球轨道航天器自主导航的理论、方法和技术问题,分析了提高自主导航精度的技术途径,是一本融基础理论方法与仿真试验技术为一体的学术专著,既可作为航天工程领域科研人员的参考书,也可作为高等院校相关专业研究生和高年级本科生的教材。

　　本书成稿过程中,得到了"空间智能控制技术"重点实验室航天器自主导航技术研究团队的大力支持,其中李骥、李茂登、黄翔宇、张斌等参与了本书仿真试验以及数据整理工作。

承蒙刘良栋研究员、吴宏鑫院士对本书给予了指导,李果研究员、李铁寿研究员和何英姿研究员提出了宝贵意见,国防工业出版社做了大量工作,在此一并致谢。

本书研究工作得到了国家杰出青年科学基金(61525301)、国家自然科学基金(61690215、61673057、61573059)、北京市自然科学基金(4162070)、民用航天项目、国家 973 计划和北京控制工程研究所的大力支持,本书的出版得到了国防科技图书出版基金的资助,作者在此表示衷心的感谢。

自主导航技术发展迅速,加上作者水平所限,难以全面、完整地就研究前沿一一深入探讨。书中错误及不当之处,恳请广大读者批评指正。

作者

2017 年 1 月于北京

目 录
CONTENTS

第1章

绪 论

随着航天事业的蓬勃发展,地球轨道上运行的各类航天器数目不断增多,给地面测控系统带来的负担越来越大。目前国内外航天器的导航和控制大多数靠地面设备完成,主要方式是采用地面站的光学和无线电系统对航天器进行跟踪测量,然后利用地面计算机确定航天器的位置,经上行遥控设备将运动参数和控制指令注入到航天器上,再由航天器在轨实施。但是,随着任务需求的变化,人们对航天器在轨运行的自主性提出了更高的要求。所谓自主性是指航天器在脱离地面测控支持的情况下,仍然能够维持正常运行的能力。航天器实现自主运行,不仅能够降低其对地面测控的依赖程度,提高自主生存能力,还能缓解国土面积有限对地面站布局的制约,提升航天器在测控区外的任务能力。航天器自主运行技术的发展不仅是航天任务安全成功的重要保障,也是对地面测控的有效补充。

国际上有影响力的航天大国都十分重视航天器自主运行技术的发展。航天器自主运行涉及自主导航与控制、自主健康管理、自主感知与态势评估、自主任务规划与调度等多个方面,自主导航是其中核心关键技术,是航天器实现轨道姿态自主控制,以及执行在轨操作、交会对接等空间任务的前提。航天器自主导航技术已经有50多年的发展历史,取得了众多研究成果,进行过多次飞行试验,具备了在轨应用的技术能力。

地球轨道航天器是空间应用的主力军,在遥感、通信、导航、气象、预警等领域发挥着重要作用,是支撑军事现代化和国民经济建设的重要力量。地球轨道航天器自主导航技术具有广泛的应用前景,是航天领域研究的热点问题。本书以航天器实现自主导航为目的,重点研究讨论了相关的理论、方法和技术问题。

1.1 航天器自主导航基本概念

从广义内涵来说,导航(Navigation)指的是确定载体(或运动体)相对某个坐标系的位置、速度、姿态以及姿态变化率。由于习惯上的原因,对于长期在轨道上稳定运行的航天器,通常将轨道确定问题和姿态确定问题分开讨论。姿态确定是指利用姿态敏感器的测量数据,计算航天器相对某个基准或目标方位的过程。航天器的轨道是航天器在天体中心引力和其他外力的作用下其质心运动的轨迹。轨道确定指的是通过对测量数据进行处理,给出航天器在给定时刻的位置和速度,并基于航天器在一个时间序列上的位置和速度求得其轨道参数。通常把为航天器轨道控制或制导所进行的轨道确定称为航天器导航,将仅利用航天器自身携带的测量设备和计算装置而不依赖于地面支持的导航称为航天器自主导航。

由于参考坐标系选取的不同,可将航天器导航分为绝对导航和相对导航,通常将相对某一空间目标固联坐标系的运动参数确定称为相对导航,将相对地心惯性系的运动参数确定称为绝对导航。相应地,航天器自主导航也可分为自主绝对导航和自主相对导航。在空间目标操控任务中确定追踪航天器相对于目标航天器的位置和速度,属于相对导航的研究范畴。本书重点讨论地球轨道航天器的自主绝对导航问题,即利用敏感器测量数据确定(或估计)航天器相对地心惯性坐标系的位置和速度(或轨道参数)。

为了适应不同空间运动体的需要,人们发展了多种自主导航方法,其中惯性导航在航空、航海等领域应用最为广泛。惯性导航系统(INS)具有自主性好的优点,与外界不发生光、电联系,一般由陀螺和加速度计组合测量载体相对惯性空间的角速度和线加速度,通过积分解算获得载体相对基准坐标系的导航参数。作为一种航位推算系统,高精度的惯性导航不仅需要高精度测量,还需要有准确的导航初值,即要解决好初始对准问题。对于长期在轨道上运行的航天器,由于所受的非保守力非常微弱,加速度计测量的信噪比很低,惯性导航解算本质上是轨道外推计算,受轨道动力学模型误差累积等因素的影响,难以保证自主导航的长期精度要求。因此,惯性导航系统通常不能单独用作航天器正常运行期间的自主导航手段,一般需和其他直接测量手段组合使用,如建立 GPS(全球定位系统)/INS 或天文/INS 组合导航系统等。考虑到惯性导航的理论方法和应用问题在现有的文献专著中多有介绍,本书重点论述以自然天体为测量目标的地球轨道航天器自主天文导航方法,对于具体惯性导航技术不做过多介绍。

▶ 1.2 地球轨道航天器自主导航方法

从 20 世纪 60 年代开始,美国、苏联和欧空局先后对多种适于地球轨道航天器应用的自主导航方法进行了研究,研制了相应的星载测量设备,其中一部分进行了在轨飞行试验,包括"林肯试验卫星"8 号和 9 号的在轨自主位置确定试验、利用"阿波罗"8 号载人飞船的空间六分仪自主导航系统飞行试验、在远紫外探测器(EP/EUVE)上进行的基于跟踪和数据中继卫星系统(TDRSS)的导航系统飞行试验,以及俄罗斯的基于雷达高度计的自主导航系统试验等。50 多年来,航天器自主导航技术取得了长足的进步,表 1 - 1 对历史上已经研制出来的几种航天器自主导航系统进行了归纳,并做了简单评述。

表 1 - 1 国外地球轨道航天器自主导航技术发展概况

导航方式	验证手段	精度水平	信息获取方式	主要适用范围
星光 + 地心方向	飞行试验 (欧洲空间局)	5km	利用成像型敏感器同时观测地球边缘和恒星,得到惯性系下的地心方向信息	地球卫星
空间六分仪	飞行试验(美国)	千米级	通过高精度的望远镜系统测量恒星与近天体(如地球或月球)边缘之间的夹角	地球卫星
星光折射	在轨测量 + 地面处理 (美国、法国)	150m ~ 1km	利用星敏感器测量恒星星光在通过地球边缘的大气层时所发生的折射角,间接得到地平信息	中低轨航天器

（续）

导航方式	验证手段	精度水平	信息获取方式	主要适用范围
日-地-月方位测量	飞行试验（美国）	1.5km	在地球敏感器的基础上增加一对日、月敏感器，观测地心、日、月方向矢量以及地球红外辐射圆盘的角半径，确定卫星的轨道和姿态	地球卫星
导航星	在轨应用（美国）	10m	利用导航信号接收机测量导航星提供的伪距信息	中低轨航天器
脉冲星	在轨测量＋地面处理（美国）	千米级	通过 X 射线探测器和精确的时钟测量脉冲星发射的脉冲信号到达航天器与到达太阳系质心的时间之差	地球卫星、深空探测器
中继卫星	飞行试验（美国）	50m	通过信号接收机获取中继卫星发送的时间码和中继卫星的位置信息，并将时间码与用户航天器上的时钟给出的时间进行对比得到伪距观测量	地球卫星
星间相对测量	在轨应用（美国）	60天预报误差小于3m	通过星间相对测量设备获得的星间距离的测量值，以及其他卫星通过星间链路发送过来的轨道数据进行导航	星座卫星
雷达高度计	搭载试验（俄罗斯）	1～1.5km	基于地球敏感器和雷达高度计测量地垂线方向和卫星到海平面的距离	低轨航天器
地磁导航	在轨测量＋地面处理（美国）	10km	利用磁强计测量地磁场强度，间接取得卫星相对于地球的位置信息	低轨航天器
陆标导航	概念研究（美国）	200m～2km	陆标跟踪器给出卫星与陆标之间的方向矢量测量值，与惯性姿态信息相结合实现自主导航	低轨航天器

以美国为代表的航天大国在自主导航技术领域处于领先地位,从基本概念和理论方法研究,到演示验证和技术实现,都已取得了许多成果。应当说明,基于自然天体测量的全自主导航与 GPS 导航相比,精度还比较低,一般在数百米到数千米之间,与 GPS 导航相差 1 ~ 2 个数量级。以现有的技术水平,利用传统的单星全自主导航方法,包括基于星光 + 地心矢量、星光折射、日 - 地 - 月方位测量、地磁和雷达高度计的导航,还难以满足地球轨道航天器长时间高精度自主运行的要求。因此,有必要研究发展一些新型的自主导航方式,如 X 射线脉冲星导航、基于相对测量的绝对定轨、地球重力场匹配和基于信息融合的全源导航等。

从所采用的导航原理来看,地球轨道航天器自主导航方法大致可分为三类。

（1）基于天体测量的天文导航:通过测量航天器相对自然天体的方位和/或距离实现导航定位,这是一种建立在行星和恒星参考坐标系上的导航方法。通常要求被测天体的位置或方位已知,基于一个时间序列上的观测量,结合轨道动力学模型确定航天器的轨道参数。星光 + 地心方向、空间六分仪、星光折射等可归于这一类导航方法。

（2）基于信标测量的自主导航:这里的信标既可以是地球表面的信标,也可以是星历精确已知的人造天体或天然信标。基于航天器上的接收机或探测器接收若干不同位置的信标发射的具有一定规律的信号,获得相对距离和/或距离变化率的测量,结合轨道动力学模型确定航天器的轨道参数。GPS 导航、X 射线脉冲星导航属于典型的信标导航;利用星间链路伪距测量实现的星座自主导航也可归为此类,该导航方式与传统信标导航方法的区别在于信标的位置事先可以是未知的。

（3）地球/地理信息匹配导航:这类方法首先要利用星载仪器（如光学成像敏感器、磁强计或重力梯度仪）获得对某种地球物理场或地表信息的测量,然后通过与物理场模型或地表特征进行匹配确定航天器运行轨道。陆标导航、地磁导航和重力场匹配导航均可归为此类。

以上三类方法原理不同,具体实现方式各有特点,适用条件和研究的难点也不尽相同。下面对三类自主导航方法的典型实例进行简要介绍。

✍ 1.2.1 天文导航

天文导航指的是利用自然天体提供的空间基准场实现的自主导航。在天文导航系统中,导航敏感器的输出是航天器所在空间位置的某空间基准场在敏感方向上的数值反映。基于光学测量的天文导航是严格自主的,信号源是自然天体,不依赖人造信标或地面基站的支持。天文导航包括多种实现方法,典型的天文导航需要对一个近天体和至少两个远天体的方向进行测量。从几何上讲,测得近天体(地球或行星)中心与两颗恒星方向间的夹角,就以近天体为顶点,以恒星方向为轴线形成两个圆锥面。当这两个锥面相交时,产生两条交线(图1-1),卫星就处在其中一条交线上。基于一个时间序列上的测量值,能够给出航天器运行的轨道必须满足的约束条件,结合轨道动力学模型可以确定航天器的轨道。

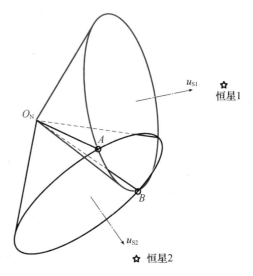

图1-1　两次夹角测量确定航天器的位置

以地球为近天体,以恒星为远天体的天文导航既适用于中低轨道航天器,也适用于高轨道航天器,只是所用敏感器的具体形式不同。在敏感器精度一定的情况下,自主导航精度会随着轨道的升高而有所降低。经在轨验证的低轨航天器天文导航精度为1km,高轨航天器天文导航精度为7~10km。

作为一种传统的自主导航方法,天文导航不仅可用于地球轨道航天器,还可在深空探测领域发挥重要作用。天文导航方法已在国内外多个航天任务中得到成功应用,例如,"深空"1号所采用的光学导航系统就是典型代表,其基本原理与地球轨道航天器天文导航相同,只是观测的目标天体换成了小行星和恒星。美国"深度撞击"探测器(Deep Impact)部分继承和发展了"深空"1号的自主导航系统,利用导航敏感器拍摄的彗星图像和姿态等信息,实现了撞击彗星前两小时的自主导航和控制。

1. **"星光 + 地心方向"自主导航**

通过测量当前位置地心方向矢量与恒星矢量的夹角来确定航天器的位置,是最易于应用的天文导航方法之一,基本方法为:利用星敏感器得到星光矢量在星敏感器测量坐标系中的方向,通过坐标转换,得到星光矢量在卫星本体坐标系中的方向;利用地球敏感器得到地心矢量在航天器本体坐标系中的方向,从而得到天文观测信息,如星光角距(地心方向矢量与星光方向矢量的夹角);再结合轨道动力学模型和卡尔曼滤波技术估计出航天器的位置。该导航方式利用航天器上现有的姿态敏感器(地球敏感器和星敏感器)作为导航敏感器,具有成本低、技术成熟和可靠性好的优点。但是,由于大气层的覆盖,地球边缘的亮度随高度逐渐变暗,使得地球边缘显得模糊,事实上很难通过敏感器测量精确地确定地球边缘的位置,因此,利用地球敏感器直接测量得到的地心矢量精度较低,导致该自主导航方法的精度受到限制。与星敏感器相比,地球敏感器测量地心方向的精度较低,因此,"星光 + 地心方向"自主导航精度主要取决于地球敏感器的地心方向测量精度。

美国研制的空间六分仪是一种基于光学测量的天文导航敏感器,曾利用"阿波罗"飞船进行了有人操作的导航飞行试验。所采用的导航敏感器包括安装在飞船指令舱内刚性基座上的六分仪、扫描望远镜和惯性测量单元等,其中,六分仪是一个双视线的窄视场测量装置,视线 1 瞄准某一近天体(如地球)的边缘,视线 2 指向星历已知的远天体(如恒星),测量恒星视线与地平视线之间的角距。两个望远镜视线夹角的测量精度可达 1″,对于低轨道航天器,理论上的导航精度可达数百米。

1975 年,美国空军发射的林肯试验卫星(Lincoln Experimental Satellite, LES)实现了卫星自主导航技术的演示验证。星上测量系统包括两个太阳敏感器和地球敏感器,自主导航精度为千米量级,基于自主导航信息的自主位置保持控制精度达到 0.06°。该试验首次验证了地球轨道航天器自主导航的可行性,具有划时代的意义。

随着对地球辐射和散射特性认识的逐渐深入,以及成像敏感器和图像处理技术的进步,基于光学成像测量的天文导航方法逐渐受到重视。2000 年,欧洲空间局在意大利微小卫星(Italian Advanced Technology Minisatellite)上进行了基于成像敏感器(Micro Tech Sensor for Attitude and Orbit Measurement System,MTS – AOMS)的低轨航天器自主导航飞行试验,采用可见光恒星/地球组合导航敏感器实现的导航精度约为5km。图1 – 2为恒星/地球组合导航敏感器原理图。

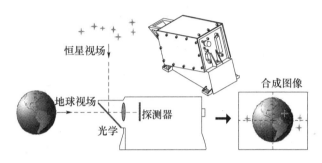

图1 – 2　恒星/地球组合导航敏感器原理图

由于地球大气在可见光谱段的特性不是很稳定,受季节、天气等因素影响明显,而地球紫外辐射相对而言更为稳定,因此,基于成像式紫外敏感器的地球轨道航天器自主导航具有潜在的优势。紫外敏感器是20世纪90年代作为姿态敏感器出现的,美国曾利用航天飞机进行了紫外敏感器飞行试验。我国正在大力发展基于紫外敏感器的自主导航系统,采用共光学系统组合视场测量方式设计了紫外敏感器样机,解决了地球和恒星同光电探测器成像问题,通过图像处理直接获取惯性空间中的地心矢量信息,通过一体化结构降低了相对安装误差的影响。所研制的紫外敏感器具有结构紧凑、像差小、视场宽的特点,能够同时对多个天体目标进行测量,集成了地球敏感器和星敏感器的功能,可以提供航天器姿态和自主导航信息。采用成像式紫外敏感器进行自主导航,可供利用的测量信息不仅包括地心矢量,还包括地球视半径(可转化为地心距信息),在状态估计过程中引入地心距信息能够有效提高导航滤波收敛速度。

2. 基于日 – 地 – 月方位测量的自主导航

天文导航系统通过对近天体和远天体的测量建立航天器所在位置的几何约束,再结合轨道动力学约束确定航天器的位置或轨道参数。除恒星和地球外,轨道已知的太阳和月亮也可作为导航天体。对于近地轨道航天器而言,由于日 – 地 – 月三大天体与航天器的距离较近,光学信号较强,光学特征显著,因此,基于日 – 地 – 月方位测量的自主导航是一种有效的工作模式。美国 Microcosm 公司在 20 世纪 90 年代开发了基于一体化日-地-月敏感器的自主导航系统(MANS),导航敏感器由双圆锥红外地球敏感器和扫描式日/月敏感器构成,原理如图 1-3 所示。通过对地球红外辐射圆盘的角半径以及地心、日心、月心方向矢量的观测确定航天器的位置和姿态。1994 年,美国空军发射的"空间试验平台"0 号航天器搭载 MANS 导航系统进行了在轨飞行试验。

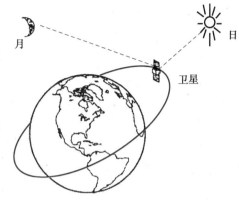

图 1-3 MANS 导航原理示意图

基于日-地-月方位测量的自主导航系统的主要特点在于导航敏感器的独特设计。日-地-月敏感器采用一体化设计消除不同敏感器之间的安装误差,利用红外检测信号的数字处理和前后两个双圆锥红外扫描视场分别对地球的两个半球进行扫描测量,能够部分消除与敏感器特性相关和与地球红外辐射季节性变化相关的地心矢量测量误差。此外,双圆锥红外地球敏感器不仅能够进行地心方向测量,还能给出航天器的轨道高度信息。

3.星光折射导航

由于地球表面/辐射椭球的模糊性,基于地球敏感器测量地心方向的精度有限(如适用于高轨航天器的红外地球敏感器测量精度约为 0.03°),限制了星光+地心方向、日-地-月方位测量等自主导航系统的性能。考虑到星敏感器的星光方向测量精度相对较高(典型精度水平为角秒级),为了改善自主导航系统性能,提出了仅依赖星敏感器的自主导航方法,其中最典型的是基于星光折射的导航方法。

当恒星星光穿过地球边缘的大气层时会产生折射,星光距地球表面的高度越低,折射角越大,如图 1-4 所示。通过安装在航天器上的星敏感器同时观测两颗恒星,一颗恒星的星光高于大气层的高度,星光未受折射,另一颗恒星的星光受到大气折射,这样两束星光之间的角距将不同于标称值,此角距的变化量即为星光折射角。利用星光折射角与大气密度的关系,以及大气密度随高度变化的数学模型,能够确定星光光线到地球表面的高度,这个高度反映了航天器与地心之间的几何关系,可用于导航解算,从而确定航天器位置。采用星光折射导航方法能够避免地球敏感器地心方向矢量测量精度低的问题。

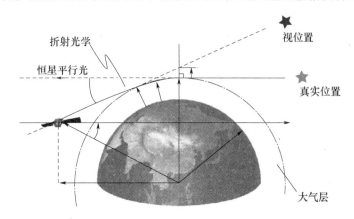

图1-4　星光折射角与卫星位置关系示意图

星光折射自主导航的基本过程为:通过星敏感器探测多颗通过地球大气折射的恒星星光矢量,对比恒星星图解算出星光折射角,根据地球大气模型计算对应星光到地心的距离;同时对三颗恒星折射星光的测量,即可确定地心在航天器本体坐标系的位置;通过坐标系转换,获得航天器在地心惯性坐标系内的位置,进而,通过轨道动力学模型实时解算出航天器的 6 个轨道参数,航天器的速度可以由其若干个连续时刻的位置计算得到。

星光折射自主导航是一种重要的全自主导航方式,其优势在于仅需要星敏感器就可完成定轨,不需要地面信息,无能量辐射,设备简便,便于轻小型化设计;相对于星光 + 地心方向等依赖地球敏感器的自主导航方式,理想情况下能够达到更高的导航精度。应当说明,星光折射自主导航精度依赖于大气折射模型的精度,例如,在 25km 的大气高度上,1% 的模型误差会造成 100m 的导航误差。因此,建立星光穿越大气的折射模型,并设法降低模型不确定性的影响,是星光折射导航研究需要解决的重点问题。

美国海军及国防部、法国国家空间研究中心对基于星光折射的自主导航方法进行了论证,并利用卫星在轨观测数据和平流层气球试验对大气折射特性进行了研究。结果表明,受纬度、季节、昼夜等因素的影响,大气密度变化很大,造成大气折射模型的精度较差,使得这种导航方法的应用受到限制。国内在星光折射导航理论方法方面进行了研究,在地面建立了大气模型并经过初步验证,但是距离应用水平还有一定差距,需要通过搭载试验对大气折射模型做进一步的检验和修正。

4.雷达高度计导航

采用多个雷达高度计,通过斜距测量解算地心方向和地心距离是另一种地球轨道航天器自主导航手段。俄罗斯研制的基于雷达高度计的自主导航系统是该导航方式的典型代表,系统由微波雷达高度计、星敏感器和捷联陀螺等组成,能够自主确定航天器的位置和三轴姿态。地垂线方向的测量误差是该导航系统的主要误差源,精度的改善受地球海平面高度模型的不确定性、微波波束方向相对于星体标定误差等因素的制约,需要较为精确的地表模型。由于雷达高度计的测量能力受到体积和功耗的限制,该方法主要适用于轨道高度低于1000km的航天器。图1-5为基于雷达高度计的自主导航仿真试验系统组成框图。

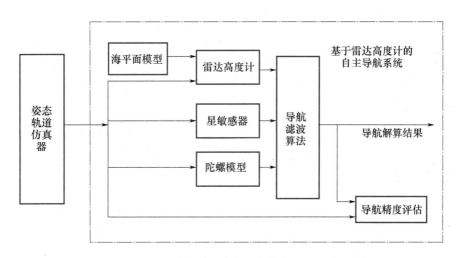

图1-5 基于雷达高度计的自主导航仿真试验系统组成框图

国内有学者对基于雷达高度计的航天器自主导航方法进行了研究,并开发了相应的数字仿真试验系统,系统主要由姿态轨道仿真器、海平面模型、敏感器模型、导航算法和精度评估模块五部分组成。在天文导航中引入雷达高度计测量,采用天文/雷达高度计组合导航方法,能够结合两者的优势,提高导航精度,实现地球轨道航天器整个运行过程中自主、连续的导航信息输出。

5.光谱红移导航

光谱红移导航是将航天器相对于太阳或其他天体的相对运动带来的多普

勒频移作为观测量的自主导航方式,具有高度自主、简单易行、无时延等优势,可以为航天器自主运行提供一种新的技术手段。假设航天器在空间飞行过程中可探测到包括太阳、木星、地球等若干天体的光信号,则根据多普勒效应原理,航天器测得的波长不等于该天体发出的波长,谱线会向着红色波段移动,也就是波长增加,这一现象在天文观测中称为红移。由于频率的变化量与航天器相对天体的运动状态相关,通过测量光谱频率的红移,可确定航天器的相对运动速度。基于多普勒频移的自主导航方式主要包括几何导航和基于动力学的自主导航两类,其中几何导航的原理为,观测相对于多个光源的多普勒频移,若观测的不共线天体数大于三个,则综合天体运行星历及航天器惯性姿态信息,即可确定航天器在惯性空间中的速度矢量,进而通过积分可获得航天器的位置参数。图1-6为光谱红移自主导航原理示意图。

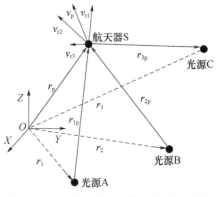

图1-6　光谱红移自主导航原理示意图

基于动力学的光谱红移导航方式将航天器动力学模型和多普勒红移观测相结合,通过迭代滤波得到航天器的位置和速度等状态变量。太阳作为主动辐射光源,可见性最好,因此,以太阳作为信号源的多普勒红移导航研究最为广泛。多普勒红移导航技术研究的关键是导航敏感器的设计和研制。应当说明,航天器观测到的多普勒效应不仅和相对运动有关,还和太阳动态干扰有很大的关系。如何减弱或者消除太阳动态干扰,是光谱红移导航研究需要解决的问题。

1.2.2　信标导航

天文导航采用星历已知的自然天体作为观测目标,通过光学敏感器测量得到航天器与不同天体的相对位置关系,从而确定航天器所在的位置。天体中心方向的测量误差会带来较大的导航误差,且通过光学敏感器测量天体视半径得到的距离信息往往精度不高,限制了天文导航精度的进一步提升。为了满足航天器高精度自主导航的任务需求,基于人造信标或天然信标的自主导航技术得到了迅速发展,典型代表包括全球导航星系统(GNSS)和X射线脉冲星导航(XNAV)系统等。

1. GNSS 导航

在基于人造信标的自主导航方法中,基于 GNSS 的自主导航技术尤其引人注目。GNSS 导航以位置精确已知的导航星为基准,通过测量航天器与各基准间的距离确定航天器的位置和速度。这种导航方式具有精度高、成本低的优点,能够实现单点定位,还可提供授时服务。GNSS 包括美国的 GPS、俄罗斯的 GLONASS、欧盟的 GALILEO 以及中国的北斗导航系统等,其中美国的 GPS 应用最广泛,如图 1 – 7 所示。

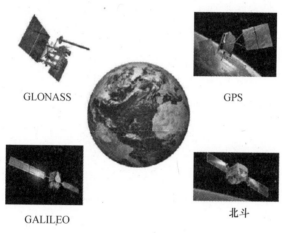

图 1 – 7　全球导航卫星系统示意图

导航星的作用相当于地球轨道上的地面站,利用导航星提供的伪距信息进行航天器导航与利用地面站进行轨道确定的原理相似。利用导航星不仅能够给出航天器的位置、速度和姿态信息,还能对航天器进行精确授时。近年来,利用 GNSS 对中低轨道卫星进行定位的技术已经成熟,并已得到部分应用。与天文导航等全自主导航方式相比,基于 GNSS 的导航方法精度要高得多。对于低轨航天器(1500km 以下),GNSS 接收机的信号电平和平均可观测到的 GNSS 卫星数目与地面上的情况相当,采用单频接收机的低轨航天器定轨精度已达 10m,授时精度达到 30ns,采用双频接收机的事后定轨精度可达厘米量级。我国自行研制的多系统兼容 GNSS 相对测量子系统作为"天宫"1 号目标飞行器和"神舟"8 号、"神舟"9 号、"神舟"10 号飞船测控分系统的核心导航敏感器,全程提供高精度的测量结果,在交会对接任务中发挥了重要作用。可以预见,未来能利用的卫星导航信号会越来越多,基于导航星的导航方式将发挥更大作用。应当说明,这种导航方式的缺点在于并不是完全自主的,它依赖于导航星座的稳定运行和由导航星网发布的导航电文。

利用 GNSS 对低轨道航天器进行导航能够达到的实时定轨精度已能满足绝大多数航天任务的要求。但目前 GNSS 星座都是为近地和地面用户提供导航和授时服务而设计的,对高轨卫星来讲,只能通过接收地球对面的导航星发射的信号进行导航,面临信号微弱、可见星少、定位几何差等诸多难题。美、欧开展高轨 GNSS 导航技术研究已有十几年时间,已进行了飞行验证,如 2001 年 NASA(美国国家航空航天局)发射的 AMSAT – OSCAR – 40 卫星,对 GPS 接收机用于 GEO 轨道航天器自主导航的可行性进行了验证,结果表明,在 GEO 轨道上能够接收到 GPS 卫星导航信号。图 1 – 8 为 GPS 星座和高轨卫星空间轨道示意图。

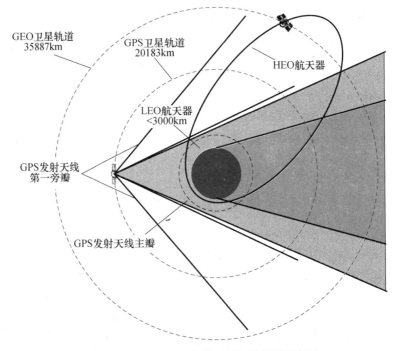

图 1 – 8　GPS 星座和高轨卫星空间轨道示意图

2015 年,MMS(Magnetospheric Multi – Scale Mission)为卫星星座发射。MMS 是由 4 颗大椭圆轨道卫星组成的星座,在该任务中,GPS 接收机作为星间测距和报警系统(Inter – satellite Ranging and Alarm System, IRAS)位置传感器的备选方案。在静止轨道卫星 GOES – R(Geostationary Operational Environmental Satellites)上, Navigator GPS 接收机为关键导航仪器。NASA 甚至研究了 Navigator GPS 应用于月球探测器导航的可行性。最近,我国进行了高轨 GNSS 自主导航定位在轨试验,进行了导航星可用星评估、GNSS 观测量精度评估和导航解算精度评估,验证了高轨 GNSS 信号接收特性和接收机在轨实时定轨精度,为后续高轨航天器自主导航应用奠定了技术基础。

随着 GNSS 导航技术应用的推广,基于 GNSS 的组合导航技术也得到了发展。除应用在近地飞行器和地表航行器上的 INS/GPS 组合导航外,针对轨道飞行器的 INS/GPS/天文组合导航也受到关注。1996 年, NASA 开始资助 Honeywell 公司研制空间组合 GPS/INS(SIGI)系统,要求综合利用 INS 和 GPS 领域的新兴技术,为空间应用提供一种低成本的自主导航系统。2000 年,由 Atlantis 宇宙飞船进行的试验验证了 SIGI 在空间应用的可行性。改进后的 SIGI 已成功应用于 X – 37B 等天地往返飞行器。此外,美国 NASA 还研究过基于跟踪和数据中继卫星系统(TDRSS)的自主导航技术,其原理与 GNSS 类似,用户航天器以位置精确已知的数据中继星为信标,通过伪距测量实现导航定位。该项技术利用 1992 年发射的远紫外探测器进行了飞行试验,试验结果表明,其精度与 GPS 相近。

2. 脉冲星导航

X 射线脉冲星导航技术的发展为航天器自主导航提供了一种新的思路和可行途径,引起了国内外的广泛研究,尤其是可为导航星星座提供一种独立的绝对时空基准,解决星座长时间自主运行问题。X 射线脉冲星是由中等质量的恒星塌陷形成的致密天体,这类天体能够以稳定的周期向宇宙空间发射 X 射线脉冲信号,并且脉冲星在天球上的位置可以精确测定。因此,脉冲星可以作为太空中的天然信标,为航天器提供导航信息。通过测量多颗脉冲星发射的脉冲信号到达航天器和到达太阳系质心(SSB)的时间之差,即可确定航天器的位置。X 射线脉冲星导航不仅可用于地球轨道航天器,还可推广应用于深空探测领域。由 NASA 和 DARPA(国防高级研究计划局)资助的研究团队所取得的成果展示了 X 射线脉冲星在导航领域的巨大潜力,基于 X 射线脉冲星的自主导航方法已经通过了初步验证。

利用脉冲星进行航天器自主导航的思想最早可以追溯到 40 多年前。1974 年,Downs 对基于脉冲星射电信号的航天器自主导航的可行性进行了研究,指出采用直径为 25m 的天线接收来自脉冲星的射电信号,可以达到约 150km 的定位精度。为了避免在航天器上安装大口径天线或望远镜等大型测量设备,Chester and Butman(1981)提出了基于脉冲星 X 射线信号的航天器自主导航方法,仿真结果表明,采用有效面积为 1000cm² 的 X 射线探测器可获得约 150km 的定位精度。

为了验证利用 X 射线脉冲星进行航天器导航的可行性,Wood 为美国海军研究实验室(NRL)设计了一套空间试验方案,即著名的非常规恒星特征试验(USA),内容包括利用脉冲星进行定轨、测姿和授时的具体方法。1999 年,作为 USA 试验平台的先进研究和地球观测卫星(Advanced Research and Global Observation Satellite,ARGOS)被发射升空,星上安装了有效面积为 1000cm² 的 X 射线望远镜,能够精确记录能量范围介于 1 ~ 15keV 之间光子的到达时间(TOA)(图 1 - 9)。

图 1 - 9　ARGOS 卫星及上面安装的 X 射线探测器

马里兰大学的Sheikh在X射线脉冲星导航方面做了大量工作,对脉冲星的辐射特性进行了详细分析,推导了脉冲到达时间转换方程,系统性地阐述了利用X射线脉冲星进行航天器绝对导航和相对导航的方法,并利用ARGOS卫星记录的大量原始数据,进行了脉冲星导航试验,达到的定位精度约为2km。

美国DARPA从2005年开始资助基于X射线源的自主导航定位(XNAV)计划,内容包括X射线脉冲星特性研究、X射线探测器开发、脉冲星导航算法以及空间系统设计4个部分。该项目的目标是实现脉冲星角位置测定偏差小于0.0001角秒、X射线探测器有效面积小于$1.0m^2$、光子到达时间测量精度达到1~10ns、脉冲星导航定位精度优于100m的技术指标,为航天器提供高可靠性的定位、姿态测量和授时服务。

脉冲星导航要达到在轨应用水平,需要解决X射线探测器小型化和工程化、脉冲到达时间精确提取、高保真度地面模拟和在轨演示试验等一系列关键问题,并通过长期在轨观测建立精确的X射线脉冲星星表、辐射信号轮廓和计时模型。2011年,NASA的戈达德空间飞行中心联合美国大学空间研究联合会启动了"空间站X射线计时与导航技术试验"(SEXTANT)项目。SEXTANT项目将使用嵌套式聚焦镜头和硅漂移(SDD)成像器件,利用毫秒脉冲星作为导航信号源进行定轨演示,目标是在高动态的近地轨道上,通过2周的观测,获得优于10km的定轨精度。SEXTANT探测器计划安装在空间站上,所得数据将用于X射线脉冲星导航的性能分析和关键技术攻关(图1-10)。

图1-10 SEXTANT项目X射线脉冲星导航敏感器示意图

国内多个科研机构正在积极研究脉冲星导航技术,在脉冲星导航原理、敏感器研制、光子到达时间数据处理、基于脉冲星的星载时钟校准等方面已经取得了一系列研究成果,并着手研发了不同原理的X射线探测器,部分单位研发的探测器已达到空间试验水平。从以上国内外的发展脉络可以看出:脉冲星导航技术经过最近十几年的发展,目前理论框架已经趋于完善,正逐步迈向空间演示验证阶段;为牵引脉冲星导航的发展、突破技术瓶颈,国内外多个研究机构已启动了X射线脉冲星导航空间试验工作。

3. 量子定位系统

美国非常重视 GPS 及其技术储备问题,不惜投入巨资发展和完善相关技术。建立在牛顿力学和麦克斯韦方程组以及香农信息论等经典理论基础上的 GPS 技术,在空间定位准确度和安全性方面存在局限性,主要问题包括:①GPS 是基于无线电测距原理进行工作的,其测量精度受载荷发射功率和带宽的限制;②GPS 信号易受干扰,导航电文被干扰、破译和盗用的风险较高。因此,如何在对抗环境下充分发挥 GPS 的作用一直是导航领域需要解决的难题。

基于量子力学和量子信息论建立量子定位系统,是解决上述问题的有效途径之一。量子力学诞生于 20 世纪 20 年代,近 20 年来发展迅速,开辟了诸如量子通信、量子计算、量子密码学以及量子惯性技术等新兴研究方向。21 世纪初,美国麻省理工学院(MIT)的研究人员创造性地提出了量子定位系统(Quantum Positioning System,QPS)的概念,并在理论上证明了利用纠缠光子来提高定位精度的可行性。量子定位系统采用与 GPS 类似的工作原理,同样通过测量与已知信标间的距离实现定位,也是一种"信标导航"方法。利用量子纠缠特性,能够使光子脉冲具有超乎想象的强相关性和高密集程度,这些脉冲能够以近似相同的速率传播并且成束到达用户端,从而增强了信号,为脉冲到达时间的实时精确测量创造了条件,使得量子定位系统能够利用较弱的信号实现更高精度的测量和导航定位。此外,根据量子力学理论中有关量子态的测不准原理以及不可克隆原理,除当事人之外的第三方基本不可能破解其密码,因此,量子定位系统具有极高的安全性。

与传统 GNSS 采用无线电信号(电磁波)进行定位不同,量子定位系统通过信标卫星上发射的纠缠态光子脉冲信号为授权用户提供导航定位服务。美国陆军研究实验室(ARL)致力于量子定位系统的军事应用研究,提出了一种类似于 GPS 的系统方案,探讨了利用地球轨道卫星构建量子定位系统的可能性。基线式干涉测量方案的基本原理如图 1 - 11 所示。

信标星 R_1 上安装量子光源和分束器,信标星 R_2 上安装反射镜,用户端配置量子定位接收机(包含光延时器和光子干涉检测器等)。R_1 上的量子光源产生纠缠光子脉冲信号,并通过分束器单光束分解为双光束,其中一路光子脉冲信号由 R_1 直接传送到用户接收机,另外一路经过 R_2 上的反射镜反射后,也传送到用户接收机。用户接收机通过调整光时延器,补偿用户到 R_1 和到 R_2 的距离差等因素所引起的时间差,实现两路纠缠光子脉冲信号的同步;此时,光时延器的时延量反映了两路光子脉冲的到达时间差(TDOA),通过 TDOA 观测量可以计算出两条光路的距离之差,其中包含了用户位置信息,可用于定位解算。由于 R_1 和 R_2 的位置是精确已知的,它们共同构成一条测量基线,通过 6 颗信标星构成 3 条基线,利用用户到每条基线两端的距离差信息,可以确定用户的 3 维位置,如图 1 – 12 所示。计算表明,可以实现优于 1cm 的定位精度。但是,上述研究忽略了大气层效应等环境因素的影响,卫星基线的配置也趋于理想化,相关研究还需要进一步深化。

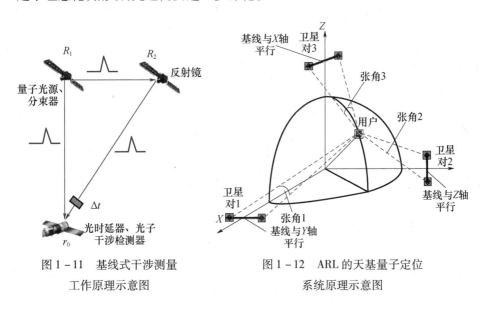

图 1 – 11　基线式干涉测量　　　　图 1 – 12　ARL 的天基量子定位

工作原理示意图　　　　　　　系统原理示意图

　　量子定位技术是一个崭新的研究领域,国际上处于探索研究阶段。与量子理论在量子通信、量子计算和量子惯性技术等领域的应用研究相比,国内在量子定位技术方面的投入相对较少,对制约系统性能的因素缺乏有针对性的技术攻关,还有很多问题有待解决,如高效率小型化纠缠光子源的制备、单光子探测技术、长距离传输条件下纠缠态保持,以及动态环境下的微弱信号处理等,距离应用水平有较大差距。量子信号源产生纠缠光子的效率小于 1%;大气层中传输 50km 时约有 90% 的量子信号丢失;单光子探测效率低。在这种情况下,仅有少量光子能够被探测到,不利于提高精度,信道损耗和收发效率会对量子测量性能造成影响,研制适合空间应用的量子测量敏感器具有较大难度。

4.基于相对测量的绝对定轨

航天器的空间运动严格受到轨道动力学模型的约束,其轨道参数的变化过程是动力学模型演化的具体体现,而航天器之间的相对测量是离散时间点上轨道参数的函数。以往研究表明,通过测量一个航天器相对另一个航天器的位置矢量,可以同时确定两个航天器的绝对运行轨道。为保证可观性,该位置矢量必须以惯性空间为基准。

在星群/星座中,不同卫星间的相对测量在卫星轨道动力学模型的约束下形成网形约束。基于星间相对测量的自主导航方法利用星间位置矢量的测量,将卫星精密轨道确定方法和大地测量中的整网平差技术相结合,实现卫星的自主定轨。在这种导航方式中,星群中的不同卫星互为信标,只是信标的初始位置并非精确已知,需要充分利用轨道动力学约束,采用合适的统计估计方法一并确定。

为了解决全球星座(如 GPS)高精度自主导航问题,美国等发达国家在基于相对测量的绝对定轨方面进行了大量研究工作,提出了多种具有应用前景的导航方式,典型成果之一是基于星间链路伪距测量的星座自主导航方法。该方法要求参与导航的卫星配置星间相对测量设备和星载处理器,每颗卫星对星间伪距观测量和其他卫星通过星间链路发送过来的轨道数据进行处理,将估计得到的轨道参数用于更新自身星历,使得卫星系统能够在与地面控制中心联络中断的情况下自主工作一段时间。但是,仅利用星间伪距测量进行自主导航时存在"亏秩"问题,即通过星间测距信息不能对星座整体旋转形成有效的几何约束,导致部分轨道参数(如升交点赤经 Ω)不能确定,使得绝对定位误差随时间增长而逐步积累。

2007 年,Hill 和 Born 撰文指出,将航天器轨道动力学方程简化为二体问题处理时,基于星间测距的自主导航系统是不可观的;但是,如果考虑航天器轨道运动的三体问题,即同时考虑地球和月球的引力影响,那么,导航系统是可观的,此时,仅通过星间伪距测量就能够实现长时自主导航。在此基础上,提出了基于星际连音(Linked Autonomous Interplanetary Satellite Orbit Navigation,LIAISON)的航天器自主导航方法。应当指出,对于参与导航的两个航天器均为地球卫星的情况,由于三体(月亮、太阳等)引力对地球卫星轨道运动的影响较小,导致导航系统的可观度较弱,事实上仍然难以实现有效定位。图1-13为LIAISON自主导航系统原理示意图。

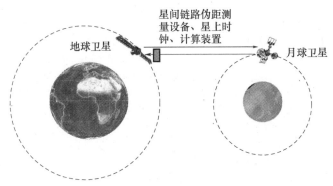

图1-13　LIAISON自主导航系统原理示意图

　　针对上述问题,国内外多个研究机构对基于星间照相观测的自主定向方法开展了研究,其基本方法是在星座卫星上安装具有指向功能的高性能星相机,通过对目标卫星和背景恒星的照相观测,获取星座卫星之间的相对位置矢量在惯性空间中的指向信息,再通过伪距测量获取的星间距离信息,结合轨道动力学进行滤波解算,确定星座卫星的绝对位置。采用"伪距测量 + 照相观测"的方式可以解决"亏秩"问题,实现基于相对测量的绝对定轨,取得优于传统天文导航的定位精度(10m量级)。图1-14为天基监视系统卫星和JMAPS卫星示意图。

图1-14　天基监视系统卫星和JMAPS卫星示意图

　　目前,美国正在积极探索GPS卫星自主导航方法,并且具备基于光学敏感器实现暗弱空间目标探测和星间方向测量的能力。美国2010年发射的天基监视系统(Space – Based Space Surveillance,SBSS)卫星采用安装在双轴万向支架上的大口径可见光传感器,可全天时进行空间监视,并可用于对卫星和其他空间目标的定向。美国海军计划部署天基联合毫角秒探路者测量任务(Joint Milli – Arcsecond Pathfinder Survey mission,JMAPS)卫星。JMAPS 采用在卫星平台上安装光学望远镜的结构形式,能够对 14 等星亮度的空间目标进行观测,具有 10 毫角秒的指向确定精度,支持基于照相观测的星间定向和卫星定位。量子技术、星间链路和高精度时钟技术的发展,为星间高精度距离测量提供了新的手段,未来有望建立星间量子链路,星间测距可基于量子测量方法进行,从而进一步提升精度和安全性。

⊠ 1.2.3　地球/地理信息匹配导航

对地球轨道航天器来讲,自主导航系统要确定的是航天器在地心惯性坐标系中的位置和速度。地球是最直接的测量目标,除天文导航观测的辐射特性和几何特征外,地球周边的磁场、重力场和地表信息也可以作为导航的基准。航天器在轨道上运动,只要获得相对某个基准的信息足够完备,即可确定航天器的位置。基于地球物理场和地理信息测量的各种自主导航方法被不断提出,典型系统包括地磁导航、重力场匹配和陆标导航等。

1. 地磁导航

运行在低地球轨道的航天器有丰富的地磁场资源可用。地磁场的强度和方向都是航天器位置的函数,地磁场测量数据的变化反映了航天器的位置信息,因此,可以利用地磁场测量实现航天器自主导航。随着地磁场模型的日趋精化以及微处理器和滤波技术的不断发展,地磁导航在 20 世纪末得到了关注。地磁导航的基本原理是:利用地磁场强度和方向随观测位置变化的特点,将磁强计在轨道上的测量信息与已知的地磁场模型进行匹配,把地磁场实时测量数据与通过模型计算出来的地磁场数据之差作为观测量,结合航天器轨道动力学方程,通过一定的滤波算法进行处理,估计得到航天器的位置和速度,进而计算出航天器的轨道参数。三轴磁强计是一种可靠性高、体积小、能耗低的导航敏感器,目前技术比较成熟。

20 世纪 80 年代末,美国学者 Psiaki 和 Martel 提出了基于地磁场测量的自主导航方法,并对该方法的可行性进行了研究;此后,利用 MAGSAT 卫星、

Dynamics Explorer – 2 飞行器和 LACE 飞行器的在轨飞行数据对地磁导航方法进行了地面模拟试验,定位精度为数千米。为了进一步提高地磁导航的精度,Psiaki 提出用星敏感器或太阳敏感器与磁强计进行组合导航,数学仿真给出的导航精度可达千米级。

德国研究人员对地磁导航方法进行了研究。采用扩展卡尔曼滤波方法对卫星的位置与速度进行估计。轨道动力学模型中只考虑了 J_2 项摄动和大气阻力的影响;地磁场模型采用 10 阶的国际地球重力场模型(International Geomagnetic Field Model,IGRF);仿真结果表明,该系统能达到 10km 的定位精度。进而,利用 BREM – SAT 卫星上的磁强计测量数据对所提出的导航方法进行了检验,由于星载磁强计的精度较低,导航定位精度只达到了 70km。此外,美国洛斯阿拉莫斯实验室针对微小卫星应用研究了地磁导航方法。

地磁导航的主要优点是利用廉价的星载设备就能实现自主导航,对航天器的轨道形状没有特殊要求,可以应用于精度要求不高但自主性要求较高的低轨道航天器上。地磁导航的另一个特点是不需要任何姿态信息、不受观测视场限制,可以作为航天器非正常运行时的自主导航备份手段。

2.重力场匹配导航

重力匹配导航系统通过重力梯度仪测量地球重力场进行定位,不需要发射和接收无线电信号,不易受外界干扰,作为导航信号源的地球重力场具有规律性强和覆盖率高的优点,能够满足"高精度、长时间、自主性、无源性"的导航需求。重力匹配导航系统与惯性导航系统相结合,理论上可以达到接近 INS/GPS 组合导航系统的精度。

利用重力梯度仪辅助惯性导航开始于 20 世纪 60 年代,最初的研究集中在实时检测重力异常,以提高惯性导航系统的精度,后来发展为基于重力梯度仪的高精度高分辨率重力匹配导航系统,利用重力梯度图和重力梯度仪对惯性导航系统的误差进行修正。地球有一个内在的三维引力场,将航天器轨道上的某些弧段的重力场特征量绘制成基准图,存储在航天器的计算机上,当航天器飞行至这些地区时,由重力梯度仪实时测量出航天器所在位置的重力场特征量,构成实时图,实时图与基准图进行匹配计算,匹配的基准图对应的位置即为航天器所在的位置。地球重力场匹配导航最先用于航海,通过惯性器件与重力梯度仪的组合可以满足潜艇和舰船导航系统对精度和隐蔽性的苛刻要求。此后,地球重力场匹配导航在航空和航天领域的应用研究也得到快速发展。实现重力场匹配导航的基础是精确的重力梯度图,从技术发展的角度来看,重力梯度测量的精度和空间分辨率可进一步提高,地球重力场建模技术越来越成熟,基准图逼近程度也越来越精细,必然使重力匹配导航性能得到进一步提高(图1-15)。

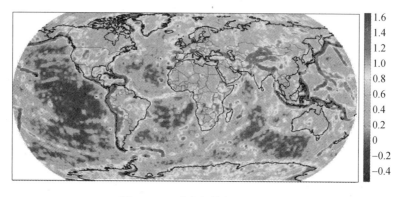

图1-15 重力场特征量基准图

在地球重力场精确建模的基础上,重力场匹配导航的精度取决于重力梯度仪的测量精度。重力梯度是重力加速度的全空间导数,单位用E表示,$1E = 10^{-9}/s^2$。地球重力梯度信号通常非常微弱,1E的概念相当于在一个10cm的间距上重力差为10^{-11}g,需要通过提高材料稳定性、尺寸稳定性和机加工精度来达到探测重力梯度微弱信号的目的。仿真研究表明,重力梯度仪测量精度为0.1E时的定位精度约为20m。重力梯度仪独立于载体加速度对重力场进行测量,从原理上,除早期的扭秤采用扭力测量方法,其他大多数重力梯度测量装置都采用加速度计空间差分的方法。国外静电重力梯度仪、超导重力梯度仪和原子干涉重力梯度仪等新型产品已获得突破,发展趋势是分辨率和精度不断提高,体积和重量更适合多种运载平台,稳定性和可靠性更适宜于各种作业条件。研制成功的超导航空重力仪性能优于$1E/Hz^{0.5}$,有助于解决惯性导航仪器长期精度较低,战时无卫星导航信号标校惯性导航系统的问题。

3.陆标导航

除了地球边缘之外,地面固定的陆标(Landmark)也可以作为自主导航的测量基准。陆标最原始的定义为易识别的地貌,而广义的陆标则包括所有易识别的物体,既可以是自然景物特征,如海岸线、河流等,也可以是人造的测量基准点,如高速路、建筑物等。陆标导航方法通过星载光学导航敏感器实时拍摄的地球影像来计算航天器的轨道参数。首先,通过卫星测绘掌握地球表面数据信息,建立航天器自主导航的基准数据库,称为基准图。通常需要选取一系列的陆标点保证航天器在不同位置方便获取,要求陆标点在地心惯性系中的位置是已知的,以便通过陆标点为航天器提供指向信息。航天器在轨飞行过程中,通过高精度光学成像敏感器结合高性能处理器对陆标点进行照相观测。通过光学成像敏感器拍摄的图像称为实时图,对实时图进行图像预处理和特征提取,之后对实时图和基准图实施图像匹配,利用陆标的特征,在实时图中找到目标陆标,经过坐标转换得到航天器相对于陆标的位置矢量在惯性系中的方向,其中包含了航天器的轨道信息。通过对多个陆标点进行匹配,并结合航天器轨道动力学模型进行滤波解算,可以得到精确的陆标导航定位结果。应当说明,传统成像式地球敏感器(如紫外敏感器)通过对地球辐射圆盘进行观测以提取地心方向矢量测量信息,要求敏感器光学系统具有较大视场,不利于提高测量精度。相对而言,用于陆标测量的光学成像敏感器可采用小视场长焦距光学系统,能够达到较高测量精度。

1964 年,美国空军研制的标准化空间制导系统(Standardized Space Guidance System,SSGS)研究了陆标导航的基本测量方案:陆标跟踪器给出卫星与陆标之间的方向矢量测量值,该测量值与惯性姿态基准相结合实现自主导航。SSGS 计划着重研究低轨卫星的自主导航,设计了导航算法,并给出导航系统性能的预测值,预计导航精度在 200m ~ 2km 的范围内。继 SSGS 计划之后,美国空军承担了未知陆标跟踪器(Unknown Landmark Tracker,ULTRA)项目,研制了陆标导航敏感器样机。

1970—1973 年间,美国空军的自主导航技术计划(Autonomous Navigation Technology,ANT)采用了陆标测量技术,在陆标跟踪中引入了干涉测量技术。从理论分析的结果看来,采用陆标跟踪测量的导航方法在理想情况下能够达到较高的精度,然而作为导航敏感器的陆标跟踪器未达到预期的性能,部分原因是当天气恶劣或能见度较低时,难以准确地识别地面陆标,因而,不能保证足够的跟踪精度。

20 世纪 80 年代,美国海军研究实验室的 Markley 研究了基于陆标/星间相对测量的卫星联合定位方法,以星敏感器、太阳敏感器、星相机和陆标敏感器测得的角度作为观测量,并引入星间相对距离观测量进行组合导航,仿真结果表明,与无星间相对测量信息的陆标导航相比,陆标/星间相对测量相结合可使导航精度提升 75%。近年来,陆标导航技术已在美国的 GOES(Geostationary Operational Environmental Satellite)系列气象卫星上获得应用,如 2006 年发射的气象卫星 GOES - 13 上装备了先进的图像导航系统(Image Navigation & Registration,INR),采用了陆标导航方法。

基于光学成像敏感器的陆标导航本质上属于图像匹配导航范畴,适用于低轨道航天器;同时,在深空探测自主着陆方面也有研究和应用。举例来说,日本"隼鸟"号(Hayabusa)探测器应用的自主导航技术具有一定代表性,该系统采用了光学成像与投放目标标示器相结合的自主导航方案。2005 年,"隼鸟"号探测器附着小行星时利用激光测距敏感器确定其高度,利用光学成像敏感器拍摄事先投放到小行星表面的人工陆标,确定其相对于小行星的状态矢量,提高了附着小行星过程中的自主导航精度。

1.3　本书主要内容

国内从 20 世纪 80 年代末开始,对多种航天器自主导航原理和算法进行了研究,发表了不少学术论文,并进行了部分试验验证,在自主导航方案、新型导航敏感器样机、数据处理方法,以及地面仿真试验等方面取得了可喜的进步。基于红外地球敏感器和星敏感器的自主导航技术已经在地球静止轨道卫星上得到成功应用。

本书以地球轨道航天器为应用对象,重点论述以自然天体为测量目标的天文导航技术,内容涉及天文导航的基础理论、导航滤波算法、基于光学导航敏感器的目标测量和误差校正方法,以及地面试验验证技术等。全书分为 10 章。

第 1 章介绍航天器自主导航的基本概念、技术内涵、意义和作用,对航天器自主导航的主要方法进行了梳理和归纳,并对全书的主要内容进行了概括。

第 2 章介绍自主导航的基本原理。首先介绍自主导航常用坐标系的定义及变换方法、时间系统的描述和轨道动力学模型;然后针对地球轨道航天器自主导航天体测量的特点,介绍地球红外和紫外谱段的辐射特性,给出了基于恒星测量特性的星图处理方法;最后对天文自主导航的基本原理进行了论述。

第3章研究自主导航滤波方法和性能分析方法。首先对基于确定性模型的典型非线性滤波方法进行了介绍,包括传统的扩展卡尔曼滤波(EKF)和无迹滤波(UKF)算法;然后针对自主导航系统存在的模型不确定性问题,对鲁棒滤波和多模型滤波方法进行了说明;最后论述了基于方差下界分析的导航性能分析方法。

第4章研究基于"红外地球敏感器+星敏感器"的自主导航技术。首先研究双圆锥扫描式红外地球敏感器的工作原理和地心方向矢量提取方法,介绍了恒星方向测量方法;然后分析地球扁率对红外地球敏感器测量误差的影响,研究了基于椭球模型和函数拟合的地球扁率修正算法;最后对基于红外地球敏感器和星敏感器的自主导航方案进行了研究,给出了自主导航系统组成和滤波算法,比较了各种误差因素对导航精度的影响。

第5章研究基于一体化日-地-月敏感器的自主导航技术。首先介绍导航敏感器的工作原理,给出了地心方向、地球视半径的提取方法;然后研究了利用扇形狭缝视场脉冲扫描信号确定太阳和月球方向的方法;最后对基于一体化日-地-月敏感器的自主导航方案进行论述,给出了自主导航系统的组成、滤波算法,以及性能分析结果。

第6章研究基于紫外敏感器的自主导航技术。首先介绍紫外敏感器的工作原理和组合视场敏感器设计方案,给出直接利用敏感器测量数据的几何定位方法;然后研究基于成像测量的地心方向高精度确定方法,给出了椭圆拟合法和边缘矢量拟合法的计算公式;最后对基于紫外敏感器的自主导航方案进行研究,并针对轨道机动期间的快速自主导航问题,论述了引入加速度计测量的组合导航方法。

第7章研究星间测量辅助的自主导航方法。针对仅利用预报星历和星间测距信息进行星座导航时绝对定位误差随时间积累的问题,研究基于"紫外敏感器+星间位置测量"的星座组合自主导航方案,在介绍星间链路伪距测量、星间视线方向测量的误差特性后,阐述了星间时钟同步方法和引入星间相对测量辅助信息的卫星星座高精度自主导航方法。

第8章研究提高自主导航精度的实用方法。首先介绍地心方向系统误差的统一建模方法,进而提出了不借助外部测量信息,仅利用航天器轨道动力学约束来进行敏感器系统误差自校正的导航滤波算法,以及利用单程多普勒或GNSS等外部辅助测量信息的系统误差在轨校正方法;然后针对近圆轨道航天器地心方向测量系统误差可观性弱的问题,研究姿态机动辅助的系统误差自校正方法,利用航天器的姿态机动过程,改善地心方向测量系统误差的可观性;最后通过数学仿真对所述系统误差校正方法进行验证。

第9章研究地球轨道航天器自主导航地面验证技术。首先介绍自然天体特性的数字模拟方法、轨道运动关系和自然天体测量特性模拟方法;然后讨论自主导航地面半物理仿真技术和试验系统方案,以及基于敏感器实测数据和星载计算机的地面验证系统实现方法;最后给出了典型仿真试验情况和试验结果。

第10章总结国内外相关领域的研究情况,结合我国新一代航天装备的研制需求,对航天器自主导航技术的发展进行展望;对一些新型导航方法和需要重点关注的研究内容进行了说明,指出了未来的研究方向和发展策略。

参 考 文 献

[1] 杨嘉墀,等. 航天器轨道动力学与控制[M]. 北京:宇航出版社,1995.

[2] 屠善澄. 卫星姿态动力学与控制[M]. 北京:宇航出版社,2003.

[3] Wertz J R. Autonomous navigation systems. In:Mission geometry:Orbit and constellation design and management[M]. El Segundo,CA:Microcosm Press,2001.

[4] Vallado D A. Fundamentals of astrodynamics and applications[M]. 3rd Ed. Microcosm Press,2007.

[5] 房建成,宁晓琳,田玉龙. 航天器自主天文导航原理与方法[M]. 北京:国防工业出版社,2006.

[6] Truszkowski W,Hallock H L,Rouff C,et al. Autonomous and autonomic systems:With applications to NASA intelligent spacecraft operations and exploration systems[M]. London,United Kingdom:Springer,2009.

[7] 全伟,刘百奇,宫晓琳,等. 惯性/天文/卫星组合导航技术[M]. 北京:国防工业出版社,2011.

[8] 王大轶,黄翔宇,魏春岭.基于光学成像测量的深空探测自主控制原理与技术[M].北京:中国宇航出版社,2012.

[9] 李双庆. 国防科技名词大典——航天卷[M]. 北京:航空工业出版社,2002.

[10] Gounley R,White R,Gai E. Autonomous satellite navigation by stellar refraction[J]. Journal

of Guidance,Control and Dynamics,1984,7(2):129 – 134.

[11] Chory M A,Hoffman D P,Lemay J L. Satellite autonomous navigation – status and history [J]. IEEE Position,Location and Navigation Symposium,Las Vegas,NV,1986,110 – 121.

[12] Pledger D,Billing – Ross J,Saylor W. Development of Honeywell's earth reference attitude determination system (ERADS)[C]. 7th Annual AIAA/USU Conference on Small Satellites,1993.

[13] Guinn J R,et al. TAOS orbit determination results using global positioning satellites[C]. Albuquerque,New Mexico:Proc. of the AAS/AIAA Spaceflight Mechanics Conference,1995.

[14] Fesq L,et al. Spacecraft autonomy in the new millennium[J]. Proc. of the Annual AAS Rocky Mountain Guidance and Control Conference, Breckenridge, Colorado, 1996, AAS 96 – 001.

[15] Bunn R L. GPS/INS autonomous navigation systems for space applications[J]. 21st Annual AAS Guidance and Control Conference,Breckenridge,Colorado,1998,AAS 98 – 016:181 – 195.

[16] 韩潮,章仁为. 利用雷达测高仪的卫星自主定轨[J]. 宇航学报,1999,20(3):13 – 20.

[17] 魏春岭,李勇,陈义庆. 基于紫外敏感器的卫星自主导航[J]. 航天控制,2004,22(3):35 – 39.

[18] 张春青,刘良栋,等. 提高卫星自主导航精度的滤波算法和仿真[J]. 中国空间科学技术,2006,26(3):1 – 5.

[19] Llop J V. Autonomous optical navigation for orbits around Earth – Moon collinear libration points[J]. Acta Astronautica,2013,86:119 – 125.

[20] Ma X,Fang J,Ning X. An overview of the autonomous navigation for a gravity – assist interplanetary spacecraft[J]. Progress in Aerospace Sciences,2013,63:56 – 66.

[21] Ning X,Wang L,Bai X,et al. Autonomous satellite navigation using starlight refraction angle measurements[J]. Advances in Space Research,2013,51:1761 – 1772.

[22] Qian Y,Li C,Jing W,et al. Sun – Earth – Moon autonomous orbit determination for quasi – periodic orbit about the translunar libration point and its observability analysis[J]. Aerospace Science and Technology,2013,28:289 – 296.

[23] 王鹏,张迎春. 一种基于加速度计和天文的卫星自主导航新方法[J]. 中国惯性技术学报,2013,21(4):489 – 494.

[24] 张伟,陈晓,尤伟,等. 光谱红移自主导航新方法[J]. 上海航天,2013,2:32 – 38.

[25] Yang W,Li W,Li N. A switch – mode information fusion filter based on ISRUKF for autonomous navigation of spacecraft[J]. Information Fusion,2014,18:33 – 42.

[26] 潘晓刚,矫媛媛,周海银. 基于多传感器天文信息的自主导航算法及可观测性分析[J]. 空间科学学报,2014,34(1):116 – 126.

[27] Christian J A. Optical Navigation Using Planet's Centroid and Apparent Diameter in Image

[J]. Journal of Guidance, Control, and Dynamics, 2015, 38:192 - 204.

[28] 闻长远,蒋勇,李东俊,等. GNSS 接收机在探月三期中的应用研究[J]. 飞行器测控学报,2015,34(2):153 - 160.

[29] Sheikh S I, Pines D J, et al. Spacecraft Navigation Using X - Ray Pulsars[J]. Journal of Guidance, Control, and Dynamics, 2006, 29(1):49 - 63.

[30] 费保俊. 相对论在现代导航中的应用[M]. 北京:国防工业出版社,2007.

[31] 熊凯,魏春岭,刘良栋. 基于脉冲星的空间飞行器自主导航技术研究[J]. 航天控制,2007,25(106):36 - 41.

[32] 帅平,李明,陈绍龙,等. X 射线脉冲星导航系统原理与方法[M]. 北京:中国宇航出版社,2009.

[33] Emadzadeh A A, Speyer J L. X - ray pulsar - based relative navigation using epoch folding[J]. IEEE Transactions on Aerospace and Electronic Systems, 2011, 47(4):2317 - 2328.

[34] Huang L W, Liang B, Zhang T, et al. Navigation using binary pulsars[J]. Science China, 2012, 55(3):527 - 539.

[35] Wang Y, Zheng W, Sun S, et al. X - ray pulsar - based navigation system with the errors in the planetary ephemerides for earth - orbiting satellite[J]. Advances in Space Research, 2013, 51:2394 - 2404.

[36] Zhang H, Xu L, Song S, et al. A fast method for X - ray pulsar signal simulation[J]. Acta Astronautica, 2014(98):189 - 200.

[37] Liu J, Fang J C, Kang Z W, et al. Novel algorithm for X - ray pulsar navigation against doppler effects[J]. IEEE Transactions on Aerospace and Electronic Systems, 2015, 51(1):228 - 241.

[38] Giovannetti V, Lioyd S, Maccone L. Quantum enhanced positioning and clock synchronization[J]. Nature, 2001, 412:417 - 419.

[39] Giovannetti V, Lioyd S, Maccone L. Quantum enhanced measurements:beating the standard quantum limit[J]. Science, 2004, 306:1330 - 1336.

[40] Giovannetti V, Lioyd S, Maccone L. Positioning and clock synchronization through entanglement[J]. Physical Review, 2002, 65(2):1050 - 2947.

[41] Bahder T B. Quantum positioning system[J]. 36th Annual Precise Time and Time interval Meeting, 2004:53 - 76.

[42] Psiaki M L. Autonomous orbit determination for two spacecraft from relative position measurement[J]. Journal of Guidance. Control and Dynamics, 1999, 22(2):305 - 312.

[43] Hill K, Born, G H. Autonomousinterplanetary orbit determination using satellite - to - satellite tracking[J]. Journal of Guidance, Control and Dynamics, 2007, 30(3):679 - 686.

[44] 蔡志武,韩春好,陈金平,等. 导航卫星长期自主定轨的星座选择误差分析与控制[J]. 宇航学报,2008,29(2):522 - 528.

[45] 陈培,韩潮. 基于星间测量的卫星星座自主导航算法[J]. 北京航空航天大学学报, 2008,34(2):202-205.

[46] Psiaki M L. Absolute orbit and gravity determination using relative position measurements between two satellites[J]. Journal of Guidance, Control, and Dynamics, 2011, 34(5): 1285-1297.

[47] Xiong K, Wei C L, Liu L D. Autonomous Navigation for a Group of Satellites with Star Sensors and Inter-Satellite Links[J]. Acta Astronautica, 2013, 86:10-23.

[48] Psiaki M L. Autonomous orbit and magnetic field determination using magnetometer and star sensor data[J]. Journal of Guidance, Control, and Dynamics, 1995, 18(3):584-592.

[49] Wang X, Wang B, Li H. An autonomous navigation scheme based on geomagnetic and starlight for small satellites[J]. Acta Astronautica, 2012, 81:40-50.

[50] Juang J C, Tsai Y F, Tsai C T, Design and verification of a magnetometer-based orbit determination and sensor calibration algorithm[J]. Aerospace Science and Technology, 2012, 21:47-54.

[51] Richeson J A, Pines D J. GPS Denied Inertial Navigation using Gravity Gradiometry[J]. AIAA Guidance, Navigation and Control Conference and Exhibit, Hilton Head, South Carolina, 2007.

[52] 王艳东,胡华峰,杨少帅,等. 重力梯度数据在导航系统中的应用[J]. 电光与控制, 2013,20(11):11-15.

[53] 张晓文,李骥,黄翔宇,等. 基于陆标图像的天体定点着陆信息融合导航方法[J]. 空间控制技术与应用,2014,40(6):10-15.

[54] Xu C, Wang D, Huang X. Landmark-based autonomous navigation for pinpoint planetary landing[J]. Advances in Space Research, 2016, 58(11): 2313-2327.

[55] 李建军,王大轶. 基于信息融合的火星环绕段自主导航方法[J]. 航天控制,2016,34 (5):27-32.

[56] 徐超,王大轶,黄翔宇. 采用双目视觉测量的行星着陆相对导航方法[J]. 宇航学报, 2016,37(7): 802-810.

[57] 徐超,王大轶,黄翔宇. 基于陆标图像的火星精确着陆自主导航方法研究[J]. 深空探测学报,2016,3(2): 150-155.

[58] 李建军,王大轶. 一种图像辅助火星着陆段自主导航方法[J]. 宇航学报,2016,37 (6): 687-694.

[59] 王大轶,徐超,黄翔宇. 深空探测着陆过程序列图像自主导航综述[J]. 哈尔滨工业大学学报,2016,48(4): 1-12.

[60] 王大轶,郭敏文. 航天器大气进入过程制导方法综述[J]. 宇航学报,2015,36(1): 1-8.

[61] 王大轶,黄翔宇. 深空探测转移段光学成像测量自主导航及仿真验证技术[J]. 控制理论与应用,2014,31(12): 1714-1722.

[62] Guo M, Wang D. Guidance law for low-lift skip reentry subject to control saturation based

on nonlinear predictive control [J]. Aerospace Science and Technology,2014,37：48－54.

[63] Wang D,Li M,Huang X and Li J. Kalman filtering for a quadratic form state equality constraint [J]. Journal of Guidance Control and Dynamics,2014,37(3)：951－958.

[64] 王大轶,李骥,黄翔宇,等. 月球软着陆过程高精度自主导航避障方法[J]. 深空探测学报,2014,1(1)：44－51.

[65] 黄翔宇,张洪华,王大轶,等. 嫦娥三号探测器软着陆自主导航与制导技术[J]. 深空探测学报,2014,1(1)：52－59.

[66] 徐超,黄翔宇,王大轶. 基于线性协方差分析的接近天体在轨导航方法研究[J]. 空间控制技术与应用,2013,39(2)：17－23.

[67] 郝云彩,王大轶. 深空自主导航光学敏感器及其验证[J]. 空间控制技术与应用,2012,38(3)：5－10.

[68] 黄翔宇,张洪华,王大轶,等. 月球软着陆的高精度自主导航与控制方法研究[J]. 空间控制技术与应用,2012,38(2)：5－9.

[69] 褚永辉,王大轶,熊凯,黄翔宇. X射线脉冲星导航测量延时补偿方法研究[J]. 宇航学报,2012,33(11)：1617－1622.

[70] 褚永辉,王大轶,黄翔宇. 脉冲星导航中最优脉冲星组合选取方法[J]. 中国空间科学技术,2011,31(5)：64－69.

[71] 褚永辉,王大轶,黄翔宇. 基于能观度分析的信息融合组合导航方法研究[J]. 航天控制,2011,29(2)：31－36.

[72] 毛晓艳,王大轶,辛优美,等. 深空光学敏感器"拖尾图像"的处理方法研究[J]. 空间控制技术与应用,2010,36(2)：1－5.

[73] 张晓文,王大轶,黄翔宇. 深空自主光学导航观测小行星选取方法研究[J]. 宇航学报,2009,30(3)：947－952.

[74] 王大轶,黄翔宇. 深空探测自主导航与控制技术综述[J]. 空间控制技术与应用,2009,35(3)：6－12.

[75] 张晓文,王大轶,黄翔宇. 利用小行星测量信息的深空探测器自主导航算法研究[J]. 航天控制,2009,27(3)：17－22.

[76] 乔国栋,李铁寿,王大轶. 基于紫外敏感器的地月转移轨道慢旋探测器自主导航算法[J]. 宇航学报,2009,30(2)：492－496.

[77] Wang D,Huang X,Guan Y. GNC system scheme for lunar soft landing Spacecraft [J]. Advances in Space Research,2008,42：379－385.

[78] 乔国栋,李铁寿,王大轶. 地月转移轨道自主导航算法研究[J]. 航天控制,2008,26(2)：15－22.

[79] 王大轶,黄翔宇,关轶峰,马兴瑞. 基于IMU配以测量修正的月球软着陆自主导航研究[J]. 宇航学报,2007,28(6)：1544－1549.

第 2 章
自主导航的基本原理

按照信息源的不同,航天器自主导航方法大致可分为三类:第一类是天文导航,包括基于地心矢量和恒星矢量测量的自主导航、星光折射导航等;第二类是信标导航,包括 GNSS 导航和 X 射线脉冲星导航等;第三类是信息匹配导航,包括地磁导航和重力场匹配导航等。本书将围绕几种典型的近地航天器自主导航方法展开论述,具体包括:基于红外地球敏感器和星敏感器的自主导航、基于一体化日 – 地 – 月敏感器的自主导航、基于紫外敏感器的自主导航和基于星间相对测量的星座自主导航。

航天器自主导航的基本方法是利用适当的导航滤波算法,结合航天器轨道动力学模型,处理通过导航敏感器获得的观测信息,通过递推计算得到航天器的位置和速度矢量的估计值。为了设计导航滤波算法,需要选择合适的状态变量,并建立描述不同时刻状态变量递推关系的状态方程,以及描述状态量和观测量关系的观测方程。本章将对航天器自主导航所涉及的参考坐标系、轨道动力学模型以及地球测量特性、远天体测量方法和天文自主导航原理进行说明。不同导航方式所选用的观测信息和导航敏感器不同,相应地,观测方程也不相同。适用于不同导航方式的观测方程将在后续各章中结合导航敏感器的性能特点给出。

▶ 2.1 参考坐标系

建立参考坐标系是度量航天器空间运动的基本条件,在空间中描述航天器相对地球的运动规律,涉及多个空间坐标系统。坐标系在航天器自主导航研究中起着重要作用,航天器的位置和导航敏感器获得的观测量需要在特定坐标系下进行描述,坐标系的选取会影响导航计算的复杂程度。通常采用以地球质心为原点的天球坐标系(如 J2000.0 地心惯性坐标系),用于研究航天器运动、轨道摄动、天体星历,以及航天器与天体之间的相互位置关系。在本节中将给出参考坐标系的定义和坐标系之间的转换关系。

⊿ 2.1.1 参考坐标系的定义

为了描述参考坐标系,需要指定坐标原点、基准平面($X - Y$ 平面)的方位,以及 X 轴和 Z 轴的方向,Y 轴方向的选取使得坐标系成为右手笛卡儿坐标系。下面对航天器自主导航中常用的几个坐标系进行介绍。

1. 地心黄道惯性坐标系——$OX_{eo}Y_{eo}Z_{eo}$

地心黄道惯性坐标系的原点 O 在地心,坐标轴 O_eX_{eo} 在黄道面内,指向春分点,O_eZ_{eo} 轴垂直于黄道面,与地球公转角速度矢量方向一致,O_eY_{eo} 轴与 O_eX_{eo} 和 O_eZ_{eo} 垂直,且 $O_eX_{eo}Y_{eo}Z_{eo}$ 构成右手笛卡儿坐标系。该坐标系用于轨道动力学中月球等天体星历的计算。

2. 地心赤道惯性坐标系——$OX_IY_IZ_I$

坐标原点在地心 O,OX_I 轴在赤道平面内,沿地心指向某一特定时刻的春分点方向,OZ_I 轴垂直于轨道平面,与地球自旋轴方向一致,OY_I 与 OX_I 和 OZ_I 垂直,且 $OX_IY_IZ_I$ 构成右手笛卡儿坐标系。本书将采用 J2000.0 地心赤道惯性坐标系,其 X 轴指向 J2000.0 历元时刻(协调世界时 2000 年 1 月 1 日 12 时,相当于北京时间 2000 年 1 月 1 日 20 时)的平春分点方向,基准平面为平赤道面。该坐标系也称为 J2000.0 历元平赤道平春分点坐标系。基于牛顿力学的航天器轨道动力学方程在该坐标系建立,以地心为中心,其他天体的运动参数也在该坐标系中描述。

3.地球固联坐标系——$OX_eY_eZ_e$

坐标原点为地球质心,OZ_e 指向地球的自转轴指北方向,OX_e 轴指向地球赤道平面内的本初子午线方向,OY_e 与 OX_e 和 OZ_e 垂直,且 $OX_eY_eZ_e$ 构成右手笛卡儿坐标系。

4.质心轨道坐标系——$OX_OY_OZ_O$

坐标原点在航天器质心,OX_O 轴在轨道平面内,沿地心指向航天器方向,OZ_O 轴指向航天器轨道面的正法线方向,OY_O 轴沿航天器速度方向,与 OX_O 和 OZ_O 垂直,且 $OX_OY_OZ_O$ 构成右手直角坐标系。该坐标系通常作为三轴稳定卫星的姿态基准坐标系,其中 OX_O 为滚动轴,OY_O 为俯仰轴,OZ_O 轴为偏航轴。

5.航天器本体坐标系——$OX_BY_BZ_B$

坐标原点在航天器质心,OX_B 轴为航天器纵对称轴,指向航天器头部为正,OZ_B 轴位于航天器纵对称面内,与 OX_B 轴垂直,指地为正,OY_B 轴为航天器纵对称面法向,与 OX_B 轴、OZ_B 轴成右手坐标系。对于对地定向的三轴稳定卫星,在三轴姿态角全为零的情况下,OX_B、OY_B、OZ_B 分别与质心轨道坐标系中的 OX_O、OY_O、OZ_O 平行。

6.敏感器测量坐标系——$OX_SY_SZ_S$

坐标原点位于光学敏感器光心,OZ_S 沿敏感器光轴方向,OX_S 轴垂直于光轴并与 CCD(电荷耦合器件)行扫描方向一致,OY_S 轴与 CCD 列扫描方向一致,且 $OX_SY_SZ_S$ 构成右手笛卡儿坐标系。对于基于光学敏感器的自主导航系统,敏感器可以测得天体方向矢量在敏感器测量坐标系下的投影,然后利用航天器惯性姿态信息进行转换,获取天体方向矢量在地心赤道惯性坐标系下的投影。

2.1.2　坐标系的转换

设绕 X 轴、Y 轴和 Z 轴旋转 θ、φ 和 ψ 角的转换矩阵分别为 $\boldsymbol{R}_X(\theta)$、$\boldsymbol{R}_Y(\varphi)$ 和 $\boldsymbol{R}_Z(\psi)$,则坐标转换矩阵可写为

$$\boldsymbol{R}_X(\theta) = \begin{pmatrix} 1 & 0 & 0 \\ 0 & \cos\theta & \sin\theta \\ 0 & -\sin\theta & \cos\theta \end{pmatrix} \tag{2-1}$$

$$\boldsymbol{R}_Y(\varphi) = \begin{pmatrix} \cos\varphi & 0 & -\sin\varphi \\ 0 & 1 & 0 \\ \sin\varphi & 0 & \cos\varphi \end{pmatrix} \tag{2-2}$$

$$R_Z(\psi) = \begin{pmatrix} \cos\psi & \sin\psi & 0 \\ -\sin\psi & \cos\psi & 0 \\ 0 & 0 & 1 \end{pmatrix} \qquad (2-3)$$

利用以上符号,可以描述各个坐标系之间的转换关系:

1)地心赤道惯性坐标系到地心黄道惯性坐标系的转换矩阵 C_{eoI}

$$C_{eoI} = R_X(\varepsilon) \qquad (2-4)$$

式中: ε 为黄赤交角, $\varepsilon \approx 23.439291°$。

2)地心赤道惯性坐标系到地心赤道固联坐标系的转换矩阵 C_{eI}

$$C_{eI} = R_Z(\alpha_G) \qquad (2-5)$$

式中: α_G 为格林尼治赤经。

3)地心赤道惯性坐标系到质心轨道坐标系的转换矩阵 C_{oI}

$$C_{oI} = R_Z(u)R_X(i)R_Z(\Omega) \qquad (2-6)$$

式中: Ω、i 和 u 分别为轨道的升交点赤经、轨道倾角和纬度幅角。

4)质心轨道坐标系到卫星本体坐标系的转换矩阵 C_{Bo}

质心轨道坐标系到卫星本体坐标系的转换矩阵取决于旋转顺序,如果是按 $3-2-1$ 的旋转顺序,也即偏航、滚动和俯仰的旋转顺序,则质心轨道坐标系到体坐标系的转换矩阵为

$$C_{Bo} = R_Y(\alpha_y)R_X(\alpha_x)R_Z(\alpha_z) \qquad (2-7)$$

式中: α_x、α_y 和 α_z 分别对应航天器的滚转角、俯仰角和偏航角。

5)质心轨道坐标系到敏感器测量坐标系的转换矩阵 C_{so}

对于三轴对地稳定卫星,在敏感器测量坐标系的 OZ_S 轴指向地球的情况下,OY_S 沿卫星速度方向,则质心轨道坐标系到测量坐标系的坐标转换矩阵为

$$C_{so} = \begin{bmatrix} 0 & 0 & 1 \\ 0 & 1 & 0 \\ -1 & 0 & 0 \end{bmatrix} \qquad (2-8)$$

在自主导航理论方法研究过程中,为了使问题得到简化,可以假设矩阵 C_{so} 不变。考虑到导航敏感器通常固联于航天器本体,敏感器测量坐标系与卫星本体坐标系的关系可以用事先确定的坐标转换矩阵(安装矩阵)来描述。因此,不妨认为敏感器测量坐标系的三个坐标轴与卫星本体坐标系相一致,这样敏感器测量坐标系与卫星本体坐标系三轴平行。在实际应用过程中,导航敏

感器和卫星本体的相对安装关系需要通过地面和在轨标定的方法精确测定，导航方案的设计需要考虑航天器姿态误差与导航定位精度的关系。

2.2 时间系统

描述航天器的空间运动离不开时间，时间是空间科学中的一个基本物理量。时间系统与坐标系统一样，有度量原点（时间零时）和尺度（时间单位）两个基本要素。由于度量原点和尺度的不同，再加上历史和客观认识上的原因，人类曾使用过多种不同的时间系统。本章主要介绍轨道计算中与度量地球轨道航天器运动相关的时间系统。描述航天器运动既需要一个联系航天器位置测量的确定时刻（即瞬间），又需要一个反映航天器运动过程的均匀时间间隔（即尺度），时间系统是由时间计算的起点和单位时间间隔的长度来定义的。由于航天器需要测量其相对地球和恒星等天体的指向和位置，这使得天文时间尺度的定义尤为重要。

2.2.1 时间系统的定义

目前的时间系统基本上分为五种：恒星时 ST，世界时 UT，历书时 ET，原子时 TAI 和动力学时，其中，恒星时和世界时根据地球自转测定，历书时根据地球、月亮和行星的运动来测定，原子时以原子的电磁振荡为基准。下面分别进行介绍。

1）恒星时 ST

以春分点作为参考点，由它的周日视运动所确定的时间称为恒星时，春分点连续两次上中天的时间间隔称为一个恒星日，每一个恒星日等分成 24 个恒星时，每一个恒星时再等分为 60 个恒星分，每一个恒星分又等分为 60 个恒星秒，所有这些单位称为计量时间的恒星时单位。恒星时与地球的自转密切关联，由于地球自转角速度存在无法精确预测的微小变化，使得恒星时的时间尺度不均匀。

2）太阳时和世界时 UT

以真太阳视圆面中心作为参考点，由它的周日视运动所确定的时间称为真太阳时，其视圆面中心连续两次上中天的时间间隔称为真太阳日。由于真太阳日的长度不是一个固定量,所以不宜作为计量时间的单位。为此,引入了作匀速运动的假想参考点——赤道平太阳,与它对应的时间系统称为平太阳时和平太阳日。事实上,太阳时和恒星时并不是互相独立的时间计量单位。通常由天文观测得到恒星时,然后再换算成平太阳时,它们都以地球自转作为基准。世界时 UT 是在平太阳时的基础上建立的,有 UT0,UT1 和 UT2 之分。格林尼治的平太阳时称为世界时 UT0,它直接由天文观测测定,对应瞬时极的子午圈;UT0 加上极移修正后称为 UT1;UT1 加上地球自转速度季节性变化的修正后称为 UT2。

3)原子时 TAI

原子时是具有国际单位制秒长的时间基准,它具备轨道动力学中所要求的均匀时间尺度。以位于海平面上的铯(^{133}Cs)原子基态的两个超精细能级在零磁场中跃迁辐射振荡 9192631770 周所经历的时间为秒长(SI),由这种时间单位确定的时间系统称为国际原子时,取 1958 年 1 月 1 日世界时零时为起算点,即

$$(TAI - UT1)_{1958.0} = 0 \qquad (2-9)$$

原子时是均匀连续的时间系统,且易于在实验室获得,因此,各个国家和国际组织的授时系统中广泛采用原子时。为了兼顾对世界时时刻和原子时秒长两者的需要,国际上规定以协调世界时 UTC 作为标准时间和频率发布的基础。协调世界时的秒长与原子时秒长一致,在时刻上要求尽量与世界时接近。所谓"协调"是指通过引入 UTC,使得以原子时 SI 为时间单位的均匀时间系统,与世界时 UT1 的差别保持在 0.9s 之间。UTC 为不连续的时间系统,除"跳秒"点不连续外,该时间系统是均匀的。"跳秒"指的是根据国际地球自转服务(IERS)提前半年提供的公报,当天自动延长 1s。"跳秒"后时间仍按原子时递增,使得直观的时刻与地球自转相协调。从 1958 年 1 月 1 日 0 时起,到 2009 年 1 月 1 日 0 时止,共进行了 34 次跳秒。从 2009 年 1 月 1 日 0 时至下次闰秒日,TAI 与 UTC 之间的关系为

$$UTC - TAI = -34(SI) \qquad (2-10)$$

协调世界时是实验室可以获得的稳定时间,航天器导航和控制中的时间系统通常以协调世界时为准。在协调世界时的基础上,通过时区可定义地方时 LT,地方时与协调世界时仅存在时区差,是不同时区人类日常生产生活中

采用的基准时间系统。此外,GPS 时间系统是美国全球定位系统建立的时间系统,GPS 时间系统起点是 1980 年 1 月 6 日 0 时(UTC),时间秒长采用原子时秒长(SI)。目前,GPS 时间系统与 TAI 之间存在固定偏差,即

$$GPS - TAI = -19(SI) \tag{2-11}$$

4)历书时 ET

历书时 ET 是由于恒星时、太阳时不能作为均匀的时间测量基准,而从 1960 年起引入的一种以太阳系内天体公转为基准的时间系统,是太阳系质心框架下的一种均匀时间尺度。历书时和原子时采用相同的秒长,但是起始点不同。历书时的起点定义为公历纪年 1900 年 1 月 0 日 12 时。历书时和原子时之间存在固定时差 32.184s,即

$$ET - TAI = -32.184(SI) \tag{2-12}$$

历书时是一种均匀连续的时间系统,在太阳、月球、行星和卫星星历计算中采用。

5)动力学时

地球动力学时 TDT 是在原子时的基础上引入的,它与原子时 TAI 的关系为

$$TDT = TAI + 32.184s \tag{2-13}$$

类似地,太阳系质心动力学时 TDB 也是在原子时的基础上引入的。地球动力学时 TDT 是地心时空坐标的坐标时,而太阳系质心动力学时 TDB 是太阳系质心时空坐标的坐标时,两种动力学时的差别 TDT - TDB 是由相对论效应引起的,两者之间只存在微小的周期性变化。在 X 射线脉冲星导航系统研究中,会涉及太阳系质心坐标系和地心惯性坐标系的转换问题,此时,应考虑不同坐标系在时间上的差异。

本节简要介绍了航天器自主导航领域中涉及的时间系统。在航天器轨道计算过程中,时间是独立变量,在计算不同的物理量时会使用不同的时间系统。例如,使用世界时 UT 计算航天器星下点轨迹;使用历书时 ET 计算日、月和行星及小行星的坐标;利用协调世界时 UTC 描述观测量采样时间等。

2.2.2 儒略日的定义

在日常生活中通常采用公历纪年(葛略历)度量年、月、日和时、分、秒,如

香港回归祖国时间为 1997 年 7 月 1 日 0 分 0 秒(北京时间)。但是,葛略历不能直接告诉我们某两日之间的间隔天数,如今天距离香港回归日多少天。为了便于计算,天文学家引入了儒略日(Julian Date,JD)的概念,定义天文学中的一个连续变量,该变量为葛略历纪年(包括时、分、秒)相对于公元前 4713 年 1 月 1 日 12 时 0 分 0 秒的天数(包括小数部分)。例如 1992 年 2 月 1 日的儒略日为 2448653.5。儒略日是与葛略历一一对应,且恒为正的连续递增变量,儒略日一天为一个平太阳日。考虑到儒略日的数值通常较大,为了使用和表达上方便,又引入了相对儒略日的概念。根据相对时刻的不同,可定义不同的相对儒略日,如在地球轨道航天器自主导航系统中,在 2000 年前,采用贝塞尔(Bessel)年首 B1950 为相对时刻;2000 年后,采用 J2000.0 为相对时刻。

用儒略日计算相隔若干年的两个日期之间的天数,这是天文上采用的一种长期记日法。儒略年规定为 365 平太阳日,每四年有一闰年(366 日),因此儒略年的平均长度为 365.25 平太阳日,相应的儒略世纪(100 年)长度为 36525 平太阳日。从 1984 年起采用的新标准历元(在天文学研究中常常需要标出与数据所对应的时刻,称为历元)J2000.0 是 2000 年 1 月 1.5 日,对应的儒略日为 2451545.0。每年的儒略年首与标准历元的间隔为儒略年 365.25 的倍数,例如,1992 年儒略年首在 1 月 1.5 日,记为 J1992.0,而 1993 年儒略年首在 1 月 0.25 日,记为 J1993.0。

▷ 2.3 日、月星历计算

对于地球轨道航天器自主导航系统,在建立轨道动力学模型和以日、月作为导航天体生成导航测量数据的时候,涉及太阳和月球的星历计算问题。日、月星历有解析法和数值内插法两种求解方法,在本节中分别进行说明。

✍ 2.3.1 数值内插法计算日、月星历

数值内插法是将日、月位置数据按照一定时间间隔以特定的格式存储在星历表中,再利用插值法获取其他时间处的日、月星历。喷气推进实验室(JPL)最新发布的行星和月球星历 DE421 是目前精度最高的星历表,代表了

天文学领域的先进水平,其中,月球轨道精度达到分米级量级,金星、地球和火星轨道精度达到百米量级。DE421 星历文件可以从喷气推进实验室网站(ftp://ssd.jpl.nasa.gov/pub/eph/planets/ascii/de421)下载。

JPL 星历数据按时间区间提供天体位置和章动的切比雪夫多项式系数和多项式的阶数。时间区间为 32 天,称大区间。对于变化较快的天体,为了保证拟合精度,在大区间的内部又分为若干小区间。星历表中,每个量都有一个相应的代码,各个量的代码如表 2-1 所列。

表 2-1 JPL 星历代码表

代码	定义	代码	定义
1	水星	9	冥王星
2	金星	10	月球
3	地球	11	太阳
4	火星	12	太阳系质心
5	木星	13	地 - 月质心
6	土星	14	黄经章动和黄赤交角章动
7	天王星	15	月球的物理天平动及其变率
8	海王星		

假设对于每个分量(天体的 X、Y、Z 分量或者章动角的黄经章动和交角章动),星历数据记录的每个间隔共有 NC 个切比雪夫系数,所需星历分量为

$$f(t_c) = \sum_{K=0}^{NC-1} C_K P_K(t_c) \qquad (2-14)$$

式中;C_K 为用于位置计算的切比雪夫系数,从星历文件数据记录中读出;P_K 为是切比雪夫多项式,即

$$P_K = \cos(K arccos t_c) \qquad (2-15)$$

由上式可知

$$P_0(t_c) = 1, P_1(t_c) = t_c \qquad (2-16)$$

利用三角恒等式

$$\cos(n+1)\theta = 2\cos\theta\cos n\theta - \cos(n-1)\theta, n \geqslant 1 \qquad (2-17)$$

令 $t_c = \cos\theta$，即可得到迭代关系

$$P_{K+1}(t_c) = 2t_c P_K(t_c) - 2P_{K-1}(t_c), \quad K \geqslant 2 \qquad (2-18)$$

式中：t_c 为切比雪夫时间，由时间 t 按系数覆盖的时间间隔归一化为 $-1 \sim 1$。

天体位置可通过式（2-14）插值得到，天体的速度可通过对式（2-14）求微分计算得到

$$\frac{\mathrm{d}f(t_c)}{\mathrm{d}t} = \sum_{K=1}^{NC-1} C_K V_K(t_c) \qquad (2-19)$$

其中，

$$V_K(t_c) = \frac{\mathrm{d}P_K(t_c)}{\mathrm{d}t} \qquad (2-20)$$

V_K 的计算公式为

$$\begin{cases} V_1(t_c) = 1, V_2(t_c) = 4t_c \\ V_{K+1}(t_c) = 2t_c V_K(t_c) + 2P_K(t_c) - V_{K-1}(t_c) \end{cases} \qquad (2-21)$$

通过插值，可以得到太阳相对于太阳系质心的位置和速度，以及月球相对于地球质心的位置和速度。

2.3.2 解析法计算日、月星历

在对日、月星历精度要求不高的情况下（如建立日、月引力摄动模型时），可以采用解析法计算日、月星历。

1. 太阳星历的计算

在地心赤道惯性坐标系中，太阳相对春分点的经度 λ_M，平近点角 M 分别可用下列公式近似表示，即

$$\begin{cases} \lambda_M = 280.460° + 36000.771°T \\ M = 357.5277233° + 35999.05034°T \end{cases} \qquad (2-22)$$

式中：T 为各时刻对应的从 2000 年 1 月 1 日 12 时开始的儒略世纪数。

取地球绕太阳公转的偏心率 $e = 0.016708617$，太阳相对地球的距离 r_s，黄道经度 λ_s，黄道纬度 ϕ_s 可用下列公式近似表示，即

$$\begin{cases} r_s = 1.000140612 - 0.016708617\cos M - 0.000139589\cos 2M \\ \lambda_s = \lambda_M + 1.914666471°\sin M + 0.019994643°\sin(2M)T \\ \phi_s = 0° \end{cases} \qquad (2-23)$$

式中:r_s 的单位为 AU。在地心赤道惯性坐标系下,太阳相对地球的位置矢量为

$$r_s = (C_{eoI})^T \begin{bmatrix} r_s \cos\lambda_s \\ r_s \sin\lambda_s \cos\phi_s \\ r_s \sin\lambda_s \sin\phi_s \end{bmatrix} \qquad (2-24)$$

2. 月球星历的计算

在地心黄道惯性坐标系中,月球绕地球运动的轨道参数为

$$\boldsymbol{\sigma}(t) = [a \quad e \quad i \quad \Omega \quad \omega \quad M] \qquad (2-25)$$

也可由下式表示

$$\boldsymbol{\sigma}(t) = \overline{\boldsymbol{\sigma}}(t) + \boldsymbol{\sigma}_s(t) \qquad (2-26)$$

式中:$\overline{\boldsymbol{\sigma}}(t)$ 为 t 时刻的平均轨道根数;$\boldsymbol{\sigma}_s(t)$ 为摄动项。

月球平均轨道参数 $\overline{\boldsymbol{\sigma}}(t)$ 可采用各国天文年历通用的计算公式,即

$$\begin{cases} \overline{a} = 384747.981\,\text{km} \\ \overline{e} = 0.054879905 \\ \overline{i} = 5.129835017° \\ \overline{\Omega} = 125.044555556° - 1934.1361850°T + 0.0020767°T^2 \\ \overline{\omega} = 318.308686110° - 6003.1498961°T + 0.0124003°T^2 \\ \overline{M} = 134.963413889° + 13.06499315537°d + 0.0089939°d^2 \end{cases} \qquad (2-27)$$

式中:T 和 d 为 t 时刻对应的从 2000 年 1 月 1 日 12 时开始的儒略世纪数和儒略日,表示为

$$T = \frac{\text{JD}(t) - 241545.0}{36525.0} \qquad (2-28)$$

$$d = \text{JD}(t) - 241545.0 \qquad (2-29)$$

式中:$\text{JD}(t)$ 为 t 时刻对应的儒略日。

对于精度要求不高的场合(如用于地球轨道航天器轨道动力学外推过程中的三体摄动计算),可直接采用平均轨道根数 $\overline{\boldsymbol{\sigma}}(t)$ 代替瞬时轨道根数 $\boldsymbol{\sigma}(t)$,由此得到在地心黄道惯性坐标下月心位置矢量 r_{mel}。位置矢量对时间求导,可得到月球的速度矢量。通过坐标转换,求取在地心赤道惯性坐标下的月球位置矢量,即

$$r_{mi} = (C_{eoI})^T r_{mel} \qquad (2-30)$$

▶ 2.4 轨道动力学模型

航天器自主导航系统的状态方程通常根据航天器轨道动力学模型建立，轨道动力学模型误差是影响自主导航系统精度的重要因素之一。航天器轨道动力学是研究航天器自主导航必不可少的基础知识。轨道动力学主要研究航天器在重力场和其他摄动力作用下的质点动力学问题，包括二体问题、多体问题和轨道摄动等内容。绕地卫星轨道动力学和卫星摄动运动规律在许多专著中有详细论述，本节仅对自主导航研究中用于实现轨道外推的动力学模型进行简单描述。

◁ 2.4.1 二体模型

轨道分析中经常假定航天器在地球中心引力场中运动，一般忽略其他摄动力的作用，如地球非球形、密度分布不均匀，以及太阳和月球引力引起的摄动等。这种航天器无摄轨道运动，即仅考虑航天器质点在地球中心引力下的轨道运动称为二体问题，代表航天器轨道运动的最主要特性。令二体的质量分别为 m_1 和 m_2，二者的质点相对空间惯性参考点 O 的距离矢量分别为 $\boldsymbol{r}_1$ 和 $\boldsymbol{r}_2$，两者之间的相对距离矢量为 $\boldsymbol{r}$，由质点 1 指向质点 2，二者之间的相互引力为 $\boldsymbol{F}_1$ 和 $\boldsymbol{F}_2$，分别表示为

$$\boldsymbol{F}_1 = \frac{Gm_1 m_2}{r^2} \cdot \frac{\boldsymbol{r}}{r} \tag{2-31}$$

$$\boldsymbol{F}_2 = -\boldsymbol{F}_1 \tag{2-32}$$

式中：G 为万有引力常数。二者相对惯性空间的运动方程为

$$m_1 \frac{\mathrm{d}^2 \boldsymbol{r}_1}{\mathrm{d}t^2} = Gm_1 m_2 \frac{\boldsymbol{r}}{r^3} \tag{2-33}$$

$$m_2 \frac{\mathrm{d}^2 \boldsymbol{r}_2}{\mathrm{d}t^2} = -Gm_1 m_2 \frac{\boldsymbol{r}}{r^3} \tag{2-34}$$

将式（2-33）与式（2-34）相减，并引入几何惯性 $\boldsymbol{r}_1 + \boldsymbol{r} = \boldsymbol{r}_2$，可得相对运动方程：

$$\frac{\mathrm{d}^2 \boldsymbol{r}}{\mathrm{d}t^2} = \frac{\mathrm{d}^2 \boldsymbol{r}_2}{\mathrm{d}t^2} - \frac{\mathrm{d}^2 \boldsymbol{r}_1}{\mathrm{d}t^2} = -G(m_1 + m_2)\frac{\boldsymbol{r}}{r^3} \tag{2-35}$$

令 m_1 为地球质量,有 $m_1 = m_e \gg m_2$,则描述航天器(质点 2)相对地球的二体问题基本方程为

$$\ddot{r} = -\frac{\mu}{r^2} \cdot \frac{r}{r} \qquad (2-36)$$

式中:$\mu = Gm_e$ 为地球引力常数,$\mu = 398600.44\mathrm{km}^3/\mathrm{s}^2$。

作用在航天器上的地球中心引力与航天器的质量成正比,与航天器地心距的平方成反比,由引力产生的加速度幅值 $-\mu/r^2$ 与航天器的质量无关,引力加速度的方向与单位矢量 r/r 的方向相反。

绕地卫星在均匀球形引力场中的运动称为二体问题,也称为开普勒问题。德国天文学家开普勒(1571—1630 年)从第谷对行星运动的观测结果中推导出太阳系中行星运动的三大定律:

(1)每个行星在椭圆轨道上环绕太阳运动;

(2)太阳和行星的矢径在相等的时间间隔中扫过相等的面积;

(3)行星轨道周期的平方与它轨道长轴的三次方成正比。

二体运动方程的解与此三大定律完全符合,因此,二体轨道又称为开普勒轨道。卫星绕地球的运动轨迹近似满足开普勒三大定律,开普勒轨道用于描述某一时刻卫星相对惯性空间的运动状态,包括轨道大小、形状、空间相位和当前位置。某一时刻卫星开普勒轨道参数包括半长轴、偏心率、轨道倾角、升交点赤经、近地点幅角和平近点角。在某历元时刻的开普勒椭圆及 6 个轨道根数,与卫星在该历元时刻的运动状态矢量存在一一对应关系。

古典天文力学应用开普勒轨道参数对天体运动进行解析法分析。随着计算机技术的发展,建立在运动状态矢量空间的牛顿力学数值法应用越来越广泛,尽管如此,基于开普勒轨道参数的解析法有着运算优势。即使在讨论有摄动卫星运动轨迹时,开普勒根数仍可用于描述卫星的运动轨迹,在某历元时刻的开普勒轨道仅表示该时刻卫星所在的椭圆轨迹,对于不同时刻,卫星在不同开普勒椭圆上运动。

2.4.2　摄动二体模型

在二体问题中,只考虑地球质心引力的作用,航天器轨道是一个固定的椭

圆。但实际上,航天器除受到地球质心引力作用外,还受到各种摄动力的作用。这些摄动力包括:地球非球形和质量不均匀产生的附加引力、高层大气的气动力、太阳和月球等天体的引力,以及太阳辐射压力等。在摄动力的作用下,航天器轨道半长轴、周期、偏心率、升交点赤经和轨道倾角随时间不断发生变化,航天器的实际运行轨道会偏离由二体动力学理论上所确定的椭圆轨道。

对于地球轨道航天器,摄动项需要考虑地球非球形引力摄动、日、月引力和太阳光压以及大气阻力等。此时,航天器轨道动力学方程为

$$\ddot{r} = -\frac{\mu}{r^2} \cdot \frac{r}{r} + a_e + a_a + a_s + a_1 \qquad (2-37)$$

式中:a_e 为地球非球形引力摄动加速度;a_a 为大气阻力加速度;a_s 为第三体(日、月)引力加速度;a_1 为太阳光压加速度。

下面简要说明产生各种摄动力的原因。

1.地球非球形引力摄动

当认为地球是均匀球体时,地球对航天器的径向引力只与地心距的平方成反比,与航天器的经纬度无关。但事实上,地球的质量分布不均匀,其形状是不规则的扁状球体。相对于地球为均匀球体的情况,由于地球的扁状和赤道平面的椭状,使得航天器受到额外的径向加速度,主要由带谐项主项 J_2 引起。由地球非球形形状和内部质量不均匀引起的摄动称为地球非球形引力摄动。

在计算地球非球形引力摄动加速度时,常用摄动力位函数(或称势函数)的梯度来表示。地球引力位函数的一般形式为

$$U = U_0 + R \qquad (2-38)$$

式中:$U_0 = \dfrac{\mu}{r}$ 为中心力场的位函数;R 为摄动力的位函数,表示为

$$R = -\frac{\mu}{r} \sum_{n=2}^{\infty} \left(\frac{R_e}{r}\right)^n \left[J_n P_n(\sin\phi) - \sum_{m=1}^{n} J_{nm} P_{nm}(\sin\phi) \times \cos m(\lambda - \lambda_{nm}) \right]$$

$$(2-39)$$

式中:r、λ、ϕ 分别为地心距、地心经度和纬度;R_e 为地球的平均赤道半径;P_n 和 P_{nm} 为勒让德多项式,n、m 为整数,称为引力位阶数;J_n 和 J_{nm} 分别为带谐项系数和田谐项系数;λ_{nm} 为对称主轴的相位经度,四阶以内的参数值见表 2-2。应当说明,航天器的位置和速度是在地心惯性坐标系中表达的,而地球引力加

速度在地球固连坐标系中进行计算,计算得到的加速度需要再转到地心惯性坐标系。

表 2 - 2　地球摄动力位函数相关参数

n	$J_n / \times 10^{-6}$	nm	$J_{nm} / \times 10^{-6}$	$\lambda_{nm} /(°)$
2	1082.63	22	1.81222	-14.545
3	-2.5356	31	2.20792	7.0805
4	-1.62336	32	0.37190	-17.4649
		33	0.21984	21.2097
		41	0.45600	-138.756
		42	0.16806	31.0335
		43	0.06030	-3.8459
		44	0.00754	30.7920

2. 日、月摄动

日、月和大行星引力对航天器的影响是天体力学中一种典型的第三体摄动问题。对于地球轨道航天器,木星的摄动加速度与地球中心引力加速度之比为 10^{-13},而其他行星的摄动量级更小,因此,第三体摄动主要是指日、月引力摄动。太阳和月球对静止轨道卫星的摄动力与地球带谐项的摄动力是同一量级,其影响不可忽略。与地球非球形引力摄动类似,这类摄动力也是一种保守力,摄动大小通常可利用精确的日月星历计算得到。地球轨道航天器与太阳和月球之间的距离,远远大于其与地心之间的距离。因此,日、月引力可以仅考虑质点中心引力。

3. 大气阻力摄动

与地表大气相比,近地轨道上的大气相对稀薄,航天器所承受的气动力随大气状态不同而异,如果人造地球卫星运行高度在 300km 以上,大气阻力摄动与地球中心引力之比小于 10^{-6}。对于中低轨卫星的运动而言,大气阻力摄动可当作二阶小量来处理。但是,由于大气阻力始终作用在航天器上,即使这个力并不大,但长时间的积累效应仍然会很大。航天器在大气中长时间高速穿行,微小大气阻力的积累,会导致轨道衰减。大气阻力摄动效应的主要特点是使航天器的轨道不断变小变圆,这是能量耗散的一种表现,这种耗散效应是决定低轨地球卫星寿命长短的重要因素。大气的物理特性非常复杂,在长期的研究、观测和分析过程中,大气模型的准确程度不断提高。

4. **太阳光压摄动**

航天器受到太阳光照射时,太阳辐射能量的一部分被吸收,另一部分被反射,这种能量转换使航天器受到力的作用,称为太阳辐射压力,简称光压。航天器表面对太阳光的反射比较复杂,有镜面反射和漫反射。在讨论太阳光压对航天器轨道的影响时,认为光压的方向与太阳光的入射方向一致。太阳光压对卫星产生的摄动加速度主要取决于卫星光照面积与卫星质量的比值,其取值与太阳辐射强度、卫星受到的照射面积、照射面与太阳的几何关系以及照射面的反射和吸收特性有关,其中,卫星受到的照射面积往往难以准确计算。由于卫星表面材料的老化、太阳能量随太阳活动的变化以及卫星姿态变化等因素的影响,使得太阳光压成为定轨中最难以精确计算的摄动力。对于高轨卫星的轨道预报过程,轨道动力学模型中最大的误差源为太阳光压摄动。静止轨道卫星受到的太阳光压摄动比地球扁率 J_2 项摄动和日、月引力摄动小一个数量级,但太阳光压的连续作用不能忽略。在静止轨道卫星绕地一圈的过程中,光压摄动会造成轨道半长轴一增一减的周期性振荡,其对轨道偏心率的影响是累加的,对静止轨道偏心率存在长周期摄动。另外,应当说明,太阳光压摄动是一种间断力,会受到地影的影响,仅在航天器处于太阳光照区域时存在。因此,在预测航天器受太阳光压摄动影响的运动规律时,必须考虑航天器的光照条件。

航天器的轨道动力学方程为复杂的非线性方程,很难求得严格的解析解,一般采用轨道外推法求得其数值解。轨道外推的精度一方面依赖于轨道建模的精度,另一方面还和外推的计算方法有关,不合理的计算方法将导致长时间外推误差增大,影响对航天器的长期轨道预报。因此,有必要在星载计算机的容量限制下,研究便于星上实现的高精度轨道外推方法。

航天器在轨运动过程中所受的力可分为保守力和非保守力,其中,保守力包括地球质心引力、地球非球形引力和日月引力等,非保守力包括大气阻力、太阳光压和航天器发动机推力等。应当注意,通过加速度计仅能测量非保守力产生的加速度,即比力。利用精确模型描述航天器所受的保守力,并利用高精度星载加速度计测量航天器的非保守力,有助于降低由于轨道动力学模型误差带来的航天器位置外推误差,从而提高航天器自主导航的精度。

☑ 2.4.3　自主导航系统状态方程

在航天器自主导航系统中,由于有敏感器测量修正,通常不需要考虑长时间的轨道外推,可以采用简化的轨道动力学模型,将略去部分摄动项当作噪声来处理。对于地球轨道航天器,地球摄动的主要因素是地球的扁状。在地球引力位函数中,可以略去田谐项,仅考虑地球中心引力和地球形状摄动的 J_2 项。选择航天器位置矢量和速度矢量在地心惯性坐标系中的三个分量作为状态变量,即

$$\boldsymbol{x}_t = \begin{bmatrix} \boldsymbol{r} \\ \dot{\boldsymbol{r}} \end{bmatrix} \tag{2-40}$$

式中:$\boldsymbol{r} = \begin{bmatrix} r_x & r_y & r_z \end{bmatrix}^{\mathrm{T}}$;$\dot{\boldsymbol{r}} = \begin{bmatrix} v_x & v_y & v_z \end{bmatrix}^{\mathrm{T}}$。

下面,建立描述航天器位置矢量和速度矢量时间递推关系的状态方程。由地心纬度等式 $\sin\phi = r/z$,求得地球引力位函数在赤道惯性坐标系中的梯度,作为航天器的引力加速度,经过简化的航天器动力学模型可写为

$$\dot{\boldsymbol{x}}_t = f(\boldsymbol{x}_t) + \boldsymbol{w}_t \tag{2-41}$$

其中,

$$f(\boldsymbol{x}_t) = \begin{bmatrix} v_x \\ v_y \\ v_z \\ -\dfrac{\mu r_x}{r^3}\left[1 + \dfrac{3}{2}J_2\left(\dfrac{R_e}{r}\right)^2\left(1 - 5\,\dfrac{r_z^2}{r^2}\right) \right] \\ -\dfrac{\mu r_y}{r^3}\left[1 + \dfrac{3}{2}J_2\left(\dfrac{R_e}{r}\right)^2\left(1 - 5\,\dfrac{r_z^2}{r^2}\right) \right] \\ -\dfrac{\mu r_z}{r^3}\left[1 + \dfrac{3}{2}J_2\left(\dfrac{R_e}{r}\right)^2\left(3 - 5\,\dfrac{r_z^2}{r^2}\right) \right] \end{bmatrix}$$

式中:μ 为地球引力常数;r 为地心距,$r = \sqrt{r_x^2 + r_y^2 + r_z^2}$;$\boldsymbol{w}_t$ 为系统噪声,用来描述未建模的误差项,其统计特性假设为

$$E(\boldsymbol{w}_t) = 0, E(\boldsymbol{w}_t \boldsymbol{w}_t^{\mathrm{T}}) = \boldsymbol{Q}_t \tag{2-42}$$

状态方程雅克比矩阵的离散化形式按下式近似计算:

$$\boldsymbol{F}_t = \boldsymbol{I} + \boldsymbol{D}_t T \tag{2-43}$$

式中：T 为滤波周期；I 为单位矩阵；$D_t = \partial f(x_t)/\partial x_t$。式（2-41）和式（2-43）分别用于自主导航滤波算法中状态变量和误差方差的预报。

▶ 2.5　地球测量特性

地球测量特性包括两方面：地球辐射特性和地球几何特性，其中辐射特性主要包括红外辐射特性和紫外辐射特性，地球几何特性主要指地球的椭球形状特性。

☑ 2.5.1　地球红外辐射特性

地球的辐射由对太阳辐射的反射辐射和地球以及大气系统的自身辐射两部分组成。从辐射的光谱分布来看，反射辐射主要在可见光谱部分，最大光谱辐亮度在 0.5μm 波长处。自身辐射主要在红外光谱部分，最大光谱辐亮度在 10μm 波长处。航天器上的地球敏感器通过探测地球及大气系统的辐射来确定地心矢量。航天器上观察到的地平圈是观察视线与地球大气层某个表面切点的集合。地平圈的大小与航天器的轨道高度有关，可近似认为是圆形。地球是以大气层为外层、硬的地壳为核的球。由于大气层的存在，由硬的地球外壳构成的"硬地平"对地球敏感器而言没有意义。由于大气层内压强和温度由内向外逐渐变低，因此，由大气层辐射构成的地球边缘是模糊的，这是一个具有一定宽度的辐射带，地平圈就位于这个带内。

地球边缘的模糊带造成的不确定性是制约地球敏感器测量精度的主要原因之一。为了提高测量精度，要求地平圈稳定，为此，对地球大气系统辐射的光谱特性进行了研究。在可见光波段，地球外观随着星下点的变化而变化，对于受到光照的白天和未受到光照的夜晚，二者辐亮度变化很大，白天和夜晚的分界线模糊不清，给地平确定带来了困难。地球辐射的红外波段的辐亮度变化比可见光小得多。研究表明，地球大气系统在红外波段确定的地平圈是比较稳定的。

大气辐射特性取决于大气的组成、浓度分布，以及压强和温度。地球大气是由多种气体分子和悬浮微粒组成的混合体，按混合比可分为均匀不变成分和变化成分。混合比均匀不变的成分为氮（N_2）、氧（O_2）等主要气体成分，大体上比较固定的成分是二氧化碳(CO_2)、一氧化二氮(N_2O),变动很大的成分是水蒸气(H_2O)、臭氧(O_3),另外还有悬浮微粒。作为大气主要气体成分的氮(N_2)和氧(O_2)对红外辐射而言无选择性吸收,对辐射的传输影响很小。由于水蒸气和 CO_2 在大气中有强吸收带,因而是主要的吸收气体成分。

对地平辐射的波动影响最大的因素是温度的起伏变化以及云层的影响。研究表明,$15\mu m$ 波长处的 CO_2 吸收带适合作为红外地球敏感器的工作波段,从减少温度波动的影响考虑,较其他吸收带有利。CO_2 吸收带对水蒸气以及云层造成的辐射水平扰动具有很好的屏蔽能力,地平辐射分布也具有较大的梯度,在红外地球敏感器的设计过程中,可选择观测此波段的红外辐射。

2.5.2　地球紫外辐射特性

地球紫外辐射的特点在于:紫外辐射的变化梯度比红外辐射更大。在 20km 以上紫外辐射强度的衰减比例达到了 15%/km,而红外变化比例为 3%/km 左右。因此,理论上紫外敏感器能够取得比红外地球敏感器更高的地心方向测量精度,进而,能够达到更高的自主导航精度。对地球紫外辐射特性的研究,为紫外敏感器的设计和工作波长的选择奠定了基础。

到达近地卫星轨道高度的地球临边紫外辐射包括地球大气对太阳光的散射辐射、云层等对太阳光的反射辐射、紫外夜气辉,以及行星际尘埃散射太阳光形成的黄道光辐射等。在白天,紫外临边辐射主要来源于地球大气对太阳紫外辐射的散射辐射和云层等对太阳紫外辐射的反射辐射,而在夜间,紫外夜气辉辐射起主要作用。两种辐射形成的物理机制不同,需要考虑的物理过程也不同。散射辐射需要考虑包括大气吸收、大气瑞利散射的辐射传输过程。紫外夜气辉是由于太阳紫外辐射激发大气分子、原子而产生的发光现象。下面分别分析白天和夜晚的地球临边紫外辐射特性。

1. 白天地球临边紫外散射辐射特性

地球紫外临边辐射在白天主要来源于地球大气对太阳紫外辐射的散射辐射。太阳辐射到达地球大气后,在传输过程中会因为大气成分的吸收和路径散射而衰减。大气散射主要包括分子散射和气溶胶、云散射。至于吸收气体,对于波长在 200 ~ 400nm 区间,除了 O_3,O_2 分子、NO_2 和 SO_2 也在某些波段有吸收。O_2 吸收系数的峰值在 205nm 左右,随波长的增加而快速减小,截止在

250nm 左右。O_2 主要集中在对流层,在 60km 以上的高空,氧气含量对紫外临边散射辐射基本没有影响。NO_2 和 SO_2 分别集中在平流层和对流层,由于含量极少,其影响可以忽略。

紫外临边散射辐射的光谱特性随临边切点高度变化。向下传输的紫外太阳辐射主要受到臭氧吸收衰减和路径散射衰减的影响,星上仪器接收到的辐射主要来自直接太阳辐射和地表、大气、云雨等的漫射辐射。在高层,O_3 含量较低,散射占主导作用,而随着临边切点高度的降低,散射粒子密度逐渐增大,临边观测路径上散射粒子增加,因而散射到星上仪器的辐射增多,随临边切点高度降低呈增加趋势。当临边切点高度下降到一定程度时,路径臭氧吸收和散射衰减增加,抵消了由于散射粒子增多而增加的辐射,此时,星上仪器接收到的辐射达到最大。临边切点高度再降低时,星上仪器接收到的散射辐射逐渐减小,且随着高度降低变化缓慢,直到遇到云顶、地表等。由于下表面的反射,星上仪器接收到的散射辐射可能会逐渐增加,这一效应是否存在与波长有关。不同波长紫外临边散射辐射的光谱特性随临边切点高度的变化情况如图 2-1 所示。

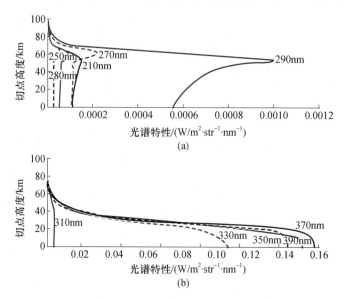

图 2-1　不同波长紫外临边散射辐射的光谱特性随高度的变化

对于小于 310nm 的波段,由于 O_3 吸收强烈,当临边切点高度下降到一定程度时,路径 O_3 吸收和散射衰减增加,抵消了由于散射粒子增多而增加的辐射,因此,在该高度,星上仪器接收到的辐射达到最大。临边切点高度再下降时,星上仪器接收到的散射辐射逐渐减少。辐射最大值对应的高度与 O_3 吸收截面和臭氧含量有关。对于大于 310nm 的波段,由于 O_3 吸收较弱,随着临边辐射切点高度的下降,路径 O_3 吸收和散射衰减始终小于由于散射粒子增多而增加的辐射,故随着临边切点高度的降低,临边辐射始终是增加的,只是当临边切点高度低于 O_3 集中分布的 20 ~ 25km,由于路径 O_3 吸收衰减增加,使得散射到星上仪器视场内的辐射增加缓慢。

影响紫外临边大气辐射的因素包括以下几个方面。

1) O_3 含量和分布对紫外临边大气辐射的影响

90% 的 O_3 存在于地面上空 10 ~ 50km 的平流层,在 20 ~ 30km 的范围内浓度最大,对流层的 O_3 含量仅占 10% 。一般而言, O_3 含量和分布呈纬向分布,峰值高度在赤道地区最高,在高纬度地区最低,总量随着纬度的降低而升高。对于小于 310nm 的波段,由于 O_3 吸收强烈, O_3 含量越多,相同高度的临边辐射强度就越小,并且对于相同的波长,临边辐射的最大值所在高度几乎不随着 O_3 廓线的变化而变化。对于较长波段, O_3 吸收相对较弱,相同高度上, O_3 含量差异引起的临边辐射强度差异随着波长的增长而减小,对于大于 350nm 的波段,不同 O_3 含量得到的各个高度临边辐射强度基本没有差别。

2) 太阳天顶角对紫外临边大气辐射的影响

临边散射辐射随太阳天顶角的增大而增加,这是由于在散射占主导地位的高层大气,随着临边切点高度的降低,散射粒子密度逐渐增大,而太阳天顶角越大,历经的散射粒子越多,散射到星上仪器视场内的辐射就越大。但是,当太阳天顶角增大到一定程度而继续增大时,由于长路径衰减等原因,辐射随临边切点高度下降而急剧减小,尤其对具有强散射能力的紫外长波段,如波长大于 310nm 波段,辐射减小更为剧烈。

3) 观测方位角对紫外临边大气辐射的影响

各个切点高度上的辐射随着临边观测的方位角变化都满足同样的规律,即当临边相对观测方位为 180° 时,也就是观测者背对太阳时,各个高度星上仪器接收到的临边散射辐射最大;当临边相对方位角为 90° 时,临边散射辐射最小;临边相对观测方位角为 0° 和 135° 时的临边散射辐射非常接近,且都比临边相对观测角为 45° 时的临边散射辐射值大。

4）地表反照率对紫外临边辐射的影响

当波长大于310nm时，星上仪器接收到的临边散射辐射强度随着地表反照率的增大而增加。在大气高层，O_3吸收强烈的短波长紫外辐射由于吸收和散射衰减，几乎不能到达大气底层。因此，短于310nm的紫外辐射几乎不受地表影响。波长大于310nm的紫外辐射对大气层具有较强的穿透性，能够穿透大气层直至地表，因此，临边散射辐射受地表反照率的影响较大。

5）云雨、气溶胶对紫外临边辐射的影响

云雨和气溶胶对较短波长，如小于310nm波段的紫外辐射几乎没有影响。对于波长大于310nm的紫外辐射，云雨和气溶胶的散射和反射会使得辐射增大。

根据上述分析，在高层大气，O_3含量较少，粒子散射占主导作用，故航天器上的紫外敏感器接收到的辐射在高层随着临边切点高度的降低而增大，增大到一定高度，由于O_3含量越来越多，对于O_3吸收较强烈的短波长紫外辐射（小于310nm），吸收作用越来越明显，故辐射缓慢增加到最大辐射高度，随后由于O_3吸收而缓慢减小。对于同一波长，最大辐射高度随区域和季节的变化不大。对于O_3吸收较弱的长波长（大于310nm），随着临边切点高度的下降，路径O_3吸收和散射衰减的影响始终小于由于散射粒子增多而增加的辐射（包括云雨和地表的散射和反射），故随着临边切点高度的降低，临边辐射始终是增加的。对于紫外波段而言，主要吸收气体是O_3，对于O_3吸收较强的短波段，O_3含量越多，相同高度上的临边辐射强度就越小。对于O_3吸收较弱的长波段，O_3含量对辐射强度的影响较小。紫外临边散射辐射的大小与太阳天顶角紧密相关。另外，紫外临边辐射对临边观测方位很敏感。地表反照率、云雨和气溶胶对310nm或者更短波长的紫外临边散射辐射几乎没有影响。在更长紫外波段，地表的特性显著影响辐射的大小，且影响随临边切点高度的下降而增加。

通过对白天地球临边紫外散射辐射特性的研究，得到以下结论：由于大气密度和O_3的分布特性，造成紫外临边散射辐射具有垂直分布结构。对于O_3吸收较强烈的短波长（小于310nm），紫外散射辐射从大气顶层开始随临边切点高度的降低而增加到某一高度，此后随着临边切点高度的降低而减小；对于相同波长的情况，辐射强度达到最大值的高度基本保持不变。对于O_3吸收较弱的长波长（大于310nm），随着临边切点高度的下降，紫外散射辐射的强度始终增加。

2. 夜间地球临边紫外辐射特性

紫外夜气辉主要是氧气分子的激发产生的，氧气分子激发体系的发射率

与大气中的 N_2、O_2 以及氧原子的密度有关。影响中高层大气中性成分变化的因素有很多,如季节、昼夜、时刻、纬度,以及太阳活动和地磁活动。氧气分子激发产生的紫外夜气辉主要集中在 $80\sim100km$。图 $2-2$ 给出了各紫外波段的夜气辉辐射强度随切点高度变化的示意图。由图可见,随着卫星观测切点高度的升高,各波段的紫外夜气辉辐射强度逐渐增大,当切点高度增大到 $95km$ 左右,辐射强度达到极大值,随后,辐射强度随着切点高度的升高而降低,并且主要的能量释放集中在 $120km$ 以下,这与氧原子密度的垂直分布有关。随着季节、纬度、时刻,以及太阳活动指数和地磁活动指数的不同,各波段的极大值高度几乎不变。根据统计计算,各波段峰值高度的均方根相对偏差不超过 3%,故可以认为,各波段的峰值高度基本是固定的。

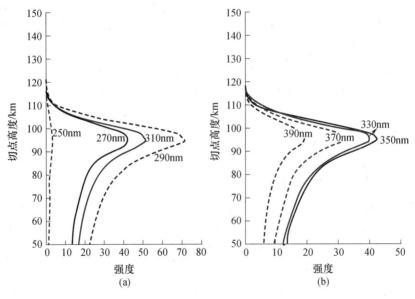

图 $2-2$ 各紫外波段夜气辉辐射垂直分布

通过对紫外夜气辉的产生机理和光谱特性进行研究,得到以下结论:影响紫外夜气辉的因素包括太阳活动指数的影响、地磁活动指数的影响、时间、季节以及纬度的变化。随着太阳活动指数的增大,紫外夜气辉的辐射强度增大;随着地磁活动指数的增大,紫外夜气辉的辐射强度减小;另外,纬度、季节以及时间均是影响紫外夜气辉辐射强度的因素。尽管影响夜气辉强度的因素很多,但是紫外夜气辉辐射强度随着切点高度的变化始终存在一个极大值高度,各波段的峰值高度几乎不变,大约在95km附近。

2.5.3 地球几何特性

地球敏感器通过探测地球及大气系统的辐射来确定航天器的地心方向矢量。航天器观察到的地平圈是航天器观察视线与地球大气层某个表面切点的集合。因此,地球敏感器对地平的观测不仅与地球辐射特性密切相关,还与地球辐射椭球的几何形状有关。红外地球敏感器利用红外视场扫入和扫出地球边缘时敏感到的红外地球圆盘来确定地平,并由此确定地心方向矢量,其假想测量模型是个标准的球形,但实际地球的形状不是标准的球,而是近似为一个旋转椭球,其几何方程为

$$x^2 + y^2 + \frac{z^2}{(1-f)^2} = R_{CO_2}^2 \qquad (2-44)$$

式中:R_{CO_2}为地球红外辐射椭球的半长轴,$R_{CO_2} = R_e + H_{CO_2}$;$f$为地球红外辐射椭球的扁率;$H_{CO_2}$为$CO_2$层的高度。

对于紫外敏感器等成像式敏感器而言,受到地球扁率的影响,地球圆盘图像拟合的几何中心和真实地心间存在非随机性偏差,且测量偏差会随航天器轨道位置不同而发生变化;但是,如果航天器在某一固定轨道运行,则由地球变量造成的敏感器测量偏差变化有一定规律。针对上述问题,应在地球敏感器数据处理过程中考虑地球非球形的影响,如在图像拟合过程中采用椭球模型,或在导航解算过程中采用地球扁率补偿算法,以降低地球扁率对定位精度的影响。关于地球扁率补偿方法将在第4章做进一步说明。

2.6 远天体测量方法

地球轨道航天器通常采用星敏感器来获取远天体(如恒星)的图像,经过图像处理后,提取远天体方向矢量信息,再结合远天体星历和地球敏感器的近天体测量信息,利用滤波算法自主确定航天器的轨道。星敏感器的成像对象主要是恒星等,成像特点表现为深空暗背景上的亮点。星敏感器是典型的成像式敏感器,其输出信息是观测目标的方向矢量。在星敏感器成像平面上,观测目标的像是一个"小圆斑",像素尺寸一般小于10×10。在图像处理过程中,通常可以忽略目标的尺寸,通过质心运算实现星点中心估计。星点图像处

理是使用最早、应用最广泛的光学导航技术,有很多成功应用的先例。本节对星点图像的处理方法进行介绍,星点图像处理的主要步骤包括星图图像去噪、畸变校正、星点位置确定以及星图匹配识别等。

2.6.1　图像去噪

通过星敏感器得到的数字图像中,通常含有各种各样的噪声,为了从图像中提取恒星方向矢量信息,需要通过前期处理尽量去除噪声。图像去噪的常用方法有线性平滑滤波、中值滤波和低通滤波等。通过线性平滑滤波器去除高斯噪声的效果很好,在大多数情况下,对其他类型的噪声也有一定效果。线性平滑滤波器通过连续窗函数内像素灰度值求加权和的方式来实现滤波处理。线性平滑滤波器可以使用卷积模板来实现解算过程。

最简单的线性平滑滤波器是局部均值运算,即每一个像素值用其局部邻域内所有值的均值置换,公式描述为

$$h(i,j) = \frac{1}{M} \sum_{(k,l) \in N} f(k,l) \qquad (2-45)$$

式中:M 为邻域 N 内的像素点总数。邻域 N 的大小控制着滤波效果,对应大卷积模板的线性滤波会加剧平滑的程度,作为去除大噪声的代价,会导致图像细节的损失。

针对上述问题,提出另外一种图像去噪方法,即中值滤波器。中值滤波器的基本思想是使用像素点邻域灰度值的中值来代替该像素点的灰度值,该方法在去除噪声的同时又能保留图像的边缘细节,这是因为它不依赖邻域内那些与典型值差别很大的值。中值滤波器在处理连续图像时与线性平滑滤波器的工作方式类似,但滤波过程不是加权运算,而是对窗口内的数据进行灰度的大小排序,取排序像素集的中间值作为该像素点的灰度值。

低通滤波方法主要针对傅里叶变换后的频域特性进行滤波,假设滤波器的频率特性为 $H(\omega_1, \omega_2)$,则

$$H(\omega_1, \omega_2) = \begin{cases} 1, & \sqrt{\omega_1^2 + \omega_2^2} \leqslant R \\ 0, & \text{其他} \end{cases}$$

即可实现对数字图像的低通滤波。

除随机噪声外,星点图像处理过程中往往还需要消除系统误差的影响。

畸变校正主要是采用非线性模型来校正光学系统的形变,按照标定的参数和模型对镜头畸变造成的成像误差进行补偿。在尽可能地去除随机噪声和系统误差后,对数字图像进行下一步的星点位置确定和星图识别。

⊿ 2.6.2　星点位置确定

星点位置确定的目的是提取光点位置,可以采用阈值分割和局部熵方法。阈值分割算法的实现方式为:首先,在一幅图像中均匀提取足够多像元的灰度值,算出它们的平均值,称为噪声平均值;其次,根据噪声的离散程度,在噪声平均值上加适当的估算离散值,得到信号阈值;经判断,灰度值大于阈值的像元为准信号点,若干彼此相邻的准信号点组成准星像;如果准星像的大小不小于 4 个像素,则初步判定为星像。为了防止误提取,有时还要附加一些判据,如长宽比小于一定值,星像尺寸小于一定值等。如果有明显的干扰光进入视场,则需要事先利用差分算法进行预处理。差分算法就是依次计算一行中相邻像元灰度值的差分,当差分值超过阈值时即为信号点。此时,后一个像元不与信号点求差分,而是与前一个非信号点求差分,直到当前像元成为非信号点。差分算法能有效突出信号点,降低噪声影响。

下面介绍局部熵方法。在信息论中,熵是事件出现概率不确定性的量度,它能反映事件包含的信息,用图像熵值进行目标分割是一种有效手段。对于星图而言,星空背景的噪声如果确定,其熵值就确定。当图像中出现恒星目标时,图像的纹理特征会被破坏,其熵值会发生变化。恒星属于小目标,其对整幅图像的熵值贡献小,可能被噪声淹没。计算整幅图像的熵值,还存在计算量大、耗时长的问题,不利于实时处理,而利用局部区域的熵值处理更有利于检测恒星和确定恒星位置。

设 $f(i,j)$ 为图像中 (i,j) 点处的灰度,$f(i,j) > 0$,对于一幅 $M \times N$ 大小的图像,定义图像的熵和灰度分布分别为

$$H_f = -\sum_{i=1}^{M}\sum_{j=1}^{N} p_{ij}\lg p_{ij}$$

$$p_{ij} = \frac{f(i,j)}{\displaystyle\sum_{i=1}^{M}\sum_{j=1}^{N} f(i,j)} \tag{2-46}$$

式中:H_f 为图像的熵;p_{ij} 为图像的灰度分布。

如果 $M \times N$ 是图像的局部窗口,则称 H_f 为局部熵。局部熵反映了图像灰度的离散程度,在局部熵大的地方,图像灰度相对较均匀,局部熵小的地方,图像灰度混乱程度较大。对于星图而言,没有恒星的地方,图像的背景噪声近似为随机噪声,其熵值近似相等;在出现恒星的地方,灰度有突变,熵值也发生突变,可根据熵值变化的程度来确定图像中恒星的位置。

2.6.3 星图识别

星图匹配识别的早期实现方法有直接匹配法和角距匹配法等。直接匹配法是最早使用的单星识别方法,就是对星敏感器视场中的某颗恒星图像与导航星图中的特定恒星进行直接匹配。根据航天器的初始姿态以及星敏感器在航天器上的安装矩阵,计算出所观测的恒星方向矢量 O;如果能在导航星表中找到一颗而且只有一颗导航星方向矢量记为 S;观测星与导航星的角距为 $\theta(O,S)$,系统设定的容差范围为 ε,如果条件 $\theta(O,S) < \varepsilon$ 成立,则认为该观测星为导航星表中相应导航星的星像。该方法对航天器初始姿态精度要求较高,正确识别的概率很低,目前已经不再使用。角距匹配法是整体星图识别的基础,它在星敏感器视场中利用一对观测星的角距 $d(O_i,O_j)$,与一对导航星的角距 $d(S_i,S_j)$ 进行匹配,当有且只有一对导航星满足下列条件时,则判断为正确识别:

$$\begin{cases} |d(O_i,O_j) - d(S_i,S_j)| < \mu \\ d(O_i,O_j) < \varepsilon \\ d(S_i,S_j) < \varepsilon \end{cases} \qquad (2-47)$$

星图中可以提取的信息主要包括观测星的亮度、观测星对之间的角距、观测星组成的几何形状等,识别算法一般利用其中的一种或者多种特征对星图进行识别,其中星间角距是最主要的识别特征。下面分别对星图识别中较为实用的三角形算法、匹配组算法、栅格算法和神经网络法进行说明。

1. 三角形算法

作为角距匹配的代表方法,三角形算法是当今应用最为广泛的星图识别算法。三角形算法的基本思想为:在星敏感器观测星图和导航星图中,根据角距和星等特征匹配出 3 颗星组成主三角形;匹配其他恒星的星等和角距,取最大匹配星组作为识别结果。该算法的优点是实现简单,占用内存容量小,能够利用整幅星图的特征,不易出现误匹配,可以实现全天球星图识别。

三角形算法利用导航星天体坐标和星等来定义星三角形,目的是为一个观测星三角形找到唯一的导航星模式。作为二维图形,三角形模式所能提供的特征包括三个星对角距和三个星等,其识别过程为:从星敏感器拍摄到的星图中选择最亮的几颗观测星,由这几颗观测星组成一些待识别的三角形,在导航星表中寻找与这些观测星三角形相匹配的导航星三角形。如果找到且唯一,则认为识别成功;反之,则认为识别失败。三角形算法的原理如图2-3所示。

三角形算法的特点是以星三角形作为识别的基元,三角形模式易于管理,通过建立从主星出发的星对树形结构,可以有效抑制星三角形的数量,从而减小识别过程的计算量和导航星表的存储容量。该匹配法有多种变形:①基于主边的匹配法,改主三角形为主边,使该方法也适用于视场中只有两颗导航星的情况;②基于主星的匹配法,改主三角形为主星,可降低计算量;③双三角形匹配法(准四边形法),改主三角形为两共边的三角形。三角形识别算法的不足之处在于,星图识别的成功率和识别速度受星敏感器测量精度的影响较大,当观测角距的误差较大时,算法的星图识别成功率降低。

2. 匹配组算法

针对三角形算法的不足,美国斯坦福大学提出了匹配组算法,该算法仍以星间角距和星等作为识别特征。匹配组算法的基本思想:利用多颗观测星构成具有一定几何形状的星座,然后在导航星表中寻找一个与该星座匹配程度最大的模式作为星图识别的结果,如图2-4所示。

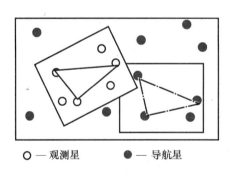

○—观测星 ●—导航星

图2-3 三角形算法原理示意图

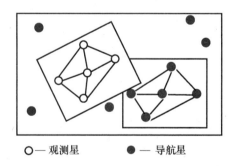

○—观测星 ●—导航星

图2-4 匹配组算法原理示意图

与三角形算法相比,匹配组算法的基元包含更多的观测星,其特征维数越高,相应的唯一性就越高,可以有效克服三角形算法的缺点,在星点位置和亮度不确定性较大的情况下,仍能保持很高的识别成功率。但是,对于不同的星图,匹配组的大小是不固定的,导致导航星库无法按照匹配组来存储,只能以星对角距作为存储基元。当星敏感器的星等灵敏度较高时,星对信息表中的角距数量很大,会导致计算量增加。

3. 栅格算法

栅格算法是另外一种具有特色的星图识别方法。对于一颗特定的恒星,其四周恒星的分布图是一定的,对于不同的恒星,四周恒星的分布图是不一样的,这就构成了各分布图的特征。栅格算法利用这种分布图的整体特征进行星图识别,其基本过程如图2-5所示。

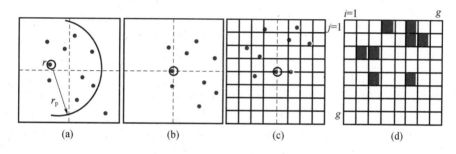

图2-5 栅格算法原理示意图

首先,在待识别的星图中选择参考星,以 r 和 r_p 为半径作两个圆环($r_p > r$);其次,将星图组成一个 g 行和 g 列的网格,并平移星图,使得参考星位于网格中心;接下来将被星像占据的网格涂黑为"1",其余为"0",由此组成网格矢量;识别过程中选定最亮的几个星像,分别构造它们的网格矢量,在导航星表中寻找最相近的匹配模式。

栅格算法利用星图中恒星分布的整体特征进行星图识别,其主要优点是所要求的存储量小,识别成功率高,对位置不确定性和星等不确定性的鲁棒性较好。但是,该算法要求视场内有较多的观测星,为了确保视场中观测星的数量,要求星敏感器具有较大的视场或者较高的星等灵敏度,这在一定程度上限制了栅格算法的应用。

4. 神经网络法

瑞典学者提出了一种基于径向基函数(Radial Basis Function,RBF)的神经网络星图识别方法,其基本原理如图 2-6 所示。

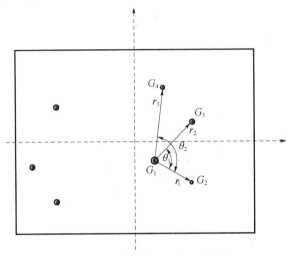

图 2-6 神经网络法原理示意图

在视场中选定最亮的观测星作为第一导航星,离第一导航星最近的观测星作为第二导航星;把第一导航星和第二导航星的连线作为参考基线,计算其余观测星与第一导航星连线与参考基线的夹角,并计算第一导航星到其余观测星的矢量。对于包含 N 颗观测星的星图,共获得 $N-1$ 个距离和矢量,其特征矢量为

$$\boldsymbol{F} = \left[r_1^2, r_2^2, \cdots, r_{N-1}^2, \cos^2\theta_1, \cos^2\theta_2, \cdots, \cos^2\theta_{N-1} \right] \tag{2-48}$$

基于神经网络的星图识别方法的模式特征为各神经元之间权值的连接强度,以权值矩阵替代了模式库。在星图识别过程中,只做一次匹配即可完成观测模式与众多模式的比较,无需迭代即可获得最终的识别结果,可以减小星图识别的时间。但是,神经网络的训练过程需要很多的训练样本集,星图识别的性能受训练样本集大小和训练时间长短的影响,并且算法实现对处理器硬件的要求比较高。

▶2.7 天文自主导航原理

航天器天文自主导航是通过观测自然天体来测定航天器位置的技术。自然天体按人类难以干预的恒定规律运动,人们通过长期的观测与计算,掌握了自然天体的运动规律,给出了反映天体运动规律的天文年历。天文年历中给出了太阳、月球、行星和恒星在一年内不同时刻的精确位置。在航天器飞行过程中,那些便于用星载设备进行观测的自然天体构成了天文自主导航的信标,通过对信标观测所获得的数据进行处理,可获得航天器的位置和速度信息。

⚐ 2.7.1　天文导航原理简介

航天器的自主性是提高卫星在轨运营管理效率的重要因素,自主导航系统是改善航天器自主性的重要环节。航天器自主导航系统主要包括敏感器测量和导航定位解算两部分。为了确定航天器的位置,导航系统的观测方案中,必须含有直接或间接描述航天器与地球之间几何关系的量值,其中,直接的几何关系包括航天器相对地球的方向或距离等,间接的几何关系包括航天器至参考卫星(或导航星)的方向或距离等。对于天文自主导航系统而言,观测量主要是导航天体相对于航天器的位置矢量。地球、太阳、月亮和恒星等天体在地心赤道惯性坐标系的星历是已知的,可以作为自主导航系统的参考天体。

本书中主要针对地球轨道航天器天文自主导航展开论述,其中一种典型的天文自主导航测量方式是对一个地球和多个恒星的方向进行测量,其示意图如图 2 - 7 所示。

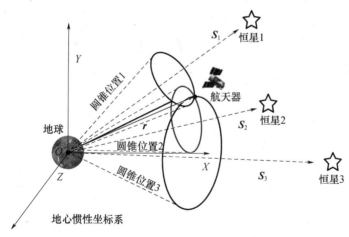

图 2 - 7　通过天文观测确定航天器的位置

从几何上讲,通过航天器上的导航敏感器测得地心方向与不同恒星方向之间的夹角,可以形成以地心为顶点,以恒星方向为轴线的多个圆锥面,航天器就位于这些圆锥面相交产生的交线上。航天器与地球中心的距离可通过对地球视半径的观测获得。通过敏感器的测量构成了对航天器位置的几何约束,利用地心方向、恒星方向和地心距建立的几何约束,可以直接计算得到航天器的位置,通过不同时刻航天器位置的差分可以获得航天器的速度。航天器的运行轨道可以通过其位置和速度进行解算。应当说明,导航敏感器的测量不可避免会受到测量误差的影响,导致通过观测几何直接计算得到的航天器位置精度较低。针对这一问题,可以基于一个时间序列上的测量值,结合轨道动力学模型进行滤波处理,通过优化导航滤波器的设计,可以消弱测量噪声的影响,精确确定航天器的位置和速度。

天文自主导航系统的实现方式之一是利用卫星姿态敏感器(红外地球敏感器和星敏感器)进行导航。红外地球敏感器是通过测量地球红外辐射获取航天器位置信息的一种光学测量仪器,通过红外地球敏感器能够测量得到地心方向矢量在航天器本体坐标系下的投影和地球视半径。但是,受地球辐射的红外波段特性不稳定等因素的制约,用红外地球敏感器直接测量地心方向的精度较低。

对于地球轨道航天器而言,日-地-月都是自然天体,信号强、容易识别,运动规律清楚。因此,基于日-地-月信息的自主导航是一种有效的工作模式。与基于"星光+地心方向"的自主导航方式类似,这种导航方式也是利用对近天体和远天体的方向矢量测量进行定位。与将恒星作为远天体的测量方式不同,由于月球和太阳距离地球较近,在图像处理过程中不能将二者作为点光源来看待并且,应考虑月球和太阳相对地球的位置变化。

对于"星光+地心方向"自主导航方式,自主导航精度主要取决于地球敏感器的测量精度,提高地球敏感器的测量精度(或者说提高地心方向测量精度)是提高航天器自主导航精度最直接的手段。研究表明,地球辐射的紫外波段无论在白天或夜间均存在适于探测的临边特性,紫外临边辐射达到最大值的高度基本保持不变,随经纬度和季节变化很小。地球紫外辐射相对红外辐射而言更为稳定,为提高地球敏感器的地心方向测量精度提供了信号基础。因此,可以采用地球紫外波段和恒星可见光波段来实现航天器自主导航。基于上述原理研制的紫外敏感器集成了地球敏感器和星敏感器的功能,采用恒星/地球同时同探测器成像技术,测量精度受敏感器相对安装误差的影响较小,与基于红外地球敏感器和星敏感器的自主导航方法相比,基于紫外敏感器的自主导航能够达到更高精度。

2.7.2 基于天体观测的初始定位方法

航天器位置的初始捕获是对其位置的粗略估计,初始捕获结果可作为导航滤波器的初始值。基于天体观测的初始定位方法通过导航敏感器的少量观测数据直接计算出航天器的位置,其中,单次观测的数据可以包含若干独立的变量。以基于红外地球敏感器和星敏感器的天文自主导航系统为例进行说明,根据导航星表中恒星的赤经和赤纬,可以计算得到恒星方向矢量在地心惯性坐标系中的坐标 S_I,而恒星方向矢量在星敏感器坐标系中的实际测量值为 S_m。在星敏感器安装矩阵已知的情况下,如果在星敏感器视场中同时观测两颗以上恒星,则使用双矢量定姿方法可以求得在航天器本体坐标系相对于惯性坐标系的姿态转换矩阵 C_{SI}。

根据红外地球敏感器的观测量和地心矢量确定算法,可以得到由航天器质心指向地心的地心方向矢量 $\bar{r}_s$ 在航天器本体坐标系中的投影 r_s 和地心距 r,而航天器在地心惯性坐标系下的位置矢量 r_I 满足如下关系:

$$-r_s \cdot r = C_{SI} r_I \tag{2-49}$$

式(2-49)可写为

$$r_I = -C_{IS} r_s \cdot r \tag{2-50}$$

其中

$$C_{IS} = C_{SI}^{-1} = C_{SI}^{T} \tag{2-51}$$

利用红外地球敏感器提供的地心方向矢量和地心距信息,以及星敏感器提供的卫星姿态信息,根据式(2-51)可得到航天器当前位置矢量在地心惯性坐标系中的投影,实现航天器位置的初始捕获。通过不同时刻航天器位置信息差分的方式,可以得到航天器的速度信息。根据航天器的位置和速度信息,可以进一步计算得到航天器的轨道参数。

受导航敏感器测量噪声等因素的影响,根据少量天文观测数据,通过上述初始定位方法计算得到的航天器位置往往含有较大误差。为了改善自主导航系统性能,需要利用大量观测数据,并引入航天器轨道动力学模型进行滤波,以减弱导航敏感器观测误差影响。采用适当的导航滤波器来提高航天器位置确定精度,这一过程称为航天器位置估计。导航滤波器的设计方法将在第3章介绍,航天器位置估计的具体方法将在第 5~7 章结合典型导航敏感器进行论述。

参 考 文 献

[1] 章仁为. 卫星轨道姿态动力学与控制[M]. 北京:北京航空航天大学出版社,1998.

[2] 刘林. 航天器轨道理论[M]. 北京:国防工业出版社,2000.

[3] 杨嘉墀. 航天器轨道动力学与控制[M]. 北京:宇航出版社,2001.

[4] 胡小平. 自主导航理论与应用[M]. 长沙:国防科技大学出版社,2002.

[5] 屠善澄. 卫星姿态动力学与控制[M]. 北京:宇航出版社,2003.

[6] Tapley B D,Schutz B E,Born G H. Statistical Orbit Determination[J]. Elsevier Academic Press,2004.

[7] 刘林,胡松杰,王歆. 航天动力学引论[M]. 南京:南京大学出版社,2006.

[8] Vallado D A. Fundamentals of astrodynamics and applications[J]. Microcosm Press,2007.

[9] Truszkowski W,Hallock H L,Rouff C,et al. Autonomous and autonomic systems:With applications to NASA intelligent spacecraft operations and exploration systems[J]. Springer – Verlag London,2009.

[10] Milani A,Gronchi G. Theory of orbit determination[M]. UK:Cambridge University Press,2010.

[11] 李恒年. 地球静止卫星轨道与共位控制技术[M]. 北京:国防工业出版社,2010.

[12] 房建成,宁晓琳. 深空探测器自主天文导航方法[M]. 西安:西北工业大学出版社,2010.

[13] 魏春岭,李勇,陈义庆. 基于紫外敏感器的航天自主导航[J]. 航天控制,2004,22(3):35 – 39.

[14] 孙承启. 航天器开普勒轨道和非开普勒轨道的定义、分类及控制[J]. 空间控制技术与应用,2009,35(4):1 – 5.

[15] 熊凯,魏春岭,刘良栋. 航天器轨道机动过程中的自主导航方法[J]. 空间控制技术与应用,2009,35(2):8 – 13.

[16] Fang J,Ning X. Installation direction analysis of star sensor by hybrid condition number[J]. IEEE Transactions on Instrumentation and Measurement,2009,58(10):3576 – 3582.

[17] Christian J A,Lightsey E G. Review of options for autonomous cislunar navigation[J]. Journal of Spacecraft and Rockets,2009,46:1023 – 1036.

[18] Qian Y,Li C,Jing W,et al. Sun – Earth – Moon autonomous orbit determination for quasi – periodic orbit about the translunar libration point and its observability analysis[J]. Aerospace Science and Technology,2013,28:289 – 296.

[19] Yang W,Li S,Li N. A switch – mode information fusion filter based on ISRUKF for autonomous navigation of spacecraft[J]. Information Fusion,2014,18:33 – 42.

[20] Christian J A. Optical Navigation Using Planet's Centroid and Apparent Diameter in Image, Journal of Guidance[J]. Control,and Dynamics,2015,38:192 – 204.

第3章
导航滤波与性能分析方法

对于航天器自主导航滤波问题,需要确定的状态变量是航天器的位置和速度矢量,通常选择状态方程为航天器轨道动力学模型,测量方程为导航敏感器的测量模型。自主导航滤波算法结合航天器轨道动力学模型对导航敏感器的观测信息进行处理,通过递推计算得到航天器在某个指定参考坐标系的位置和速度矢量的估计值。对于模型中存在系统误差的情况,可将系统误差扩充为状态变量,通过扩维滤波算法同时对航天器位置、速度和系统误差进行估计,从而实现对系统误差的在轨校正,提高自主导航精度。

现代科学技术能够为航天器提供多种自主导航方式,包括天文导航、GNSS导航,以及惯性导航等;此外,人们还在研究其他新概念自主导航方法,如脉冲星导航、重力场匹配导航和自然偏振光导航等。这些导航方式都有各自的优缺点,精度和成本也大不相同。通过多源测量信息融合技术,将各种导航方式适当地组合起来,构成组合导航系统,可以取长补短,从而提高整个自主导航系统的精度。以卡尔曼滤波(Kalman Filter,KF)为代表的最优状态估计方法是实现多源测量信息融合的基石。

本章主要论述适用于航天器自主导航的滤波器设计和性能分析方法,介绍了传统KF原理及现代先进导航滤波算法的研究进展,分析了滤波算法在航天器自主导航研究中所能解决的问题。模型是各种滤波算法的设计依据,根据模型形式的不同,可将滤波算法分为两类:一类是基于确定性模型设计的方法,以常用的 KF 和无迹滤波(Unscented Kalman Filter, UKF)为例进行说明;另外一类是基于不确定性模型设计的方法,包括鲁棒滤波和多模型滤波等,以规范化鲁棒滤波算法为例展开论述。此外,为了判断某个自主导航方案能否满足任务要求,需要事先对自主导航系统的性能进行分析,航天器自主导航系统性能分析是在自主导航方案设计过程中的一项重要基础性工作,本章以 Cramer – Rao 下界(CRLB)为例,阐明航天器自主导航系统性能分析方法。通过计算 CRLB,能够针对所研究的自主导航系统,给出理论上的精度极限,从而为自主导航方案选择和性能评估提供参考依据。

▶ 3.1 卡尔曼滤波方法

所谓滤波就是从混合在一起的诸多信号中提取出所需要的信号。信号是传递和运载信息的时间或空间函数。有一类信号的变化规律是既定的,如广播中的载波信号、阶跃信号、脉宽固定的矩形脉冲信号等,这类信号称为确定性信号。确定性信号具有确定的频谱,对于确定性信号,可根据各信号频带的不同,设置具有相应频率特性的滤波器,如低通、高通和带通滤波器,使有用信号无衰减地通过,同时使干扰信号受到抑制。另一类信号没有既定的变化规律,即使在相同的初始条件和环境条件下,信号的每次实现都不一样,如陀螺漂移和光学导航敏感器的输出误差信号等,这类信号称为随机信号。随机信号可以通过 KF 算法进行处理。

◁ 3.1.1 问题描述

由卡尔曼(Kalman)于 1960 年首次提出的 KF 算法采用系统模型描述状态变量的动态变化过程,作用是从与状态变量有关的观测量中估计出状态变量。应用 KF 要求状态变量是由高斯白噪声激励引起的随机响应,且激励源与响应之间的传递结构,状态方程已知,观测量与状态变量之间的函数关系,观测方程也已知。KF 在设计过程中需要用到如下信息:状态方程、观测方程,以及系统噪声和测量噪声的统计特性,通常将上述信息称为系统模型;KF 在估计过程中需要用到由敏感器提供的观测信息,即观测量。KF 实际上是一种状态估计器,即根据系统模型和带有随机干扰的观测量估计未知状态变量的算法。

相对于仅考虑观测方程的最小二乘算法而言,KF 的优势是能够实现对动态变化状态变量的估计;相对在频域设计的维纳滤波算法而言,KF 使用状态空间法在时域设计,所采用的递推形式便于在计算机上实现。由于上述特点,KF 理论一经提出立即受到工程界的重视,阿波罗飞船导航系统的设计是 KF 算法早期应用的成功案例。目前,KF 理论作为一种重要的最优估计理论,被广泛应用于各个领域,尤其是基于多源测量信息融合的组合导航系统的设计,如 INS/GPS(惯性导航系统/全球定位系统)组合导航系统。

用于传统 KF 算法设计的线性时变系统模型如下所述。设 k 时刻的状态变量 $x_k \in R^l$ 受系统噪声 w_k 驱动,驱动机理由下述状态方程描述,即

$$x_k = F_k x_{k-1} + w_k \tag{3-1}$$

式中:F_k 为 $k-1$ 时刻至 k 时刻的转移矩阵。对 x_k 的观测量 $y_k \in R^m$ 满足线性关系,观测方程为

$$y_k = H_k x_k + v_k \tag{3-2}$$

式中:H_k 为观测矩阵;v_k 为测量噪声。噪声 w_k 和 v_k 的均值为 0,并且满足以下条件

$$E(w_k w_j^T) = \begin{cases} Q_k, & k=j \\ 0, & k \neq j \end{cases}, \quad E(v_k v_j^T) = \begin{cases} R_k, & k=j \\ 0, & k \neq j \end{cases} \tag{3-3}$$

式中:Q_k 为系统噪声方差阵;R_k 为测量噪声方差阵,通常假设 Q_k 和 R_k 为正定阵。KF 算法设计所要解决的关键问题,就是如何充分合理地运用系统模型和观测量中包含的信息,实现对状态变量的准确估计。

3.1.2 KF 算法

KF 算法的推导可基于如下引理进行。

引理 3.1 考虑如下所示的优化问题

$$\min_x [\|x\|_Q^2 + \|Ax - b\|_W^2] \tag{3-4}$$

式中:$\| \cdot \|$ 为矢量的加权范数,如 $\|x\|_P = (x^T P x)^{1/2}$;矩阵 $Q = Q^T > 0$ 和 $W = W^T \geq 0$ 为给定的权矩阵;x 为未知矢量;A 为已知矩阵;b 为已知矢量。

式(3-4)优化问题的解为

$$\hat{x} = (Q + A^{\mathrm{T}}WA)^{-1}A^{\mathrm{T}}Wb \tag{3-5}$$

基于上述引理,KF算法的推导过程可归纳为定理3.1形式。

定理3.1　考虑如式(3-1)~式(3-3)所示的系统模型。令

$$\hat{x}_{k|k-1} = F_k \hat{x}_{k-1} \tag{3-6}$$

$$P_{k|k-1} = F_k P_{k-1} F_k^{\mathrm{T}} + Q_k \tag{3-7}$$

式中:$\hat{x}_k$为状态变量第k步的估计值;$\hat{x}_{k|k-1}$为状态变量的预测值;P_k和$P_{k|k-1}$分别用于描述$\hat{x}_k$和$\hat{x}_{k|k-1}$的误差方差。根据如下的设计指标

$$\hat{x}_k = \arg\min_{x_k}\left[\ \|x_k - \hat{x}_{k|k-1}\|^2_{P_{k|k-1}^{-1}} + \|y_k - H_k x_k\|^2_{R_k^{-1}}\right]$$

设计的KF算法形式为

$$\hat{x}_k = \hat{x}_{k|k-1} + K_k(y_k - H_k \hat{x}_{k|k-1}) \tag{3-8}$$

式中

$$K_k = P_k H_k^{\mathrm{T}} R_k^{-1} \tag{3-9}$$

$$P_k = (P_{k|k-1}^{-1} + H_k^{\mathrm{T}} R_k^{-1} H_k)^{-1} \tag{3-10}$$

证明　比较引理3.1中的优化问题和KF设计指标,令

$$x \leftarrow x_k - \hat{x}_{k|k-1}, Q \leftarrow P_{k|k-1}^{-1}, A \leftarrow H_k, b \leftarrow y_k - H_k \hat{x}_{k|k-1}, W \leftarrow R_k^{-1}$$

则KF设计指标可写为如式(3-4)所示的形式。根据引理3.1可得,优化问题的解如式(3-9)和式(3-10)所示。

由定理3.1中KF算法的设计指标可以看出,KF算法的设计目的是确定x_k的估计值$\hat{x}_k$。一方面,使得由$\hat{x}_k$确定的观测量的估计$H_k \hat{x}_{k|k-1}$接近于实际观测量y_k;另一方面,使第k步的估计值$\hat{x}_k$接近其预测值$\hat{x}_{k|k-1}$。与基于测量残差最小准则设计的最小二乘算法不同,KF考虑了状态变量x_k的动态特性,并通过状态方程式(3-1)实现对状态变量的一步预测。通过对预测值$\hat{x}_{k|k-1}$,而不是上一步的估计值$\hat{x}_{k-1}$的修正,实现对状态变量的递推估计。KF算法通过状态方程实现对状态变量进行预测,增强了滤波器消除测量噪声影响的能力。对于地球轨道航天器而言,在测量信号短时间内中断的情况下,通过轨道动力学模型进行外推,仍然可以维持状态变量的输出,待测量信号恢复后再对状态变量进行修正。换句话说,KF算法中对状态变量进行预测和更新的时间周期可以是不同的。

KF算法式(3-6)~式(3-10),其中滤波增益矩阵K_k可写为等价形

式,即

$$K_k = P_{k|k-1} H_k^{\mathrm{T}} (H_k P_{k|k-1} H_k^{\mathrm{T}} + R_k)^{-1}$$

估计误差协方差阵为

$$P_k = (I - K_k H_k) P_{k|k-1} (I - K_k H_k)^{\mathrm{T}} + K_k R_k K_k^{\mathrm{T}}$$

或

$$P_k = (I - K_k H_k) P_{k|k-1}$$

在一个滤波周期内,从 KF 在使用系统信息和测量信息的先后次序来看,KF 具有两个明显的信息更新过程,即时间更新过程和测量更新过程。式(3−6)说明了根据 $k-1$ 时刻的状态估计值预测 k 时刻状态估计值的方法,该式可通过对状态方程式(3−1)求条件均值得到;式(3−7)对这种预测的质量优劣作了定量描述,该式可通过对预测误差 $x_k - \hat{x}_{k|k-1}$ 求方差得到。式(3−6)和式(3−7)实现了 KF 的时间更新过程,从时间的推移过程来看,将时间从 $k-1$ 时刻推进到 k 时刻,时间更新的过程仅用到了与状态方程有关的信息。式(3−8)~式(3−10)用来实现对预测值的修正,修正量的大小由时间更新的质量优劣 $P_{k|k-1}$、观测量的质量优劣 R_k、观测量与状态变量的关系 H_k 以及实际观测量 y_k 共同确定。上述方程都围绕一个目的,即合理地利用观测量 y_k 对状态变量 $\hat{x}_k$ 进行修正,式(3−8)~式(3−10)实现了 KF 的测量更新过程。KF 算法采用递推估计形式,不同时刻的观测量不必存储起来,而是经过实时处理逐步得到被估状态变量的信息,随着滤波步数的不断增加,信息不断积累,估计精度逐渐提高。

☑3.1.3 EKF 算法

Kalman 最初提出的滤波基本理论只适用于线性系统,并且要求观测方程也必须是线性的。但是,在工程实践中遇到的物理系统,其数学模型往往是非线性的,如在航天器自主导航技术研究中经常用到的轨道动力学方程是非线性的,天文自主导航系统中对应地心方向和地心距的观测方程也是非线性的。为了将 KF 算法推广用于非线性系统,在 KF 基本理论提出后的 10 多年时间里,Kalman、Bucy、Sunahara 等学者致力于研究 KF 在非线性系统中的应用,提出了扩展卡尔曼滤波(EKF)算法。

EKF 算法设计的基本思路是通过截取状态方程和观测方程中非线性函数

泰勒级数展开式的一阶项,对系统进行线性化,然后将 KF 方程用于线性化模型以获得状态估计值。EKF 算法是针对非线性系统进行状态估计最常用的算法,如美国的"星尘"(STARDUST)号探测器采用 EKF 处理光学成像测量信息,从而确定探测器的位置。基于 EKF 的姿态确定方法广泛应用于高精度卫星姿态控制系统,如美国的哈勃太空望远镜(HST)和日本的先进陆地观测卫星(ALOS)等。

用于 EKF 算法研究的非线性系统模型为

$$
\begin{cases}
\boldsymbol{x}_k = f(\boldsymbol{x}_{k-1}) + \boldsymbol{w}_k & (3-11\mathrm{a}) \\
\boldsymbol{y}_k = h(\boldsymbol{x}_k) + \boldsymbol{v}_k & (3-11\mathrm{b})
\end{cases}
$$

式中:$\boldsymbol{x}_k \in R^l$ 为状态变量;$\boldsymbol{y}_k \in R^m$ 为观测量;$f: R^l \to R^l$ 为状态转移函数;$h: R^l \to R^m$ 为测量函数;$\boldsymbol{w}_k$ 和 $\boldsymbol{v}_k$ 均为零均值白噪声,并且满足以下条件

$$
\mathrm{E}(\boldsymbol{w}_k \boldsymbol{w}_j^\mathrm{T}) = \begin{cases} \boldsymbol{Q}_k, & k=j \\ 0, & k \neq j \end{cases}, \mathrm{E}(\boldsymbol{v}_k \boldsymbol{v}_j^\mathrm{T}) = \begin{cases} \boldsymbol{R}_k, & k=j \\ 0, & k \neq j \end{cases} \qquad (3-12)
$$

对于非线性系统式(3-11),很难找到一种严格的递推滤波方法,通常采用近似方法来处理非线性滤波问题,应用比较广泛的近似方法是非线性系统线性化。为了针对非线性系统应用 KF 方程,做基本假设:状态变量预测值与实际值之间的差能够用一个线性方程表示,该线性方程能够足够准确地对滤波器的实际误差特性给予描述。这个基本假设在工程实践中往往可以得到满足,描述预测值与实际值之差的线性方程称为线性干扰方程。常用的 EKF 算法是针对线性化后的模型设计的。

EKF 算法方程描述如下,定义预测误差为

$$
\delta \boldsymbol{x}_k = \boldsymbol{x}_k - \hat{\boldsymbol{x}}_k^n \qquad (3-13)
$$

式中:$\hat{\boldsymbol{x}}_k^n$ 为状态变量的预测值。线性干扰方程的形式为

$$
\delta \boldsymbol{x}_k = \boldsymbol{F}_k \delta \boldsymbol{x}_{k-1} + \boldsymbol{w}_k
$$

$$
\delta \boldsymbol{y}_k = \boldsymbol{H}_k \delta \boldsymbol{x}_k + \boldsymbol{v}_k
$$

式中:$\boldsymbol{F}_k = (\partial f/\partial \boldsymbol{x})|_{\boldsymbol{x}=\hat{\boldsymbol{x}}_{k-1}}$;$\boldsymbol{H}_k = (\partial h/\partial \boldsymbol{x})|_{\boldsymbol{x}=\hat{\boldsymbol{x}}_{k|k-1}}$ 为雅克比矩阵;$\delta \boldsymbol{y}_k = \boldsymbol{y}_k - h(\hat{\boldsymbol{x}}_k^n)$。在线性干扰方程的基础上,仿照线性 KF 基本方程,不难给出对偏差 $\delta \boldsymbol{x}_k$ 进行估计的 KF 方程

$$
\delta \hat{\boldsymbol{x}}_{k|k-1} = \boldsymbol{F}_k \delta \hat{\boldsymbol{x}}_{k-1}
$$

$$
\delta \hat{\boldsymbol{x}}_k = \delta \hat{\boldsymbol{x}}_{k|k-1} + \boldsymbol{K}_k (\delta \boldsymbol{y}_k - \boldsymbol{H}_k \delta \hat{\boldsymbol{x}}_{k|k-1})
$$

$$K_k = P_{k|k-1} H_k^{\mathrm{T}} (H_k P_{k|k-1} H_k^{\mathrm{T}} + R_k)^{-1} \qquad (3-14)$$

$$P_{k|k-1} = F_k P_{k-1} F_k^{\mathrm{T}} + Q_k \qquad (3-15)$$

$$P_k = (I - K_k H_k) P_{k|k-1} (I - K_k H_k)^{\mathrm{T}} + K_k R_k K_k^{\mathrm{T}} \qquad (3-16)$$

值得注意的是,在应用过程中,往往不对偏差 δx_k 进行预测,而是直接设置状态偏差的一步预测值 $\delta \hat{x}_{k|k-1} = 0$,此时

$$\delta \hat{x}_k = K_k \delta y_k = K_k [y_k - h(\hat{x}_k^n)]$$

一般通过状态方程(3-11a)实现对状态变量的预测,即

$$\hat{x}_k^n = \hat{x}_{k|k-1} = f(\hat{x}_{k-1}) \qquad (3-17)$$

利用估计得到的状态偏差 $\delta \hat{x}_k$ 对预测值 $\hat{x}_k^n$ 或 $\hat{x}_{k|k-1}$ 进行修正,得到

$$\hat{x}_k = \hat{x}_{k|k-1} + \delta \hat{x}_k = \hat{x}_{k|k-1} + K_k [y_k - h(\hat{x}_{k|k-1})] \qquad (3-18)$$

式(3-14)～式(3-18)就构成了 EKF 算法方程。

应当说明,为了精确实现对状态变量的预测,针对式(3-17),人们提出了多种改进方法,如数值积分、求解微分方程等。相应地,为了提升状态变量修正的效能,针对式(3-18),也有不同实现方法,如求解非线性优化问题等。在实际应用过程中,应综合考虑系统非线性程度、系统噪声和测量噪声影响的权重、精度要求,以及计算量等因素,设计或选择适当的状态预测和更新方法。在系统动态变化不明显或呈现周期性变化规律时,可采用常增益或周期增益滤波器,避免了对滤波增益矩阵 K_k 的递推解算,能够降低计算量、减小滤波算法的复杂程度。类似算法广泛用于基于陀螺和星敏感器的卫星姿态确定系统。

3.2　UKF 滤波方法

3.2.1　问题描述

20 世纪 60 年代提出的 EKF 将 KF 技术推广用于非线性系统,其基本思路是:通过截取状态方程和观测方程中非线性函数泰勒级数展开式的一阶项,对系统进行线性化,然后将 KF 方程用于所获得的线性化模型以获得状态估计值。EKF 算法历史悠久,原理直观,已用于航天器定轨和飞行器导航等多个领域。EKF 算法的主要问题在于,在线性化过程中忽略了非线性函数泰勒级数

展开式的二阶项和其他高阶项；在初始误差较大或系统受到外界干扰的情况下，有可能引入较大的线性化误差，从而降低滤波精度。为了解决这一问题，人们提出了二阶滤波等改进方法，试图通过引入非线性函数泰勒级数展开式的高阶项来改善滤波性能。虽然采用二阶滤波可以提高滤波精度，但对于复杂的非线性系统而言，计算非线性函数的高阶导数往往比较困难。另外，基于贝叶斯估计理论和蒙特卡罗方法的粒子滤波（PF）算法也可以解决非线性系统的状态估计问题。但是，应用 PF 算法需要对大量粒子进行预测和更新，对于性能有限的星载计算机而言，计算负担较重。

20 世纪 90 年代，关于无导数（Derivative‑Free）非线性滤波算法的研究取得了较大发展，其中比较著名的包括无迹滤波（UKF）、二阶插值滤波和容积卡尔曼滤波（CKF）算法等。UKF 和二阶插值滤波算法分别采用无迹变换和二阶插值技术描述非线性函数泰勒级数展开式的二阶项和其他高阶项，基本思路是通过确定性方法选择少量样本描述状态变量的均值和方差特性，然后对各个样本分别进行非线性变换，并将它们通过非线性状态方程和测量方程后的样本均值和样本方差分别作为状态预测值、测量预测值和相应方差阵。UKF可以达到与二阶滤波相似的精度，而不必对非线性函数进行求导，应用更简便；并且，其计算量与 EKF 处于同一个数量级，不会显著增大计算负担。CKF是近年来提出的一种新型非线性滤波算法，该算法基于球面径向规则设计，经数学证明，其逼近非线性变换后概率分布的精度优于 UKF，并且，能够解决UKF 在处理高维非线性状态估计问题时滤波性能不佳甚至发散的问题。应当说明，UKF、二阶插值滤波和 CKF 在原理上都是基于一组加权样本点来逼近非线性状态的统计特性，且采样过程都是根据确定的数学表达式来实现的，因此，它们可以统一归类为确定采样型滤波器。本节主要以 UKF 算法为例展开论述。

EKF、UKF 和 PF 算法的区别在于描述状态变量通过非线性系统后统计特性的方式不同，其中，EKF 通过线性化技术实现对状态变量均值和方差的递推计算，UKF 通过少量根据确定性方法选择的样本点描述随机变量通过非线性系统后的统计特性，而 PF 通过大量随机样本描述状态变量通过非线性系统后的分布，如图 3‑1 所示。

常用线性和非线性滤波算法的性能特点如表 3‑1 所列。

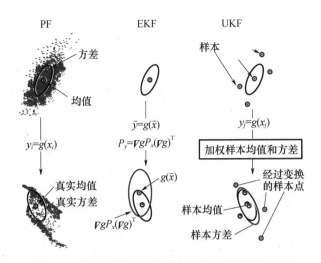

图 3-1　常用非线性滤波算法实施状态预测的方式

表 3-1　常用非线性滤波算法的性能特点

滤波方法	原理	适应系统	非线性处理技术	优点	缺点	最优性
KF	均值和方差递推	线性高斯	无	计算速度快	线性高斯假设	最优
EKF	线性化	非线性高斯	函数近似	速度快；应用广；	求导计算；高斯假设	次优
UKF	无迹变换	非线性高斯	函数近似；采样技术	无求导；精度较高	高斯假设	次优
插值滤波	插值多项式逼近	非线性高斯	函数近似	无求导；精度较高	高斯假设	次优
CKF	球面径向规则	非线性高斯	函数近似；采样技术	无求导；精度较高	高斯假设	次优
PF	Monte Carlo	非线性非高斯	概率密度逼近；采样技术	无求导；精度高；无高斯假设	要求噪声信号的分布已知；计算量大	粒子数趋于无穷时最优

　　为了满足航天器自主导航研究的要求,需要从精度和计算量两个方面着眼,选择适当的非线性滤波算法。从精度方面考虑,采用 UKF 可以获得高于 EKF 的估计精度;从计算量方面考虑,EKF 的计算量与状态矢量维数的 3 次方

成正比;UKF 算法的计算量约为 EKF 算法的 3 倍;而 PF 的计算量与所选择的粒子数的大小有关,通常可达 EKF 的数百倍甚至上千倍,对于性能有限的星载计算机而言,应用 PF 算法计算负担较重。因此,应集中研究 EKF 或 UKF 算法,即采用线性化或无迹变换技术,计算状态变量通过非线性系统后的均值和方差,在滤波过程中实现对状态变量的预测。此外,应用 UKF 算法不必求解雅克比矩阵,适用于地球重力场导航等雅克比矩阵不易求解的情况。UKF 算法在 2007 年发射的美国海军 NPSAT1(Naval Postgraduate School Spacecraft Architecture and Technology)卫星上得到应用,该卫星的姿态确定系统利用 UKF 算法处理三轴磁强计的测量信息,获得卫星姿态及其变化率的估计值。

3.2.2 UKF 算法

用于 UKF 算法研究的非线性系统模型如式(3-11)。与 EKF 不同,UKF 中采用无迹变换(Unscented Transform,UT)技术代替线性化,以描述状态变量通过非线性状态方程或观测方程后的均值和方差。所谓无迹变换,指的是通过确定性采样方法在状态空间中选择若干样本(即 Sigma 点),用这些样本的分布来描述状态变量的均值和方差特性;可以证明,对每个 Sigma 点分别进行非线性变换,得到一组新的 Sigma 点,则这些新样本的均值和方差能够以较高精度逼近真实的状态变量经过非线性变换后的均值和方差。图 3-2 是对 2 维状态变量 Sigma 点进行无迹变换的示意图。

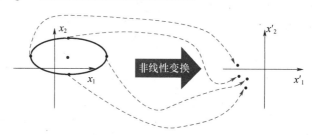

图 3-2 Sigma 点选择和无迹变换示意图

本节先给出 UKF 算法流程,再说明该算法相对 EKF 的优势。

Step 1:初始化,假定初始时刻未知状态的先验分布均值为 $\hat{x}_0$,方差阵为 P_0。

Step 2:选择 Sigma 点,给定上一步的状态估计值 $\hat{x}_{t-1}$ 及其方差阵 P_{t-1},Sigma 点可用下式选择

$$\begin{cases} \boldsymbol{\chi}_{i,t-1} = \hat{\boldsymbol{x}}_{t-1}, & i = 0 \\ \boldsymbol{\chi}_{i,t-1} = \hat{\boldsymbol{x}}_{t-1} + (a \sqrt{l \boldsymbol{P}_{t-1}})_i, & i = 1, \cdots, l \\ \boldsymbol{\chi}_{i,t-1} = \hat{\boldsymbol{x}}_{t-1} - (a \sqrt{l \boldsymbol{P}_{t-1}})_{i-l}, & i = l+1, \cdots, 2l \end{cases} \quad (3-19)$$

其中,可调参数 a 描述了 Sigma 点的散布,一般取为一个小正数;在一些特殊情况下,通过适当选择 a 的取值可以消除某些高次误差的影响。$(\sqrt{\cdot})_i$ 表示矩阵平方根的第 i 列,矩阵 $\sqrt{\boldsymbol{P}_{t-1}} \in R^{l \times l}$ 是通过矩阵分解得到的,满足 $\boldsymbol{P}_{t-1} = (\sqrt{\boldsymbol{P}_{t-1}})(\sqrt{\boldsymbol{P}_{t-1}})^{\mathrm{T}}$。对于 l 维系统来说,需要选取 $2l + 1$ 个 Sigma 点。

Step 3:预测,将各 Sigma 点分别代入状态转移函数进行计算,得到一组新的样本:

$$\boldsymbol{\chi}_{i,t|t-1} = f(\boldsymbol{\chi}_{i,t-1}), i = 0, 1, \cdots, 2l \quad (3-20)$$

状态变量的预测值和方差阵可按下式计算

$$\hat{\boldsymbol{x}}_{t|t-1} = \sum_{i=0}^{2l} \boldsymbol{\omega}_i \boldsymbol{\chi}_{i,t|t-1} \quad (3-21)$$

$$\boldsymbol{P}_{t|t-1} = \sum_{i=0}^{2l} \boldsymbol{\omega}_i (\boldsymbol{\chi}_{i,t|t-1} - \hat{\boldsymbol{x}}_{t|t-1})(\boldsymbol{\chi}_{i,t|t-1} - \hat{\boldsymbol{x}}_{t|t-1})^{\mathrm{T}} + \boldsymbol{Q}_t \quad (3-22)$$

其中,权值 $\begin{cases} \omega_i = 1 - \dfrac{1}{a^2}, & i = 0 \\ \omega_i = \dfrac{1}{2la^2}, & i = 1, \cdots, 2l \end{cases}$。

Step 4:更新,根据预测的结果 $\hat{\boldsymbol{x}}_{t|t-1}$ 和 $\boldsymbol{P}_{t|t-1}$ 重新选取 Sigma 点:

$$\begin{cases} \boldsymbol{\chi}'_{i,t|t-1} = \hat{\boldsymbol{x}}_{t|t-1}, & i = 0 \\ \boldsymbol{\chi}'_{i,t|t-1} = \hat{\boldsymbol{x}}_{t|t-1} + (a \sqrt{l \boldsymbol{P}_{t|t-1}})_i, & i = 1, \cdots, l \\ \boldsymbol{\chi}'_{i,t|t-1} = \hat{\boldsymbol{x}}_{t|t-1} - (a \sqrt{l \boldsymbol{P}_{t|t-1}})_{i-l}, & i = l+1, \cdots, 2l \end{cases} \quad (3-23)$$

将重新选取的 Sigma 点依次代入测量方程进行计算,得到

$$\boldsymbol{\gamma}_{i,t} = h(\boldsymbol{\chi}'_{i,t|t-1}), i = 0, 1, \cdots, 2l \quad (3-24)$$

观测量的预测均值及其方差阵为

$$\hat{\boldsymbol{y}}_t = \sum_{i=0}^{2l} \boldsymbol{\omega}_i \boldsymbol{\gamma}_{i,t} \quad (3-25)$$

$$P_{yy} = \sum_{i=0}^{2l} \omega_i (\boldsymbol{\gamma}_{i,t} - \hat{\boldsymbol{y}}_t)(\boldsymbol{\gamma}_{i,t} - \hat{\boldsymbol{y}}_t)^{\mathrm{T}} + \boldsymbol{R}_t \qquad (3-26)$$

状态和测量的协方差阵为

$$P_{xy} = \sum_{i=0}^{2l} \omega_i (\boldsymbol{\chi}_{i,t|t-1} - \hat{\boldsymbol{x}}_{t|t-1})(\boldsymbol{\gamma}_{i,t} - \hat{\boldsymbol{y}}_t)^{\mathrm{T}} \qquad (3-27)$$

通过观测量对预测值进行修正,得到状态估计值及其方差矩阵:

$$\hat{\boldsymbol{x}}_t = \hat{\boldsymbol{x}}_{t|t-1} + \boldsymbol{K}_t (\boldsymbol{y}_t - \hat{\boldsymbol{y}}_t) \qquad (3-28)$$

$$\boldsymbol{P}_t = \boldsymbol{P}_{t|t-1} - \boldsymbol{K}_t \boldsymbol{P}_{yy} \boldsymbol{K}_t^{\mathrm{T}} \qquad (3-29)$$

$$\boldsymbol{K}_t = \boldsymbol{P}_{xy} \boldsymbol{P}_{yy}^{-1} \qquad (3-30)$$

Step 2 ~ Step 4 反复迭代运行,就可以得到状态 $\boldsymbol{x}_t$ 的估计值。

UKF 与 EKF 的不同之处在于采用无迹变换技术代替线性化,计算状态变量通过非线性状态方程和观测方程后的均值和方差。可以证明,采用无迹变换技术可以精确描述非线性函数泰勒级数展开式的二次项,而 EKF 中所用的线性化技术仅考虑了泰勒级数展开式的一次项。相对 EKF 而言,UKF 算法估计精度更高,并且不需要求解雅克比矩阵。

UKF 算法的优势在于对预测分布均值的描述比 EKF 更准确。为了便于比较,先推导预测均值的表达式。将状态变量先验分布 $p(\boldsymbol{x}_{t-1}|\boldsymbol{y}_{1:t-1})$ 的均值和方差记为

$$\mathrm{E}(\boldsymbol{x}_{t-1}|\boldsymbol{y}_{1:t-1}) = \hat{\boldsymbol{x}}_{t-1}, D(\boldsymbol{x}_{t-1}|\boldsymbol{y}_{1:t-1}) = \boldsymbol{P}_{t-1}$$

则预测分布的均值为

$$\mathrm{E}(\boldsymbol{x}_t|\boldsymbol{y}_{1:t-1}) = E[f(\boldsymbol{x}_{t-1}) + \boldsymbol{w}_t|\boldsymbol{y}_{1:t-1}] = E[f(\hat{\boldsymbol{x}}_{t-1} + \tilde{\boldsymbol{x}}_{t-1})|\boldsymbol{y}_{1:t-1}]$$

式中: $\tilde{\boldsymbol{x}}_{t-1} = \boldsymbol{x}_{t-1} - \hat{\boldsymbol{x}}_{t-1}$ 为估计误差。不难得到其统计特性为

$$\mathrm{E}(\tilde{\boldsymbol{x}}_{t-1}|\boldsymbol{y}_{1:t-1}) = 0, D(\tilde{\boldsymbol{x}}_{t-1}|\boldsymbol{y}_{1:t-1}) = \boldsymbol{P}_{t-1} \qquad (3-31)$$

将 $f(\hat{\boldsymbol{x}}_{t-1} + \tilde{\boldsymbol{x}}_{t-1})$ 在 $\hat{\boldsymbol{x}}_{t-1}$ 处展成泰勒级数,得到

$$\mathrm{E}(\boldsymbol{x}_t|\boldsymbol{y}_{1t-1}) = E\left[f(\hat{\boldsymbol{x}}_{t-1}) + \sum_{j=1}^{l} \left.\frac{\partial f}{\partial \boldsymbol{x}_j}\right|_{\hat{x}_{t-1}} \tilde{\boldsymbol{x}}_{t-1,j} + \frac{1}{2!} \sum_{k=1}^{l} \sum_{j=1}^{l} \left.\frac{\partial^2 f}{\partial \boldsymbol{x}_k \partial \boldsymbol{x}_j}\right|_{\hat{x}_{t-1}} \right.$$

$$\tilde{\boldsymbol{x}}_{t-1,k} \tilde{\boldsymbol{x}}_{t-1,j} + \cdots | \boldsymbol{y}_{1:t-1}\Big] \qquad (3-32)$$

式中: $\tilde{\boldsymbol{x}}_{t-1,j}$ 为矢量 $\tilde{\boldsymbol{x}}_{t-1}$ 的第 j 个分量。由式(3-31)、式(3-32),可得

$$\mathrm{E}(\boldsymbol{x}_t|\boldsymbol{y}_{1:t-1}) = f(\hat{\boldsymbol{x}}_{t-1}) + \frac{1}{2} \sum_{k=1}^{l} \sum_{j=1}^{l} \left.\frac{\partial^2 f}{\partial \boldsymbol{x}_k \partial \boldsymbol{x}_j}\right|_{\hat{x}_{t-1}} \boldsymbol{P}_{t-1}(k,j) + \cdots$$

$$(3-33)$$

式中：$\boldsymbol{P}_{t-1}(k,j)$ 为方差阵 $\boldsymbol{P}_{t-1}$ 第 k 行，第 j 列上的元素。式（3－33）中给出了非线性函数泰勒级数展开式的二次项。

接下来计算 UKF 中通过无迹变换得到的样本均值，将式（3－20）代入式（3－21），可得

$$\hat{\boldsymbol{x}}_{t|t-1} = \left(1 - \frac{1}{a^2}\right)f(\hat{\boldsymbol{x}}_{t-1}) + \sum_{i=1}^{l} \frac{1}{2la^2}f\left(\hat{\boldsymbol{x}}_{t-1} + a\left(\sqrt{l\boldsymbol{P}_{t-1}}\right)_i\right)$$

$$+ \sum_{i=1}^{l} \frac{1}{2la^2}f\left(\hat{\boldsymbol{x}}_{t-1} - a\left(\sqrt{l\boldsymbol{P}_{t-1}}\right)_i\right)$$

将 $f\left(\hat{\boldsymbol{x}}_{t-1} + a\left(\sqrt{l\boldsymbol{P}_{t-1}}\right)_i\right)$ 和 $f\left(\hat{\boldsymbol{x}}_{t-1} - a\left(\sqrt{l\boldsymbol{P}_{t-1}}\right)_i\right)$ 在 $\hat{\boldsymbol{x}}_{t-1}$ 处展成泰勒级数，得到

$$\hat{\boldsymbol{x}}_{t|t-1} = \left(1 - \frac{1}{a^2}\right)f(\hat{\boldsymbol{x}}_{t-1})$$

$$+ \sum_{i=1}^{l} \frac{1}{2la^2}\left[f(\hat{\boldsymbol{x}}_{t-1}) + \sum_{j=1}^{l} \frac{\partial f}{\partial \boldsymbol{x}_j}\bigg|_{\hat{x}_{t-1}} a\sqrt{l}\left(\sqrt{\boldsymbol{P}_{t-1}}\right)_{ji} + \frac{1}{2!}\sum_{k=1}^{l}\sum_{j=1}^{l} \frac{\partial^2 f}{\partial \boldsymbol{x}_k \partial \boldsymbol{x}_j}\bigg|_{\hat{x}_{t-1}}\right.$$

$$\left. a^2 l\left(\sqrt{\boldsymbol{P}_{t-1}}\right)_{ki}\left(\sqrt{\boldsymbol{P}_{t-1}}\right)_{ji} + \cdots\right]$$

$$+ \sum_{i=1}^{l} \frac{1}{2la^2}\left[f(\hat{\boldsymbol{x}}_{t-1}) - \sum_{j=1}^{l} \frac{\partial f}{\partial \boldsymbol{x}_j}\bigg|_{\hat{x}_{t-1}} a\sqrt{l}\left(\sqrt{\boldsymbol{P}_{t-1}}\right)_{ji} + \frac{1}{2!}\sum_{k=1}^{l}\sum_{j=1}^{l} \frac{\partial^2 f}{\partial \boldsymbol{x}_k \partial \boldsymbol{x}_j}\bigg|_{\hat{x}_{t-1}}\right.$$

$$\left. a^2 l\left(\sqrt{\boldsymbol{P}_{t-1}}\right)_{ki}\left(\sqrt{\boldsymbol{P}_{t-1}}\right)_{ji} + \cdots\right]$$

式中：$\left(\sqrt{\boldsymbol{P}_{t-1}}\right)_{ji}$ 表示矩阵平方根 $\sqrt{\boldsymbol{P}_{t-1}}$ 第 j 行，第 i 列上的元素，整理可得

$$\hat{\boldsymbol{x}}_{t|t-1} = \left(1 - \frac{1}{a^2} + \sum_{i=1}^{l} \frac{1}{2la^2} + \sum_{i=1}^{l} \frac{1}{2la^2}\right)f(\hat{\boldsymbol{x}}_{t-1}) +$$

$$\frac{1}{2}\sum_{k=1}^{l}\sum_{j=1}^{l} \frac{\partial^2 f}{\partial \boldsymbol{x}_k \partial \boldsymbol{x}_j}\bigg|_{\hat{x}_{t-1}}\sum_{i=1}^{l}\left(\sqrt{\boldsymbol{P}_{t-1}}\right)_{ki}\left(\sqrt{\boldsymbol{P}_{t-1}}\right)_{ji} + \cdots$$

$$= f(\hat{\boldsymbol{x}}_{t-1}) + \frac{1}{2}\sum_{k=1}^{l}\sum_{j=1}^{l} \frac{\partial^2 f}{\partial \boldsymbol{x}_k \partial \boldsymbol{x}_j}\bigg|_{\hat{x}_{t-1}} \boldsymbol{P}_{t-1}(k,j) + \cdots \quad (3-34)$$

对比式（3－33）和式（3－34）可知，UKF 中的样本均值 $\hat{\boldsymbol{x}}_{t|t-1}$ 与 $\mathrm{E}(\boldsymbol{x}_t|\boldsymbol{y}_{1:t-1})$ 的泰勒级数展开式的一次项和二次项是相等的；由此可知，采用无迹变换技术得到的样本均值 $\hat{\boldsymbol{x}}_{t|t-1}$ 以二次精度逼近预测分布的均值 $\mathrm{E}(\boldsymbol{x}_t|\boldsymbol{y}_{1:t-1})$。同理，样本均值 $\hat{\boldsymbol{y}}_t$ 将以二次精度逼近预测均值 $\mathrm{E}(\boldsymbol{y}_t|\boldsymbol{y}_{1:t-1})$。

回顾在 EKF 中对 $\mathrm{E}(\boldsymbol{x}_t|\boldsymbol{y}_{1:t-1})$ 的近似方法,为了与 UKF 相区别,用符号 $\hat{\boldsymbol{x}}_{t|t-1}^{\mathrm{E}}$ 表示 EKF 的预测值

$$\hat{\boldsymbol{x}}_{t|t-1}^{\mathrm{E}} = f(\hat{\boldsymbol{x}}_{t-1}) \tag{3-35}$$

观察式(3-33)和式(3-35),不难发现,EKF 忽略了非线性函数泰勒级数展开式的高次项,给出的预测值二次项为 0,与预测均值 $\mathrm{E}(\boldsymbol{x}_t|\boldsymbol{y}_{1:t-1})$ 的二次项不符合。EKF 的对状态变量均值的预测误差体现在泰勒级数展开式的二次项和其他高次项中,而采用 UKF 得到的预测误差体现在泰勒级数展开式的二次以上项中。因此,UKF 对预测均值 $\mathrm{E}(\boldsymbol{x}_t|\boldsymbol{y}_{1:t-1})$ 的描述更精确,理论上能够达到比 EKF 更高的估计精度。

3.2.3 自适应 UKF 算法

基于光学导航敏感器的航天器天文自主导航系统的特点是轨道动力学模型相对较为准确,而敏感器测量精度相对较差,且观测量受到系统误差的影响,利用自适应非线性滤波方法能有效地估计测量误差统计特性,并提高系统的导航精度。本章以自适应无迹卡尔曼滤波(AUKF)算法为例,说明自适应非线性滤波的实施方式。AUKF 算法的实施步骤如下。

Step 1:状态和参数初始化。

在初始时刻,根据系统先验新息设定状态估计初值 $\boldsymbol{X}_0$,状态估计方差初值 $\boldsymbol{P}_0$,观测噪声均值估计初值 $\boldsymbol{r}_0$,观测噪声方差估计初值 $\boldsymbol{R}_0$,以及系统噪声方差阵 $\boldsymbol{Q}_0$:

$$\hat{\boldsymbol{X}}(0|0) = \boldsymbol{X}_0, \boldsymbol{P}(0|0) = \boldsymbol{P}_0, \hat{\boldsymbol{r}}(0) = \boldsymbol{r}_0, \hat{\boldsymbol{R}}(0) = \boldsymbol{R}_0, \boldsymbol{Q} = \boldsymbol{Q}_0$$

Step 2:Sigma 点采样。

$$\boldsymbol{S}(k) = \sqrt{\boldsymbol{P}(k|k)}$$

对称采样的 Sigma 点为

$$\{\boldsymbol{\chi}_i(k|k)\} = \{\hat{\boldsymbol{X}}(k|k) \quad \hat{\boldsymbol{X}}(k|k) + \gamma \boldsymbol{S}_j(k) \quad \hat{\boldsymbol{X}}(k|k) - \gamma \boldsymbol{S}_j(k)\},$$
$$j = 1, 2, \cdots, n; i = 1, 2, \cdots, 2n+1$$

式中:$\boldsymbol{S}_j(k)$ 为 $\boldsymbol{S}(k)$ 的第 j 列;滤波参数 $\gamma = \sqrt{n+\kappa}$,n 为状态变量的维数;k 为离散的时间。Sigma 点对应权值为

$$W_i = \begin{cases} \dfrac{\kappa}{(n+\kappa)}, & i = 0 \\ \dfrac{1}{2(n+\kappa)}, & i \neq 0 \end{cases}$$

式中:κ 为比例参数,可用于调节 Sigma 点与 $\hat{X}$ 的距离。

Step 3:状态预测。

系统的状态预测方式如下:

$$\boldsymbol{\chi}_i(k+1|k) = \boldsymbol{f}[\boldsymbol{\chi}_i(k|k)]$$

$$\hat{\boldsymbol{\chi}}(k+1|k) = \sum_{i=1}^{2n+1} W_i \boldsymbol{\chi}_i(k+1|k)$$

$$\hat{\boldsymbol{X}}(k+1|k) = \hat{\boldsymbol{\chi}}(k+1|k)$$

$$\boldsymbol{P}_{ff}(k+1|k) = \sum_{i=1}^{2n+1} W_i[\boldsymbol{\chi}_i(k+1|k) - \hat{\boldsymbol{\chi}}(k+1|k)][\boldsymbol{\chi}_i(k+1|k) - \hat{\boldsymbol{\chi}}(k+1|k)]^{\mathrm{T}}$$

$$\boldsymbol{P}(k+1|k) = \boldsymbol{P}_{ff}(k+1|k) + \boldsymbol{Q}$$

式中:$f(\cdot)$ 为系统的状态转移函数;$\hat{\boldsymbol{X}}(k+1|k)$ 和 $\boldsymbol{P}(k+1|k)$ 分别为状态变量的预测值及其方差阵。

Step 4:Sigma 点再采样。

$$\boldsymbol{D}(k) = \sqrt{\boldsymbol{P}(k+1|k)}$$

对称采样的 Sigma 点为

$$\{\boldsymbol{\eta}_i(k+1|k)\} = \{\hat{\boldsymbol{X}}(k+1|k) \quad \hat{\boldsymbol{X}}(k+1|k) + \gamma\boldsymbol{D}_j(k) \quad \hat{\boldsymbol{X}}(k+1|k) - \gamma\boldsymbol{D}_j(k)\}$$

式中:$\boldsymbol{D}_j(k)$ 为 $\boldsymbol{D}(k)$ 的第 j 列。

Step 5:输出预测与观测噪声统计特性参数更新。

$$\boldsymbol{y}_i(k+1|k) = \boldsymbol{h}[\boldsymbol{\eta}_i(k+1|k)]$$

$$\hat{\boldsymbol{y}}(k+1|k) = \sum_{i=1}^{2n+1} W_i \boldsymbol{y}_i(k+1|k)$$

$$\hat{\boldsymbol{r}}(k+1) = (1-d_k)\hat{\boldsymbol{r}}(k) + d_k[\boldsymbol{Z}(k+1) - \hat{\boldsymbol{y}}(k+1|k)]$$

$$\boldsymbol{P}_{hh}(k+1|k) = \sum_{i=1}^{2n+1} W_i[\boldsymbol{y}_i(k+1|k) - \hat{\boldsymbol{y}}(k+1|k)][\boldsymbol{y}_i(k+1|k) - \hat{\boldsymbol{y}}(k+1|k)]^{\mathrm{T}}$$

$$\boldsymbol{\varepsilon}(k+1) = \boldsymbol{Z}(k+1) - \hat{\boldsymbol{y}}(k+1|k) - \hat{\boldsymbol{r}}(k+1)$$

$$\hat{\boldsymbol{R}}(k+1) = (1-d_k)\hat{\boldsymbol{R}}(k) + d_k[\boldsymbol{\varepsilon}(k+1)\boldsymbol{\varepsilon}^{\mathrm{T}}(k+1) - \boldsymbol{P}_{hh}(k+1|k)]$$

$$\boldsymbol{P}_{zz}(k+1|k) = \boldsymbol{P}_{hh}(k+1|k) + \hat{\boldsymbol{R}}(k+1)$$

式中:$h(\cdot)$ 为系统的观测方程;$\boldsymbol{Z}(k+1)$ 为观测量 $\hat{\boldsymbol{y}}(k+1|k)$ 和 $\boldsymbol{P}_{zz}(k+1|k)$ 分别为观测量的预测值及其方差阵;$\hat{\boldsymbol{r}}(k+1)$ 为测量误差均值的估计值;$\hat{\boldsymbol{R}}(k+1)$

为测量误差方差阵的估计值;$\boldsymbol{\varepsilon}(k+1)$ 为测量残差;滤波参数 $d_k = \dfrac{1-b}{1-b^k}$,b 为遗忘因子。

Step 6:状态与系统噪声统计特性参数更新。

$$\boldsymbol{P}_{xz}(k+1\,|\,k) = \sum_{i=1}^{2n+1} W_i \big[\boldsymbol{\eta}_i(k+1\,|\,k) - \hat{\boldsymbol{X}}(k+1\,|\,k)\big]\big[\boldsymbol{y}_i(k+1\,|\,k) - \hat{\boldsymbol{y}}(k+1\,|\,k)\big]^{\mathrm{T}}$$

$$\boldsymbol{K}(k+1) = \boldsymbol{P}_{xz}(k+1\,|\,k)\boldsymbol{P}_{zz}^{-1}(k+1\,|\,k)$$

$$\hat{\boldsymbol{X}}(k+1\,|\,k+1) = \hat{\boldsymbol{X}}(k+1\,|\,k) + \boldsymbol{K}(k+1)\boldsymbol{\varepsilon}(k+1)$$

$$\boldsymbol{P}(k+1\,|\,k+1) = \boldsymbol{P}(k+1\,|\,k) - \boldsymbol{K}(k+1)\boldsymbol{P}_{zz}(k+1\,|\,k)\boldsymbol{K}^{\mathrm{T}}(k+1)$$

式中:$\boldsymbol{K}(k+1)$ 为滤波增益矩阵;$\hat{\boldsymbol{X}}(k+1)$ 和 $\boldsymbol{P}(k+1)$ 分别为状态变量的估计值及其方差阵。

Step 2 ~ Step 6 反复迭代运行,可以根据一个时间序列上的观测量得到状态变量 $\hat{\boldsymbol{X}}(k+1)$ 的准确估计值。相对于传统 UKF 算法,AUKF 算法的优势是能够对敏感器测量误差的均值和方差进行自适应估计,将估计得到的误差均值用于对观测量进行补偿,误差方差用于优化滤波增益阵的设计。对于在敏感器观测量中存在常值或周期性变化的系统误差的情况,采用 AUKF 算法有助于消弱系统误差的影响,改善自主导航性能。

3.3 鲁棒滤波方法

本节以规范化鲁棒滤波算法为例,介绍适用于处理模型不确定性的滤波器设计方法。通过对加权最小二乘问题的求解,推导了规范化鲁棒滤波算法方程,并基于估计误差方差上界最小这一设计指标,对滤波算法的参数进行了优化。

3.3.1 问题描述

传统 KF 的设计是基于线性状态空间模型进行的,要求模型的形式和参数精确已知,系统噪声和测量噪声为零均值高斯白噪声。但是,在实际应用过程中,滤波模型和实际模型之间往往会存在一些差异,而高斯白噪声只是对实际系统中存在的随机干扰信号的一种近似。学术界通常将滤波模型与实际模型之间的未知偏差称为模型不确定性。模型不确定性的存在会造成 KF 算法性能下降,甚至发散。在航天器自主导航系统中,变轨发动机喷气推力误差、敏感器系统误差校准后剩余残差,以及 X 射线脉冲星的角位置误差(星表误差)等均可视为模型不确定性。

模型不确定性问题已经受到学术界的广泛关注,并且提出了多种用于消弱模型不确定性影响的滤波算法,其中最常用的方法之一是将未知的模型参数扩充为状态变量,同原有的状态变量一起进行估计,模型参数的估计值可用于对模型进行修正。但是,应当注意,模型参数作为状态变量有可能不可观,在对系统进行扩维处理后,需要重新进行系统可观性分析。如果扩维后的系统是可观的,那么采取状态扩维的方法在一定程度上能够消弱模型不确定性的影响。相反,如果扩维前系统是可观的,而扩维后系统不可观,则作为状态变量的模型参数不能通过滤波算法得到准确的估计,此时,采用扩维技术不能实现对模型不确定性的有效补偿。另外,模型不确定性经过估计和修正后不可避免会剩余部分残差,也会影响滤波精度。

在工程应用中,根据经验手工调节 KF 算法中参数的取值是克服模型不确定性影响的方法之一。但是,手工调节滤波参数的作法缺乏理论依据,实际工作中,针对高维系统调节滤波参数的过程往往比较困难。因此,人们试图建立一套理论方法,用于根据有关模型不确定性的先验知识给出滤波参数的参考值,从而简化或代替人为的滤波参数调节过程。20 世纪 80 年代以来,有关鲁棒滤波的研究工作取得了很大进展,相关文献中通常将带有不确定性误差项的模型称为不确定模型。针对不确定模型,如何设计状态估计算法,使其估计结果满足一定的指标要求,这属于鲁棒滤波的研究范畴。与 KF 等滤波算法不同,鲁棒滤波在设计阶段就考虑了模型不确定性的影响,能够将有关模型不确定性的先验知识用于优化滤波参数的设计,使包含在系统模型和观测量中的信息得到充分合理的运用,从而抑制模型不确定性对估计精度的不利影响。因此,鲁棒滤波往往能够体现出优于传统 KF 或 EKF 的估计精度。此外,鲁棒滤波理论的发展能够为手工调节滤波参数的方法提供参考依据。应当说明,一种鲁棒滤波算法是否奏效,很大程度上取决于不确定模型是否准确反映了实际系统中模型不确定性的影响,针对具体的系统误差建立恰当的不确定模型,是鲁棒滤波算法设计的关键。如果不确定模型选择不恰当,会导致滤波器设计过于保守,造成估计精度降低。

起初,对鲁棒滤波进行研究的基本思路是根据实际系统中未知干扰信号能量的上界设计滤波器,设计指标是使干扰信号到估计误差的闭环传递函数的 H_∞ 范数小于给定的正数 γ,根据这一原则设计的鲁棒滤波器通常称为 H_∞ 滤波器或鲁棒 H_∞ 滤波器。近年来,人们不断深化对鲁棒滤波理论的研究,针对不同类型的模型不确定性(如范数有界不确定性、满足积分二次约束的不确定性和时间延迟)和不同的设计指标(如 H_∞ 范数有界、估计误差方差上界最小和误差椭球最小),提出了多种具有不同实现形式(如 Riccati 方程和线性矩阵不等式)的鲁棒滤波算法。H_∞ 滤波的局限性在于需要在设计过程中验证特定的存在性条件,当存在性条件不成立时,滤波算法的性能得不到保证;而针对实际系统设计滤波器的过程中,对存在性条件的验证往往比较困难。作为鲁棒滤波算法的一种,规范化鲁棒滤波(Regularized Robust Filter)算法的设计过程和算法形式与 KF 较为相似,且不必检验存在性条件,便于工程技术人员的应用。本节以规范化鲁棒滤波算法为例,对鲁棒滤波的设计方法展开论述。

应当指出,除鲁棒滤波外,多模型滤波算法也是用于处理模型不确定性的方法之一,其基本思路是建立由多个模型构成的模型集来描述带有不确定性的实际系统,基于模型集中的各个模型分别设计 KF,多个滤波器进行并行计算,取各滤波器状态估计值的加权平均作为多模型滤波算法的估计结果。经过 40 多年的发展,多模型滤波在处理模型结构和参数不确定问题上取得了极大的成功,其应用范围涵盖机动目标跟踪、飞行器导航定位、系统故障诊断和模型参数辨识等多个领域。相对于鲁棒滤波,多模型滤波的优势在于能够实现对一些未知模型参数的辨识,并且适用于模型不确定性间歇出现的场合,能够克服鲁棒滤波设计较为保守的问题。

多模型滤波算法发展到今天,已经历了三代。第 1 代为经典方法,以自治多模型(Autonomous Multiple – Model, AMM)估计为代表,采用该方法需要预先设定一个有限的模型集来逼近实际系统,基于各个模型建立的多个滤波器独立运行,最后对各个滤波器的输出结果进行融合。第 2 代为协作多模型(Co-operating Multiple – Model, CMM)算法,以交互多模型(Interacting Multiple – Model, IMM)算法为代表,这类方法仍采用固定的模型个数,但各个模型之间存在交互,IMM 算法特别适合用于机动目标跟踪,其优异表现对多模型滤波算法的普及和发展起到了促进作用,使其成为自适应估计的一个研究热点。以上方法为固定结构多模型(Fixed Structure Multiple – Model, FSMM)方法,FSMM 在应用中遇到的问题在于,为了准确描述实际系统,往往需要采用大量模型建立模型集,导致计算量过大,不利于实时应用。针对上述问题,以变结构多模型(Variable – Structure Multiple – Model, VSMM)估计为代表的第3代多模型估计算法应运而生,其特色在于模型集的自适应调整,滤波算法能够根据观测量屏蔽或去除与实际系统不相符的模型,并在必要情况下激活或引入新的模型,达到减小计算量和提高精度的目的;VSMM 的典型实现方法包括模型集切换和自适应网格等。相对于鲁棒滤波算法,多模型滤波算法的缺点在于计算量较大。限于篇幅,本章重点介绍鲁棒滤波算法的基本设计思路,对多模型滤波算法不作展开叙述。

针对规范化鲁棒滤波算法设计问题,考虑不确定系统模型如下:

$$x_k = F_k x_{k-1} + w_k \tag{3-36}$$

$$y_k = (H_k + \delta H_k) x_k + v_k \tag{3-37}$$

式(3-36)和式(3-37)中:$x_k \in \mathbf{R}^l$ 为状态变量;$y_k \in \mathbf{R}^m$ 为观测量;$w_k \in \mathbf{R}^l$ 和 $v_k \in \mathbf{R}^m$ 分别为系统噪声和测量噪声;$F_k \in \mathbf{R}^{l \times l}$ 和 $H_k \in \mathbf{R}^{m \times l}$ 为已知的状态转移矩阵和观测矩阵;$\delta H_k \in \mathbf{R}^{m \times l}$ 为测量模型中的时变不确定误差项。假设 w_k 和 v_k 为不相关的零均值白噪声,且满足以下条件

$$\mathrm{E}(w_k w_j^{\mathrm{T}}) = \begin{cases} Q_k, & k=j \\ \mathbf{0}, & k \neq j \end{cases}, \mathrm{E}(v_k v_j^{\mathrm{T}}) = \begin{cases} R_k, & k=j \\ \mathbf{0}, & k \neq j \end{cases} \tag{3-38}$$

式中,Q_k 和 R_k 为已知正定矩阵。

不难看出,用于设计规范化鲁棒滤波算法的状态空间模型形式与用于设计 KF 的模型比较接近,区别在于式(3-37)描述的观测方程中带有不确定性误差项 δH_k。为了便于鲁棒滤波算法的设计,将模型不确定性误差项 δH_k 建模为

$$\delta H_k = M_k \Delta_{Hk} E_k \tag{3-39}$$

式中:M_k 和 E_k 为已知的刻度矩阵;Δ_{Hk} 为满足以下条件的未知矩阵,即

$$\Delta_{Hk}^{\mathrm{T}} \Delta_{Hk} \leqslant I \tag{3-40}$$

并且,假设下列条件得到满足

$$\mathrm{E}(x_k x_k^{\mathrm{T}}) \leqslant \gamma_x^2 I, \Delta_{Hk} \Delta_{Hk}^{\mathrm{T}} \leqslant I, E_k E_k^{\mathrm{T}} \leqslant I \tag{3-41}$$

一般来说,对于能量有界的物理过程而言,有界性条件 $E(\boldsymbol{x}_k \boldsymbol{x}_k^{\mathrm{T}}) \leqslant \gamma_x^2 \boldsymbol{I}$ 可以得到满足。鉴于不确定性误差项的大小可通过矩阵 $\boldsymbol{M}_k$ 来刻画,当 $\boldsymbol{M}_k$ 足够大时,条件 $\boldsymbol{E}_k \boldsymbol{E}_k^{\mathrm{T}} \leqslant \boldsymbol{I}$ 可以得到满足。

规范化鲁棒滤波算法的设计指标是使不确定性对测量残差的最大影响最小化,具体表示为

$$\hat{\boldsymbol{x}}_k = \arg \min_{\boldsymbol{x}_k} \max_{|\delta \boldsymbol{H}_k|} J(\boldsymbol{x}_k) \tag{3-42}$$

其中

$$J(\boldsymbol{x}) = \| \boldsymbol{x}_k - \hat{\boldsymbol{x}}_{k|k-1} \|_{S_k^{-1}}^2 + \| \boldsymbol{y}_k - (\boldsymbol{H}_k + \delta \boldsymbol{H}_k) \boldsymbol{x}_k \|_{T_k^{-1}}^2 \tag{3-43}$$

式中:$\hat{\boldsymbol{x}}_k$ 为状态变量的估计值;$\hat{\boldsymbol{x}}_{k|k-1}$ 为状态预测值,其表达式为

$$\hat{\boldsymbol{x}}_{k|k-1} = \boldsymbol{F}_k \hat{\boldsymbol{x}}_{k-1} \tag{3-44}$$

令 $\boldsymbol{S}_k^{-1}$ 和 $\boldsymbol{T}_k^{-1}$ 是需要根据进一步的设计要求确定的权矩阵,可选择的设计要求之一是使估计误差的上界最小化。通过比较不难看出,规范化鲁棒滤波算法的设计指标与 KF 的设计指标有相似之处,区别在于鲁棒滤波的设计指标考虑了 $\delta \boldsymbol{H}_k$ 的影响。

根据上述设计要求,规范化鲁棒滤波算法的设计可分为两步:第一步是求解如式(3-42)所示的最小最大问题,得到滤波算法的结构形式;第二步是确定权矩阵 $\boldsymbol{S}_k^{-1}$ 和 $\boldsymbol{T}_k^{-1}$ 的取值,使得滤波算法估计误差的上界最小化。

☑ 3.3.2 规范化鲁棒滤波算法

1. 最小最大问题的求解

本节的主要任务是求解如式(3-42)所示的最小最大问题,从而确定规范化鲁棒滤波算法的结构形式。该问题可应用如下引理求解。

引理 3.2 考虑如下的优化问题:

$$\hat{\boldsymbol{x}} = \arg \min_{\boldsymbol{x}} \max_{|\delta A, \delta b|} \left[\| \boldsymbol{x} \|_{\boldsymbol{\Pi}}^2 + \| (\boldsymbol{A} + \delta \boldsymbol{A}) \boldsymbol{x} - (\boldsymbol{b} + \delta \boldsymbol{b}) \|_{\boldsymbol{W}}^2 \right] \tag{3-45}$$

式中:$\boldsymbol{A}$ 为已知矩阵;$\boldsymbol{b}$ 为已知矢量;$\boldsymbol{x}$ 为未知矢量,$\boldsymbol{\Pi} = \boldsymbol{\Pi}^{\mathrm{T}} > 0$ 和 $\boldsymbol{W} = \boldsymbol{W}^{\mathrm{T}} > 0$ 为给定的权矩阵,$\delta \boldsymbol{A}$ 和 $\delta \boldsymbol{b}$ 为不确定性误差项,建模如下:

$$[\delta \boldsymbol{A} \quad \delta \boldsymbol{b}] = \boldsymbol{C} \boldsymbol{\Delta} [\boldsymbol{E}_a \quad \boldsymbol{E}_b].$$

式中:$\boldsymbol{C}$、$\boldsymbol{E}_a$ 和 $\boldsymbol{E}_b$ 为已知矩阵;$\boldsymbol{\Delta}$ 为满足条件 $\| \boldsymbol{\Delta} \| \leqslant 1$ 的未知矩阵。优化问题式(3-45)的解为

$$\hat{\boldsymbol{x}} = [\hat{\boldsymbol{\Pi}} + \boldsymbol{A}^{\mathrm{T}} \hat{\boldsymbol{W}} \boldsymbol{A}]^{-1} [\boldsymbol{A}^{\mathrm{T}} \hat{\boldsymbol{W}} \boldsymbol{b} + \hat{\beta} \boldsymbol{E}_a^{\mathrm{T}} \boldsymbol{E}_b] \tag{3-46}$$

其中,矩阵 $\hat{\boldsymbol{\Pi}}$ 和 $\hat{\boldsymbol{W}}$ 定义为

$$\hat{\boldsymbol{\Pi}} = \boldsymbol{\Pi} + \hat{\beta} \boldsymbol{E}_a^{\mathrm{T}} \boldsymbol{E}_a, \hat{\boldsymbol{W}} = \boldsymbol{W} + \boldsymbol{W} \boldsymbol{C} (\hat{\beta} \boldsymbol{I} - \boldsymbol{C}^{\mathrm{T}} \boldsymbol{W} \boldsymbol{C})^+ \boldsymbol{C}^{\mathrm{T}} \boldsymbol{W} \qquad (3-47)$$

其中,$\hat{\beta}$ 为正参数,可通过求解如下的优化问题获得

$$\hat{\beta} = \arg \min_{\beta \geqslant \| \boldsymbol{C}^{\mathrm{T}} \boldsymbol{W} \boldsymbol{C} \|} G(\beta)$$

函数 $G(\beta)$ 定义为

$$G(\beta) = \| \boldsymbol{x}(\beta) \|_{\boldsymbol{\Pi}(\beta)}^2 + \beta \| \boldsymbol{E}_a \boldsymbol{x}(\beta) - \boldsymbol{E}_b \|^2 + \| \boldsymbol{A} \boldsymbol{x}(\beta) - \boldsymbol{b} \|_{\boldsymbol{W}(\beta)}^2$$

其中

$$\boldsymbol{W}(\beta) = \boldsymbol{W} + \boldsymbol{W} \boldsymbol{C} (\beta \boldsymbol{I} - \boldsymbol{C}^{\mathrm{T}} \boldsymbol{W} \boldsymbol{C})^+ \boldsymbol{C}^{\mathrm{T}} \boldsymbol{W}, \boldsymbol{\Pi}(\beta) = \boldsymbol{\Pi} + \boldsymbol{E}_a^{\mathrm{T}} \boldsymbol{E}_a$$

$$\boldsymbol{x}(\beta) = [\boldsymbol{\Pi}(\beta) + \boldsymbol{A}^{\mathrm{T}} \boldsymbol{W}(\beta) \boldsymbol{A}]^{-1} [\boldsymbol{A}^{\mathrm{T}} \boldsymbol{W}(\beta) \boldsymbol{b} + \beta \boldsymbol{E}_a^{\mathrm{T}} \boldsymbol{E}_b]$$

引理中参数 $\hat{\beta}$ 需要通过优化方法求取,有可能影响算法的实时应用。为了解决这一问题,可采用近似算法,即令 $\hat{\beta} = (1 + \alpha)\beta_l$,其中 $\alpha > 0$ 为一正常数,$\beta_l = \| \boldsymbol{C}^{\mathrm{T}} \boldsymbol{W} \boldsymbol{C} \|$,符号 $\| \cdot \|$ 为矩阵的最大奇异值。利用上述近似,式(3-47)中的伪逆可写为矩阵的逆,根据矩阵求逆引理可得

$$\hat{\boldsymbol{W}} = (\boldsymbol{W}^{-1} - \hat{\beta}^{-1} \boldsymbol{C} \boldsymbol{C}^{\mathrm{T}})^{-1}$$

下面设法将设计指标式(3-42)写为引理3.2规定的公式(3-45)。将式(3-43)中的第2项写为

$$\begin{aligned}\boldsymbol{y}_k - (\boldsymbol{H}_k + \delta \boldsymbol{H}_k) \boldsymbol{x}_k &= -(\boldsymbol{H}_k + \delta \boldsymbol{H}_k)(\boldsymbol{x}_k - \hat{\boldsymbol{x}}_{k|k-1}) - \delta \boldsymbol{H}_k \hat{\boldsymbol{x}}_{k|k-1} + (\boldsymbol{y}_k - \boldsymbol{H}_k \hat{\boldsymbol{x}}_{k|k-1}) \\ &= -[\boldsymbol{H}_k + \delta \boldsymbol{H}_k + \delta \boldsymbol{D}_k](\boldsymbol{x}_k - \hat{\boldsymbol{x}}_{k|k-1}) + (\boldsymbol{y}_k - \boldsymbol{H}_k \hat{\boldsymbol{x}}_{k|k-1})\end{aligned}$$

$$(3-48)$$

式中:$\delta \boldsymbol{D}_k \in \boldsymbol{R}^{l \times l}$ 为未知时变矩阵,满足条件

$$\delta \boldsymbol{H}_k \hat{\boldsymbol{x}}_{k|k-1} = \delta \boldsymbol{D}_k (\boldsymbol{x}_k - \hat{\boldsymbol{x}}_{k|k-1}) \qquad (3-49)$$

矩阵 $\delta \boldsymbol{D}_k$ 建模为

$$\delta \boldsymbol{D}_k = \boldsymbol{\Delta}_{Dk} \boldsymbol{G}_k \qquad (3-50)$$

式中:$\boldsymbol{\Delta}_{Dk} \in \boldsymbol{R}^{l \times l}$ 为满足下述条件的未知矩阵

$$\boldsymbol{\Delta}_{Dk}^{\mathrm{T}} \boldsymbol{\Delta}_{Dk} \leqslant \boldsymbol{I} \qquad (3-51)$$

$\boldsymbol{G}_k \in \boldsymbol{R}^{l \times l}$ 是刻度矩阵。显然,$\boldsymbol{G}_k$ 的取值很难确定。事实上,引入矩阵 $\boldsymbol{G}_k$ 是为了方便引理3.2的应用,后面设计完成的规范化鲁棒滤波算法中并不需要知道 $\boldsymbol{G}_k$ 的值。考虑到引入了未知矩阵 $\delta \boldsymbol{D}_k$,将滤波算法设计指标更新为

$$\hat{\boldsymbol{x}}_k = \arg \min_{\boldsymbol{x}_k} \max_{\{\delta H'_k\}} \big[\parallel \boldsymbol{x}_k - \hat{\boldsymbol{x}}_{k|k-1} \parallel^2_{S_k^{-1}} +$$

$$\parallel (\boldsymbol{H}_k + \delta \boldsymbol{H}_k + \delta \boldsymbol{D}_k)(\boldsymbol{x}_k - \hat{\boldsymbol{x}}_{k|k-1}) - (\boldsymbol{y}_k - \boldsymbol{H}_k \hat{\boldsymbol{x}}_{k|k-1}) \parallel^2_{T_k^{-1}} \big]$$

$$(3-52)$$

其中

$$\delta \boldsymbol{H}'_k = \delta \boldsymbol{H}_k + \delta \boldsymbol{D}_k = \begin{bmatrix} \boldsymbol{M}_k & \boldsymbol{I} \end{bmatrix} \begin{bmatrix} \boldsymbol{\Delta}_{Hk} & \\ & \boldsymbol{\Delta}_{Dk} \end{bmatrix} \begin{bmatrix} \boldsymbol{E}_k \\ \boldsymbol{G}_k \end{bmatrix}$$

接下来,令

$$\boldsymbol{x} \leftarrow \boldsymbol{x}_k - \hat{\boldsymbol{x}}_{k|k-1}, \boldsymbol{\Pi} \leftarrow \boldsymbol{S}_k^{-1}, \boldsymbol{A} \leftarrow \boldsymbol{H}_k, \delta \boldsymbol{A} \leftarrow \delta \boldsymbol{H}_k + \delta \boldsymbol{D}_k$$

$$\boldsymbol{b} \leftarrow \boldsymbol{y}_k - \boldsymbol{H}_k \hat{\boldsymbol{x}}_{k|k-1}, \delta \boldsymbol{b} \leftarrow 0, \boldsymbol{W} \leftarrow \boldsymbol{T}_k^{-1}, \boldsymbol{C} \leftarrow \begin{bmatrix} \boldsymbol{M}_k & \boldsymbol{I} \end{bmatrix}$$

$$\boldsymbol{\Delta} \leftarrow \begin{bmatrix} \boldsymbol{\Delta}_{Hk} & \\ & \boldsymbol{\Delta}_{Dk} \end{bmatrix}, \boldsymbol{E}_a \leftarrow \begin{bmatrix} \boldsymbol{E}_k \\ \boldsymbol{G}_k \end{bmatrix}, \boldsymbol{E}_b \leftarrow \begin{bmatrix} 0 \\ 0 \end{bmatrix}$$

则优化问题式(3-52)可写为引理 3.2 中规定的形式。直接应用引理 3.2,可以得到规范化鲁棒滤波问题解为

$$\hat{\boldsymbol{x}}_k = \hat{\boldsymbol{x}}_{k|k-1} + \{ \boldsymbol{S}_k^{-1} + \hat{\beta}_k (\boldsymbol{E}_k^T \boldsymbol{E}_k + \boldsymbol{G}_k^T \boldsymbol{G}_k) + \boldsymbol{H}_k^T [\boldsymbol{T}_k - \hat{\beta}_k^{-1} (\boldsymbol{I} + \boldsymbol{M}_k \boldsymbol{M}_k^T)]^{-1} \boldsymbol{H}_k \}^{-1}$$

$$\cdot \boldsymbol{H}_k^T [\boldsymbol{T}_k - \hat{\beta}_k^{-1} (\boldsymbol{I} + \boldsymbol{M}_k \boldsymbol{M}_k^T)]^{-1} (\boldsymbol{y}_k - \boldsymbol{H}_k \hat{\boldsymbol{x}}_{k|k-1}) \qquad (3-53)$$

参数 $\hat{\beta}_k$ 采用近似方法获得,即令 $\hat{\beta}_k = (1+\alpha)\hat{\beta}_{lk}$($\alpha$ 为一小正数),则有

$$\hat{\beta}_{lk} = \parallel \begin{bmatrix} \boldsymbol{M}_k^T \\ \boldsymbol{I} \end{bmatrix} \boldsymbol{T}_k^{-1} \begin{bmatrix} \boldsymbol{M}_k & \boldsymbol{I} \end{bmatrix} \parallel$$

定义增益矩阵为

$$\boldsymbol{K}_k = \{ \boldsymbol{S}_k^{-1} + \hat{\beta}_k (\boldsymbol{E}_k^T \boldsymbol{E}_k + \boldsymbol{G}_k^T \boldsymbol{G}_k) + \boldsymbol{H}_k^T [\boldsymbol{T}_k - \hat{\beta}_k^{-1} (\boldsymbol{I} + \boldsymbol{M}_k \boldsymbol{M}_k^T)]^{-1} \boldsymbol{H}_k \}^{-1}$$

$$\cdot \boldsymbol{H}_k^T [\boldsymbol{T}_k - \hat{\beta}_k^{-1} (\boldsymbol{I} + \boldsymbol{M}_k \boldsymbol{M}_k^T)]^{-1} \qquad (3-54)$$

式(3-53)可写为

$$\hat{\boldsymbol{x}}_k = \hat{\boldsymbol{x}}_{k|k-1} + \boldsymbol{K}_k (\boldsymbol{y}_k - \boldsymbol{H}_k \hat{\boldsymbol{x}}_{k|k-1}) \qquad (3-55)$$

到此为止,我们已经获得了规范化鲁棒滤波算法的迭代形式,如式(3-44)、式(3-54)和式(3-55)。但权矩阵 $\boldsymbol{S}_k^{-1}$ 和 $\boldsymbol{T}_k^{-1}$ 的值尚未确定。本节将 $\boldsymbol{S}_k$ 和 $\boldsymbol{T}_k$ 视为设计参数,通过对 $\boldsymbol{S}_k$ 和 $\boldsymbol{T}_k$ 的优化使得滤波算法满足进一步的性能要求。

2. 权矩阵的优化

本节的主要任务是对权矩阵进行优化,使得所设计的滤波算法的估计误

差上界最小化。定义估计误差为

$$\tilde{\boldsymbol{x}}_k = \boldsymbol{x}_k - \hat{\boldsymbol{x}}_k \tag{3-56}$$

预测误差为

$$\tilde{\boldsymbol{x}}_{k|k-1} = \boldsymbol{x}_k - \hat{\boldsymbol{x}}_{k|k-1} \tag{3-57}$$

权矩阵优化方法可归纳为如下定理。

定理 3.2　考虑如式(3-36)~式(3-40)所示的不确定性系统和如式(3-44)、式(3-54)、式(3-55)所示的鲁棒滤波算法。如果条件式(3-41)成立,那么对于 $0 < k \leqslant n$,滤波算法的估计误差满足如下有界性条件

$$\mathrm{E}(\tilde{\boldsymbol{x}}_k \tilde{\boldsymbol{x}}_k^{\mathrm{T}}) \leqslant \Sigma_k \tag{3-58}$$

式中:n 为任意正整数;Σ_k 为下列差分方程的解,其表达式为

$$\Sigma_{k|k-1} = \boldsymbol{F}_k \Sigma_{k-1} \boldsymbol{F}_k^{\mathrm{T}} + \boldsymbol{Q}_k \tag{3-59}$$

$$\Sigma_k = (1+\varepsilon)(\boldsymbol{I} - \boldsymbol{K}_k \boldsymbol{H}_k) \Sigma_{k|k-1}(\boldsymbol{I} - \boldsymbol{K}_k \boldsymbol{H}_k)^{\mathrm{T}} + (1+\varepsilon^{-1})\gamma_x^2 \boldsymbol{K}_k \boldsymbol{M}_k \boldsymbol{M}_k^{\mathrm{T}} \boldsymbol{K}_k^{\mathrm{T}} + \boldsymbol{K}_k \boldsymbol{R}_k \boldsymbol{K}_k^{\mathrm{T}} \tag{3-60}$$

式中:ε 为正常数。初始条件满足:

$$\Sigma_0 \geqslant \mathrm{E}(\tilde{\boldsymbol{x}}_0 \tilde{\boldsymbol{x}}_0^{\mathrm{T}}) \tag{3-61}$$

如果权矩阵按下式选取

$$\boldsymbol{S}_k^{-1} = (1+\varepsilon)^{-1} \Sigma_{k|k-1}^{-1} - \hat{\beta}_k(\boldsymbol{E}_k^{\mathrm{T}} \boldsymbol{E}_k + \boldsymbol{G}_k^{\mathrm{T}} \boldsymbol{G}_k) \tag{3-62}$$

$$\boldsymbol{T}_k^{-1} = [\boldsymbol{R}_k + (1+\varepsilon^{-1})\gamma_x^2 \boldsymbol{M}_k \boldsymbol{M}_k^{\mathrm{T}} + \hat{\beta}_k^{-1}(\boldsymbol{I} + \boldsymbol{M}_k \boldsymbol{M}_k^{\mathrm{T}})]^{-1} \tag{3-63}$$

那么,如式(3-54)所示的增益阵使得方差上界 Σ_k 最小化。

证明　首先构造 $\mathrm{E}(\tilde{\boldsymbol{x}}_k \tilde{\boldsymbol{x}}_k^{\mathrm{T}})$ 的上界 Σ_k,进而推导增益矩阵 $\boldsymbol{K}_k$,使得误差上界 Σ_k 最小化。权矩阵 $\boldsymbol{S}_k^{-1}$ 和 $\boldsymbol{T}_k^{-1}$ 根据导出的 $\boldsymbol{K}_k$ 确定。将式(3-55)代入式(3-56),估计误差可写为

$$\tilde{\boldsymbol{x}}_k = \boldsymbol{x}_k - \hat{\boldsymbol{x}}_{k|k-1} - \boldsymbol{K}_k(\boldsymbol{y}_k - \boldsymbol{H}_k \hat{\boldsymbol{x}}_{k|k-1}) \tag{3-64}$$

由式(3-37)和式(3-57),式(3-64)变为

$$\tilde{\boldsymbol{x}}_k = (\boldsymbol{I} - \boldsymbol{K}_k \boldsymbol{H}_k) \tilde{\boldsymbol{x}}_{k|k-1} - \boldsymbol{K}_k \delta \boldsymbol{H}_k \boldsymbol{x}_k - \boldsymbol{K}_k \boldsymbol{v}_k \tag{3-65}$$

考虑条件式(3-38),估计误差方差可表述为

$$\mathrm{E}(\tilde{\boldsymbol{x}}_k \tilde{\boldsymbol{x}}_k^{\mathrm{T}}) = \mathrm{E}\{[(\boldsymbol{I} - \boldsymbol{K}_k \boldsymbol{H}_k) \tilde{\boldsymbol{x}}_{k|k-1} - \boldsymbol{K}_k \delta \boldsymbol{H}_k \boldsymbol{x}_k]$$
$$[(\boldsymbol{I} - \boldsymbol{K}_k \boldsymbol{H}_k) \tilde{\boldsymbol{x}}_{k|k-1} - \boldsymbol{K}_k \delta \boldsymbol{H}_k \boldsymbol{x}_k]^{\mathrm{T}}\} + \boldsymbol{K}_k \boldsymbol{R}_k \boldsymbol{K}_k^{\mathrm{T}} \tag{3-66}$$

根据不等式

$$[\varepsilon^{1/2}(\boldsymbol{I} - \boldsymbol{K}_k \boldsymbol{H}_k) \tilde{\boldsymbol{x}}_{k|k-1} + \varepsilon^{-1/2} \boldsymbol{K}_k \delta \boldsymbol{H}_k \boldsymbol{x}_k]^{\mathrm{T}} [\varepsilon^{1/2}(\boldsymbol{I} - \boldsymbol{K}_k \boldsymbol{H}_k) \tilde{\boldsymbol{x}}_{k|k-1} +$$
$$\varepsilon^{-1/2} \boldsymbol{K}_k \delta \boldsymbol{H}_k \boldsymbol{x}_k] \geqslant 0 \tag{3-67}$$

可得

$$\varepsilon(\boldsymbol{I} - \boldsymbol{K}_k \boldsymbol{H}_k) \tilde{\boldsymbol{x}}_{k|k-1} \tilde{\boldsymbol{x}}_{k|k-1}^{\mathrm{T}} (\boldsymbol{I} - \boldsymbol{K}_k \boldsymbol{H}_k)^{\mathrm{T}} + (\boldsymbol{I} - \boldsymbol{K}_k \boldsymbol{H}_k) \tilde{\boldsymbol{x}}_{k|k-1} \boldsymbol{x}_k^{\mathrm{T}} \delta \boldsymbol{H}_k^{\mathrm{T}} \boldsymbol{K}_k^{\mathrm{T}}$$

$$+ \boldsymbol{K}_k \delta \boldsymbol{H}_k \boldsymbol{x}_k \tilde{\boldsymbol{x}}_{k|k-1}^{\mathrm{T}} (\boldsymbol{I} - \boldsymbol{K}_k \boldsymbol{H}_k)^{\mathrm{T}} + \varepsilon^{-1} \boldsymbol{K}_k \delta \boldsymbol{H}_k \boldsymbol{x}_k \boldsymbol{x}_k^{\mathrm{T}} \delta \boldsymbol{H}_k^{\mathrm{T}} \boldsymbol{K}_k^{\mathrm{T}} \geqslant 0 \quad (3-68)$$

将式(3-68)与式(3-66)等号右侧第一项相加并求均值可知

$$\mathrm{E}(\tilde{\boldsymbol{x}}_k \tilde{\boldsymbol{x}}_k^{\mathrm{T}}) \leqslant (1+\varepsilon)(\boldsymbol{I} - \boldsymbol{K}_k \boldsymbol{H}_k) \mathrm{E}(\tilde{\boldsymbol{x}}_{k|k-1} \tilde{\boldsymbol{x}}_{k|k-1}^{\mathrm{T}})(\boldsymbol{I} - \boldsymbol{K}_k \boldsymbol{H}_k)^{\mathrm{T}}$$

$$+ (1+\varepsilon^{-1}) \boldsymbol{K}_k \delta \boldsymbol{H}_k \mathrm{E}(\boldsymbol{x}_k \boldsymbol{x}_k^{\mathrm{T}}) \delta \boldsymbol{H}_k^{\mathrm{T}} \boldsymbol{K}_k^{\mathrm{T}} + \boldsymbol{K}_k \boldsymbol{R}_k \boldsymbol{K}_k^{\mathrm{T}} \quad (3-69)$$

由式(3-39)和式(3-40)可得

$$\delta \boldsymbol{H}_k \mathrm{E}(\boldsymbol{x}_k \boldsymbol{x}_k^{T}) \delta \boldsymbol{H}_k^{\mathrm{T}} \leqslant \gamma_x^2 \boldsymbol{M}_k \boldsymbol{M}_k^{\mathrm{T}} \quad (3-70)$$

将式(3-70)代入式(3-69),得到

$$\mathrm{E}(\tilde{\boldsymbol{x}}_k \tilde{\boldsymbol{x}}_k^{\mathrm{T}}) \leqslant (1+\varepsilon)(\boldsymbol{I} - \boldsymbol{K}_k \boldsymbol{H}_k) \mathrm{E}(\tilde{\boldsymbol{x}}_{k|k-1} \tilde{\boldsymbol{x}}_{k|k-1}^{\mathrm{T}})(\boldsymbol{I} - \boldsymbol{K}_k \boldsymbol{H}_k)^{\mathrm{T}}$$

$$+ \boldsymbol{K}_k [(1+\varepsilon^{-1}) \gamma_x^2 \boldsymbol{M}_k \boldsymbol{M}_k^{\mathrm{T}} + \boldsymbol{R}_k] \boldsymbol{K}_k^{\mathrm{T}} \quad (3-71)$$

将式(3-36)和式(3-44)代入式(3-57),并由式(3-56)可得,预测误差为

$$\tilde{\boldsymbol{x}}_{k|k-1} = \boldsymbol{F}_k \tilde{\boldsymbol{x}}_{k-1} + \boldsymbol{w}_k \quad (3-72)$$

根据式(3-38),预测误差的方差可表示为

$$\mathrm{E}(\tilde{\boldsymbol{x}}_{k|k-1} \tilde{\boldsymbol{x}}_{k|k-1}^{\mathrm{T}}) = \boldsymbol{F}_k \mathrm{E}(\tilde{\boldsymbol{x}}_{k-1} \tilde{\boldsymbol{x}}_{k-1}^{\mathrm{T}}) \boldsymbol{F}_k^{\mathrm{T}} + \boldsymbol{Q}_k \quad (3-73)$$

接下来运用数学归纳法证明式(3-58)。先令 $k=1$,由式(3-73)和式(3-61)可得

$$\mathrm{E}(\tilde{\boldsymbol{x}}_{1|0} \tilde{\boldsymbol{x}}_{1|0}^{\mathrm{T}}) = \boldsymbol{F}_1 \mathrm{E}(\tilde{\boldsymbol{x}}_0 \tilde{\boldsymbol{x}}_0^{\mathrm{T}}) \boldsymbol{F}_1^{\mathrm{T}} + \boldsymbol{Q}_1 \leqslant \boldsymbol{F}_1 \boldsymbol{\Sigma}_0 \boldsymbol{F}_1^{\mathrm{T}} + \boldsymbol{Q}_1 \quad (3-74)$$

根据式(3-59)得到

$$\mathrm{E}(\tilde{\boldsymbol{x}}_{1|0} \tilde{\boldsymbol{x}}_{1|0}^{\mathrm{T}}) \leqslant \boldsymbol{\Sigma}_{1|0} \quad (3-75)$$

由式(3-71)、式(3-75)和式(3-60)得到 $k=1$ 时的误差上界为

$$\mathrm{E}(\tilde{\boldsymbol{x}}_1 \tilde{\boldsymbol{x}}_1^{\mathrm{T}}) \leqslant (1+\varepsilon)(\boldsymbol{I} - \boldsymbol{K}_1 \boldsymbol{H}_1) \boldsymbol{\Sigma}_{1|0} (\boldsymbol{I} - \boldsymbol{K}_1 \boldsymbol{H}_1)^{\mathrm{T}}$$

$$+ \boldsymbol{K}_1 [(1+\varepsilon^{-1}) \gamma_x^2 \boldsymbol{M}_1 \boldsymbol{M}_1^{\mathrm{T}} + \boldsymbol{R}_1] \boldsymbol{K}_1^{\mathrm{T}} = \boldsymbol{\Sigma}_1 \quad (3-76)$$

再令 $k = n-1$,并且假设

$$\mathrm{E}(\tilde{\boldsymbol{x}}_{n-1} \tilde{\boldsymbol{x}}_{n-1}^{\mathrm{T}}) \leqslant \boldsymbol{\Sigma}_{n-1} \quad (3-77)$$

根据式(3-73)、式(3-77)和式(3-59),易于验证

$$\mathrm{E}(\tilde{\boldsymbol{x}}_{n|n-1} \tilde{\boldsymbol{x}}_{n|n-1}^{\mathrm{T}}) \leqslant \boldsymbol{F}_n \boldsymbol{\Sigma}_{n-1} \boldsymbol{F}_n^{\mathrm{T}} + \boldsymbol{Q}_n = \boldsymbol{\Sigma}_{n|n-1} \quad (3-78)$$

根据式(3-71)、式(3-78)和式(3-60),易知

$$\mathrm{E}(\tilde{\boldsymbol{x}}_n \tilde{\boldsymbol{x}}_n^{\mathrm{T}}) \leqslant (1+\varepsilon)(\boldsymbol{I} - \boldsymbol{K}_n \boldsymbol{H}_n) \boldsymbol{\Sigma}_{n|n-1} (\boldsymbol{I} - \boldsymbol{K}_n \boldsymbol{H}_n)^{\mathrm{T}}$$

$$+ K_n \left[(1 + \varepsilon^{-1}) \gamma_x^2 M_n M_n^T + R_n \right] K_n^T = \Sigma_n \qquad (3-79)$$

再根据式(3-76)和式(3-79)可以得出结论,对于 $0 < k \leq n$,有界性条件式(3-58)成立。

进而,对所构造的方差上界 Σ_k 求偏导,得到

$$\frac{\partial \Sigma_k}{\partial K_k} = 2(1 + \varepsilon)(I - K_k H_k) \Sigma_{k|k-1}(-H_k^T) + 2 K_k \left[(1 + \varepsilon^{-1}) \gamma_x^2 M_k M_k^T + R_k \right]^{-1}$$

$$(3-80)$$

令 $\dfrac{\partial \Sigma_k}{\partial K_k} = 0$,得到滤波增益矩阵为

$$K_k = (1 + \varepsilon) \Sigma_{k|k-1} H_k^T \left[(1 + \varepsilon) H_k \Sigma_{k|k-1} H_k^T + (1 + \varepsilon^{-1}) \gamma_x^2 M_k M_k^T + R_k \right]^{-1}$$

$$(3-81)$$

最后,求权矩阵 S_k^{-1} 和 T_k^{-1},使得滤波增益阵式(3-54)与式(3-81)相同。根据式(3-81)和式(3-60),K_k 和 Σ_k 可写为等价形式,即

$$K_k = \Sigma_k H_k^T \left[(1 + \varepsilon^{-1}) \gamma_x^2 M_k M_k^T + R_k \right]^{-1} \qquad (3-82)$$

$$\Sigma_k^{-1} = (1 + \varepsilon)^{-1} \Sigma_{k|k-1}^{-1} + H_k^T \left[(1 + \varepsilon^{-1}) \gamma_x^2 M_k M_k^T + R_k \right]^{-1} H_k \qquad (3-83)$$

将式(3-83)代入式(3-82)得到

$$K_k = \left\{ (1 + \varepsilon)^{-1} \Sigma_{k|k-1}^{-1} + H_k^T \left[(1 + \varepsilon^{-1}) \gamma_x^2 M_k M_k^T + R_k \right]^{-1} H_k \right\}^{-1}$$

$$H_k^T \left[(1 + \varepsilon^{-1}) \gamma_x^2 M_k M_k^T + R_k \right]^{-1} \qquad (3-84)$$

显然,如果 S_k^{-1} 和 T_k^{-1} 根据式(3-62)和式(3-63)选取,则式(3-54)与式(3-81)相同。

所设计的规范化鲁棒滤波算法方程可总结如下:

$$\hat{x}_k = F_k \hat{x}_{k-1} + K_k (y_k - H_k F_k \hat{x}_{k-1})$$

$$K_k = \Sigma_k H_k^T \hat{R}_k^{-1}$$

$$\Sigma_k = \left[(1 + \varepsilon)^{-1} (F_k \Sigma_{k-1} F_k^T + Q_k)^{-1} + H_k^T \hat{R}_k^{-1} H_k \right]^{-1}$$

$$\hat{R}_k = (1 + \varepsilon^{-1}) \gamma_x^2 M_k M_k^T + R_k$$

将规范化鲁棒滤波算法与 KF 算法进行对比,不难看出,二者在形式上非常接近,这使得规范化鲁棒滤波算法更易于被工程技术人员所接受。注意到式(3-49)和式(3-50)中定义的未知矩阵 G_k 并未出现在最终的滤波算法中。鉴于在算法推导过程中用到了不等式(3-69),算法中的估计误差上界具有一

定的保守性,通过适当选择参数 ε 有助于减弱这种保守性。

本节所给出的规范化鲁棒滤波算法的特点在于:在求解规范化最小二乘问题式(3-52)的同时,以估计误差上界最小为设计要求,对权矩阵 S_k^{-1} 和 T_k^{-1} 进行了优化。对于测量模型中存在不确定性的系统,本节所提算法相当于增大了测量噪声方差阵的值。根据在工程实践活动中获得的滤波器设计经验,通过增大滤波算法中测量噪声方差的取值有助于增强滤波器克服测量模型不确定性影响的能力。因此,规范化鲁棒滤波算法中增大测量噪声方差阵的作法是合理的。与传统 KF 相比,在存在模型不确定性的情况下,采用规范化鲁棒滤波算法理论上可以获得更高的估计精度。

规范化鲁棒滤波算法可用于处理卫星姿态确定系统中星敏感器相对安装误差的影响。对于由星敏感器和陀螺构成的姿态确定系统,星敏感器相对安装误差会导致卫星姿态估计误差增大。基于星敏感器相对安装误差的先验信息建立不确定模型,进而,针对不确定性模型设计规范化鲁棒滤波算法,能够取得优于传统 KF 的姿态确定精度。采用类似设计方法,规范化鲁棒滤波算法也可以用于解决航天器自主导航研究中遇到的模型不确定性问题。

▶ 3.4　方差下界分析方法

针对航天器自主导航系统的性能分析问题,本节介绍 CRLB 的概念。CRLB 是根据给定的系统模型、先验信息以及噪声统计特性计算得到的状态估计误差均方差的最小值,CRLB 的取值直接反映了一个导航系统的本质特性,可以作为衡量系统可观度大小的指标。如果用于计算 CRLB 的模型与实际系统相符,那么任何一种滤波算法都不能超越 CRLB 所规定的估计精度。如果某种滤波算法的估计误差均方差与 CRLB 相一致,那么,对于给定的系统,可以认为该滤波算法是最优的。

相对于传统的可观性分析方法而言,CRLB 的优势体现在以下几个方面。首先,可观性分析方法是针对线性系统提出的,对于非线性系统,往往需要对模型进行线性化,而借助 CRLB 不仅能够对线性系统的性能进行分析,还能对非线性系统的性能进行分析,并且,计算得到的误差下界理论上不存在近似,不受线性化误差影响。其次,可观性分析是针对整个系统进行的,往往是针对整个系统给出可观或不可观的结论,而 CRLB 的计算是针对各个状态变量进行的,利用 CRLB 能够辨别出系统中哪些状态变量能够得到准确估计,哪些状态变量估计精度较低,哪些状态变量的估计值不收敛。最后,通过可观性分析得到的是系统是否可观的定性结论,而通过 CRLB 计算得到的是定量结果,即针对系统中的每个状态变量,给出状态估计在理论上所能达到的最高精度。CRLB 的定义如下。

定义 3.1　设 $\boldsymbol{x}_{1:t} = \{\boldsymbol{x}_1, \cdots, \boldsymbol{x}_t\}$ 为状态变量序列,$\boldsymbol{y}_{1:t} = \{\boldsymbol{y}_1, \cdots, \boldsymbol{y}_t\}$ 为带有噪声的观测序列,$p(\boldsymbol{y}_{1:t}, \boldsymbol{x}_{1:t})$ 是 $\boldsymbol{x}_{1:t}$ 和 $\boldsymbol{y}_{1:t}$ 的联合概率密度函数,根据观测量 $\boldsymbol{y}_{1:t}$ 对状态变量 $\boldsymbol{x}_t$ 进行估计,得到估计值 $\hat{\boldsymbol{x}}_t$,那么估计误差 $\tilde{\boldsymbol{x}}_t = \boldsymbol{x}_t - \hat{\boldsymbol{x}}_t$ 的 CRLB 可写为

$$\mathrm{E}(\tilde{\boldsymbol{x}}_t \tilde{\boldsymbol{x}}_t^{\mathrm{T}}) \geqslant \boldsymbol{J}_t^{-1} \qquad (3-85)$$

其中

$$\boldsymbol{J}_t = E\left[-\frac{\partial^2 \ln p(\boldsymbol{y}_{1:t}, \boldsymbol{x}_{1:t})}{\partial \boldsymbol{x}_t^2} \right] \qquad (3-86)$$

注意到定义中并未规定滤波器的形式,也就是说,估计误差下界的大小与滤波器的选择无关,只与以概率密度函数的形式描述的状态方程和观测方程有关。$\boldsymbol{J}_t$ 被称为 Fisher 信息矩阵,其物理意义是表征先验知识、系统模型和观测量中所包含的信息量大小。

鉴于模型 $p(\boldsymbol{y}_{1:t}, \boldsymbol{x}_{1:t})$ 的表达形式往往非常复杂,甚至难以得到,为了简化计算,可按以下方法通过递推得到信息矩阵 $\boldsymbol{J}_t$。

引理 3.3　状态变量 $\boldsymbol{x}_t$ 的估计误差 $\tilde{\boldsymbol{x}}_t$ 对应的信息矩阵 $\boldsymbol{J}_t$ 满足以下迭代关系:

$$\boldsymbol{J}_t = \boldsymbol{D}_t^{22} - \boldsymbol{D}_t^{21}(\boldsymbol{J}_{t-1} + \boldsymbol{D}_t^{11})^{-1}\boldsymbol{D}_t^{12} \qquad (3-87)$$

其中

$$\boldsymbol{D}_t^{11} = \mathrm{E}\left[-\frac{\partial^2 \ln p(\boldsymbol{x}_t | \boldsymbol{x}_{t-1})}{\partial \boldsymbol{x}_{t-1}^2} \right], \boldsymbol{D}_t^{12} = \mathrm{E}\left[-\frac{\partial^2 \ln p(\boldsymbol{x}_t | \boldsymbol{x}_{t-1})}{\partial \boldsymbol{x}_t \partial \boldsymbol{x}_{t-1}} \right]$$

$$\boldsymbol{D}_t^{21} = \mathrm{E}\left[-\frac{\partial^2 \ln p(\boldsymbol{x}_t | \boldsymbol{x}_{t-1})}{\partial \boldsymbol{x}_{t-1} \partial \boldsymbol{x}_t} \right], \boldsymbol{D}_t^{22} = \mathrm{E}\left[-\frac{\partial^2 \ln p(\boldsymbol{x}_t | \boldsymbol{x}_{t-1})}{\partial \boldsymbol{x}_t^2} \right] + \mathrm{E}\left[-\frac{\partial^2 \ln p(\boldsymbol{y}_t | \boldsymbol{x}_t)}{\partial \boldsymbol{x}_t^2} \right]$$

可以证明,式(3-87)与式(3-86)是等价的。如果状态方程和观测方程按以下形式表述

$$\begin{cases} \boldsymbol{x}_t = f(\boldsymbol{x}_{t-1}) + \boldsymbol{w}_t \\ \boldsymbol{y}_t = h(\boldsymbol{x}_t) + \boldsymbol{v}_t \end{cases} \tag{3-88}$$

假设 $\boldsymbol{w}_t$ 和 $\boldsymbol{v}_t$ 是不相关的零均值高斯白噪声,那么,$\boldsymbol{x}_t$ 和 $\boldsymbol{y}_t$ 的条件概率密度函数为

$$p(\boldsymbol{x}_t|\boldsymbol{x}_{t-1}) = \frac{1}{(2\pi)^{l/2}|\boldsymbol{Q}_t|^{1/2}}\exp\left\{-\frac{1}{2}[\boldsymbol{x}_t - f(\boldsymbol{x}_{t-1})]^{\mathrm{T}}\boldsymbol{Q}_t^{-1}[\boldsymbol{x}_t - f(\boldsymbol{x}_{t-1})]\right\}$$

$$\tag{3-89a}$$

$$p(\boldsymbol{y}_t|\boldsymbol{x}_t) = \frac{1}{(2\pi)^{m/2}|\boldsymbol{R}_t|^{1/2}}\exp\left\{-\frac{1}{2}[\boldsymbol{y}_t - h(\boldsymbol{x}_t)]^{\mathrm{T}}\boldsymbol{R}_t^{-1}[\boldsymbol{y}_t - h(\boldsymbol{x}_t)]\right\}$$

$$\tag{3-89b}$$

式中:l 为状态变量的维数;m 为观测量的维数。事实上,式(3-89)就是模型式(3-88)的另外一种表述形式。对以上两式求对数,不难得到

$$-\ln p(\boldsymbol{x}_t|\boldsymbol{x}_{t-1}) = c_1 + \frac{1}{2}[\boldsymbol{x}_t - f(\boldsymbol{x}_{t-1})]^{\mathrm{T}}\boldsymbol{Q}_t^{-1}[\boldsymbol{x}_t - f(\boldsymbol{x}_{t-1})] \tag{3-90}$$

$$-\ln p(\boldsymbol{y}_t|\boldsymbol{x}_t) = c_2 + \frac{1}{2}[\boldsymbol{y}_t - h(\boldsymbol{x}_t)]^{\mathrm{T}}\boldsymbol{R}_t^{-1}[\boldsymbol{y}_t - h(\boldsymbol{x}_t)] \tag{3-91}$$

式中:c_1、c_2 为常数。将上述两式代入式(3-87)进行计算,就得到引理3.3的特殊形式,也就是在系统噪声和测量噪声为加性高斯白噪声情况下的滤波器估计误差下界。

定理3.3 如果对式(3-88)所示系统的状态变量 $\boldsymbol{x}_t$ 进行估计,那么信息矩阵 $\boldsymbol{J}_t$ 可按下式递推计算

$$\boldsymbol{J}_t = \boldsymbol{Q}_t^{-1} + \mathrm{E}(\overline{\boldsymbol{H}}_t^{\mathrm{T}}\boldsymbol{R}_t^{-1}\overline{\boldsymbol{H}}_t) - \boldsymbol{Q}_t^{-1}\mathrm{E}(\overline{\boldsymbol{F}}_t)[\boldsymbol{J}_{t-1} + \mathrm{E}(\overline{\boldsymbol{F}}_t^{\mathrm{T}}\boldsymbol{Q}_t^{-1}\overline{\boldsymbol{F}}_t)]^{-1}\mathrm{E}(\overline{\boldsymbol{F}}_t^{\mathrm{T}})\boldsymbol{Q}_t^{-1}$$

$$\tag{3-92}$$

式中:$\overline{\boldsymbol{F}}_t = (\partial f/\partial x)|_{x=x_{t-1}}$,$\overline{\boldsymbol{H}}_t = (\partial h/\partial x)|_{x=x_t}$。

应当注意,雅可比矩阵 $\overline{\boldsymbol{F}}_t$ 和 $\overline{\boldsymbol{H}}_t$ 中代入的是状态变量的真值。CRLB 的值取决于系统中所包含的信息量的大小,与具体滤波算法的选择无关。一般来说,先验知识、系统模型和观测量中包含的信息越多,CRLB 就越小。因此,CRLB 直接反映了一个导航系统的本质特性,其取值对导航系统的研究具有重要意义。通过计算 CRLB 可以验证航天器天文自主导航方法的可行性和有效性。

▶ 3.5　小结

本章将航天器自主导航滤波方法分为两部分:一部分是用于确定性模型

的方法,以常用的 KF、EKF 和 UKF 算法为例进行说明;另一部分是用于不确定模型的方法,以鲁棒滤波算法为例展开论述。说明了 KF、EKF、UKF 和鲁棒滤波的设计思路和实施方式,其中,EKF 和 UKF 主要用于解决非线性系统状态估计问题,鲁棒滤波主要用于解决不确定系统状态估计问题。针对实际系统中的模型误差建立不确定性模型,进行鲁棒滤波算法设计,有助于消弱模型不确定性的影响,改善系统状态估计精度。此外,本章还介绍了基于 CRLB 的自主导航系统性能分析方法,通过计算自主导航系统 CRLB 的取值,能够在不进行导航滤波器设计与仿真的情况下,揭示出导航精度与敏感器配置、噪声幅度、测量间隔和初始误差等因素之间的关系,为事先考察自主导航系统的潜在精度提供有效途径,为自主导航系统的方案设计提供理论依据。

参 考 文 献

[1] 秦永元,张洪钺,汪叔华. 卡尔曼滤波与组合导航原理[M]. 西安:西北工业大学出版社,1998.

[2] Anderson B D O,Moore J B. Optimal Filtering[M]. Englewood Cliffs,Prentice – Hall,1979.

[3] Reif K,Gunther S,Yaz E,et al. Stochastic stability of the discrete – time extended Kalman filter[J]. IEEE Transactions on Automatic Control,1999,44(4):714 – 728.

[4] Crassidis J L,Markley F L,Cheng Y. Survey of nonlinear attitude estimation methods[J]. Journal of Guidance,Control,and Dynamics,2007,30(1):12 – 28.

[5] Kulikov G Y,Kulikova M V. Accurate numerical implementation of the continuous – discrete extended Kalman filter[J]. IEEE Transactions on Automatic Control,2014,50(1):273 – 279.

[6] Garcia – Fernandez A F,Svensson L. Gaussian MAP filtering using Kalman optimization[J]. IEEE Transactions on Automatic Control,2015,60(5):1336 – 1349.

[7] Pham M D,Low K S,Goh S T,et al. Gain – scheduled extended Kalman filter for nanosatellite attitude determination system[J]. IEEE Transactions on Aerospace and Electronic Systems,2015,51(2):1017 – 1028.

[8] Julier S,Uhlmann J,Durrant – Whyte H F. A new method for the nonlinear transformation of means and covariances in filters and estimators[J]. IEEE Transactions on Automatic Control,2000,45(3):477 – 482.

[9] Norgaard M,Poulsen N K,Ravn O. New developments in state estimation for nonlinear systems[J]. automatica,2000,36:1627 – 1638.

[10] Xiong K,Zhang H Y,Chan C W. Performance evaluation of UKF – based nonlinear filtering [J]. Automatica,2006,42:261 – 270.

[11] Sarkka S. On unscented Kalman filtering for state estimation of continuous – time nonlinear systems[J]. IEEE Transactions on Automatic Control,2007,52(9):1631 – 1641.

[12] Sekhavat P,Gong Q,Ross I M. NPSAT1 parameter estimation using unscented Kalman filtering[J]. Proceeding of the 2007 American Control Conference,USA,New York City,2007.

[13] Bonnabel S,Slotine J J. A contraction theory – based analysis of the stability of the deterministic extended Kalman filter[J]. IEEE Transactions on Automatic Control,2015,60(2):565 – 569.

[14] Arulampalam M S,Maskell S,Gordon N,et al. A tutorial on particle filters for online nonlinear/non – gaussian bayesian tracking[J]. IEEE Transactions on Signal Processing,2002,50(2):174 – 188.

[15] Arasaratnam I,Haykin S. Cubature Kalman filters [J]. IEEE Transactions on Automatic Control,2009,54(6):1254 – 1269.

[16] Leong P H,Arulampalam S,Lamahewa T A,et al. A gaussian – sum based cubature Kalman filter for bearings – only tracking[J]. IEEE Transactions on Aerospace and Electronic Systems,2013,49(2):1161 – 1176.

[17] Sayed A H. A framework for state – Space estimation with uncertain models [J]. IEEE Transactions on Automatic Control,2001,46(7):998 – 1013.

[18] Souza C E,Barbosa K A,Neto A T. Robust H_∞ filtering for discrete – time linear systems with uncertain time – varying parameters [J]. IEEE Transactions on Signal Processing,2006,54(6):2110 – 2118.

[19] Lu X,Xie L,Zhang H,et al. Robust Kalman filtering for discrete – time systems with measurement delay[J]. IEEE Transactions on Circuits and Systems,2007,54(6):522 – 526.

[20] Anavatti S G,Petersen I R,Kallapur A G. A discrete – time robust extended Kalman filter for uncertain systems with sum quadratic constraints[J]. IEEE Transactions on Automatic Control,2009,54(4):845 – 849.

[21] Xiong K,Liu L D,Liu Y W. Regularized robust filter for spacecraft attitude determination [J]. Chinese Journal of Aeronautics,2011,24(4):467 – 476.

[22] Xiong K,Wei C K,Liu L D. Robust Kalman filtering for discrete – time nonlinear systems with parameter uncertainties[J]. Aerospace Science and Technology,2012,18:15 – 24.

[23] Hu J,Wang Z,Gao H,et al. Extended Kalman filtering with stochastic nonlinearities and multiple missing measurements[J]. Automatica,2012,48:2007 – 2015.

[24] George J. Robust Kalman – bucy filter[J]. IEEE Transactions on Automatic Control,2013,58(1):174 – 180.

[25] Shi D,Chen T,Shi L. On set – valued Kalman filtering and its application to event – based state estimation[J]. IEEE Transactions on Automatic Control,2015,60(5):1275 – 1290.

[26] Magill D T. Optimal adaptive estimation of sampled stochastic processes[J]. IEEE Transactions on Automatic Control,1965,10(4):434 – 439.

[27] Blom H A P, Bar – Shalom Y. The interacting multiple model algorithm for systems with markovian switching coefficients[J]. IEEE Transactions on Automatic Control,1988,3(8): 780 – 783.

[28] Li X R, Bar – Shalom Y. Multiple – model estimation with variable structure[J]. IEEE Transactions on Automatic Control,1996,41(1):478 – 493.

[29] Hanlon P D, Maybeck P S. Multiple – Model adaptive estimation using a residual correlation Kalman filter Bank[J]. IEEE Transactions on Aerospace and Electronic Systems,2000,36: 393 – 406.

[30] Zhai Y, Yeary M B, Cheng S, et al. An object – tracking algorithm based on multiple – model particle filtering with state partitioning[J]. IEEE Transactions on Instrumentation and Measurement,2009,58:1797 – 1809.

[31] Alsuwaidan B N, Crassidis J L, Cheng Y. Generalized multiple – model adaptive estimation using an autocorrelation approach[J]. IEEE Transactions on Aerospace and Electronic Systems,2011,47(3):2138 – 2152.

[32] Xiong K, Tang L, Lei Y. Multiple Model Kalman filter for attitude determination of precision pointing spacecraft[J]. Acta Astronautica,2011,68:843 – 852.

[33] Li W, Jia Y. Location of mobile station with maneuvers using an IMM – based cubature Kalman filter[J]. IEEE Transactions on Industrial Electronics,2012,59(11):4338 – 4348.

[34] Lan J, Li X R. Equivalent – model augmentation for variable – structure multiple – model estimation[J]. IEEE Transactions on Aerospace and Electronic System 2013; 49(4):2615 – 2630.

[35] Li W, Jia Y, Du J, et al. Distributed multiple – model estimation for simultaneous localization and tracking with NLOS mitigation[J]. IEEE Transactions on Vehicular Technology,2013, 62(6):2824 – 2830.

[36] Yun J, Ryoo C K. Missile guidance law estimation using modified interactive multiple model filter[J]. Journal of Guidance, Control, and Dynamics,2014,37(2):484 – 496.

[37] Xiong K, Wei C L. Multiple Model Adaptive Estimator for Nonlinear System with Unknown Disturbance[J]. Asian Journal of Control,2015,18(3):1 – 11.

[38] Simandl M, Kralovec J, Tichavsky P. Filtering, predictive, and smoothing cramer – rao bounds for discrete – time nonlinear dynamic systems[J]. Automatica,2001,37:1703 – 1716.

[39] Ristic B, Farina A, Benvenuti D, et al. Performance bounds and comparison of nonlinear filters for tracking a ballistic object on re – entry[J]. IEEE procproceedings on Radar, Sonar and Navigation,2003,150(2):65 – 70.

[40] Lei M, Wyk B J, Qi Y. Online estimation of the approximate posterior cramer – rao lower bound for discrete – time nonlinear filtering[J]. IEEE Transactions on Aerospace and Electronic Systems,2011,47(1):37 – 57.

第4章
基于红外地球敏感器和星敏感器的自主导航技术

导航信息对于航天器执行飞行任务具有重要意义,在航天器轨道控制过程中(如地球同步卫星的轨道保持、返回式卫星的再入变轨等),必须确定航天器所处的轨道信息,才能计算出实施变轨控制的最佳位置;在对地观测任务中,需要确定观测时刻航天器的位置,以便计算得到观测设备获得的地表图像所对应的具体区域。航天器自主导航是指不依赖地面支持,只利用星上测量设备实时地确定自己的位置和速度。在航天器自主导航范畴内,人们常提到全自主导航和半自主导航的这两个概念。完全不依赖地面站的导航方式称为全自主导航;间接依赖地面站支持的导航方式称为半自主导航。例如,基于导航卫星系统(如美国的全球定位系统 GPS 等)的导航系统就是典型的半自主导航系统,GPS 空间系统的运行需要地面测控站的支持。

天文导航是航天器自主导航的一类重要实现方式,它通过对若干近天体和远天体的方位测量来确定航天器的轨道。"红外地球敏感器 + 星敏感器"是一种比较容易实现的天文导航方法。红外地球敏感器和星敏感器都是地球轨道航天器常用的姿态测量敏感器,利用这两种设备进行自主导航时不需要增加额外的系统资源。

基于红外地球敏感器和星敏感器的自主导航是一种基于天文信标的全自主导航方法。红外地球敏感器通过测量红外地球辐射球的弦宽来确定地心方向和地球视半径;星敏感器通过拍摄恒星星图来确定星光方向,并由此确定敏感器在惯性空间中的指向。基于这两种敏感器的测量,可以计算出恒星方向与地心方向之间的夹角以及地心距离,进一步使用状态估计方法就可以确定航天器的轨道。本章将从原理、方案、算法和仿真几个层面对基于红外地球敏感器和星敏感器的自主导航技术进行详细论述。

4.1　导航基本原理

基于红外地球敏感器和星敏感器的自主导航是一种基于恒星和地球观测的天文导航方法。如图 4-1 所示,通过敏感器获得恒星方向与地心方向观测量,可以得到以地心为顶点,以恒星方向与地心方向夹角的补角为半锥角,以恒星与地心连线为对称轴的圆锥面;通过测量地球的视半径,可以得到以地球为中心,视半径对应轨道高度为半径的球面;航天器就位于该圆锥面和球面的交线上。通过一个时间序列内的观测值,结合航天器的轨道动力学方程,就可以得到航天器的位置估计值。这种导航方式的基本观测量是地心方向、地心距和恒星方向。前两个可以合起来用地心矢量表示,由红外地球敏感器测量得到,恒星方向由星敏感器测量得到。

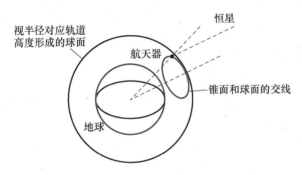

图 4-1　基于恒星和地球观测的自主导航原理

4.1.1　红外地球敏感器与地心矢量的测量

1. 红外地球敏感器的测量原理

圆锥扫描式红外地球敏感器是地球轨道三轴稳定卫星常用的一种姿态敏感器。在敏感器上安装有扫描装置,敏感器视线与扫描轴有一夹角,敏感器视线在电机驱动下绕扫描轴旋转,形成一个圆锥面。在对地平圈的扫描中,每一次扫描会有两次扫过地平圈,从而可以确定地平圈上的两个点,如图 4 - 2 所示。

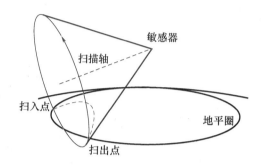

图 4 - 2　圆锥扫描式红外地球敏感器的工作原理示意图

　　当敏感器视线扫入和扫出地球时,敏感器上的检测器可以记录下地平圈上这两个点的脉冲时刻;另外,敏感器内在某一固定方位还安装有基准信号装置,当视线通过该装置时就可以获得一个基准脉冲时刻。根据扫入地球脉冲时刻、扫出地球脉冲时刻和基准脉冲时刻,可以解算出地球的弦宽。进一步,用两个不同扫描轴的敏感器可以确定地心方向,以及航天器相对地球的俯仰角和偏航角。

　　对于地球轨道航天器自主导航来说,只有地心方向测量时,导航滤波的收敛速度会很慢,而增加地球视半径信息可以加快导航滤波收敛速度。本章所描述的基于红外地球敏感器和星敏感器的自主导航方法采用的是一种双圆锥扫描式红外地球敏感器。相比单圆锥扫描式红外地球敏感器,双圆锥扫描式红外地球敏感器的优势是可以同时给出地心方向(对地的俯仰角和偏航角)和地心距。

　　双圆锥扫描式红外地球敏感器具有单一的光学扫描头部,利用反射镜可以获得两个不同的视线方向。当这两个视线方向绕扫描轴旋转时,红外视场的轨迹就形成两个同轴的圆锥。当敏感器在轨工作时,光学头部每扫描一圈,检测器最多可以检测到四个地平穿越信号,如图 4 - 3 所示。由信号出现的时刻就可以确定地心方向矢量在敏感器测量坐标系中的坐标,并可以求得航天器到地心的距离。

　　一种典型的双圆锥扫描式红外地球敏感器的安装方式如图 4 - 4 所示,图

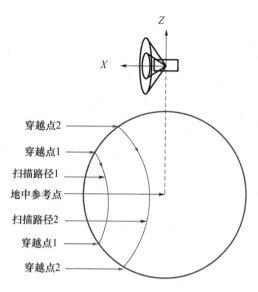

图4-3 双圆锥红外地球敏感器扫描轨迹示意图

中航天器前后各安装有一个双圆锥扫描式红外地球敏感器。前后两个双圆锥扫描式红外地球敏感器的结构是一样的,都具有单一的光学扫描头部,扫描转速为240r/min。利用反射镜结构得到两个直径为2.5°的红外视场,扫描后红外视场的轨迹是两个共轴的圆锥,半锥角分别为38°和73°。

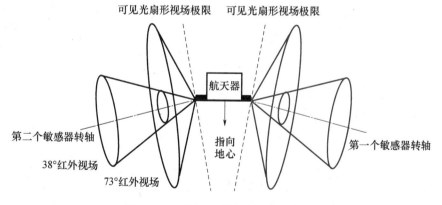

图4-4 双圆锥红外敏感器安装方式

采用这种安装方式的双圆锥扫描式红外地球敏感器相对单圆锥扫描式红外地球敏感器的主要优点是:用前后安装的两个双圆锥红外扫描视场分

别对地球的两个半球进行扫描测量,利用对红外检测信号的数字处理技术,消除由红外脉冲触发高度的不确定性导致的地心矢量方向测量误差,这种误差是与敏感器特性及地球红外辐射的季节性变化相关的。利用两个圆锥得到的地球弦宽可以推算出航天器至地心的距离,提高导航滤波器的收敛速度。

2. 地心矢量的获得

不失一般性,设双圆锥扫描式红外地球敏感器的扫描轴沿航天器本体坐标系 X_B 轴安装,两个圆锥形红外扫描视场分别记为红外扫描锥 1、2,相应的半锥角分别记为 γ_1、γ_2。导航敏感器的扫描角速率记为 ω_{ROT}。敏感器得到的脉冲时刻如表 4 − 1 所列,其中,地中基准位于航天器本体 $X_B O_B Y_B$ 平面内 $+Z_B$ 一侧,$t_{1\bar{Z}_B}$ 就是扫描锥 1 穿过 $X_B O_B Y_B$ 平面内 $+Z_B$ 一侧的时刻。

表 4 − 1 地球敏感器得到的脉冲时刻的测量值

t_{i1}	红外扫描锥 1 扫入地球的脉冲时刻
t_{o1}	红外扫描锥 1 扫出地球的脉冲时刻
$t_{1\bar{Z}_B}$	红外扫描锥 1 扫过地中基准的时刻
t_{i2}	红外扫描锥 2 扫入地球的脉冲时刻
t_{o2}	红外扫描锥 2 扫出地球的脉冲时刻
$t_{2\bar{Z}_B}$	红外扫描锥 2 扫过地中基准的时刻

如图 4 − 5 所示,设红外扫描锥 1 扫入、扫出地球的位置分别为 E_{i1}、E_{o1},它们相对于航天器本体坐标系的方位角(以航天器本体坐标系 Z_B 轴为基准)分别为

$$\alpha_{i1} = \omega_{ROT}(t_{i1} - t_{1Z_B}) \quad (4-1)$$

$$\alpha_{o1} = \omega_{ROT}(t_{o1} - t_{1Z_B}) \quad (4-2)$$

红外扫描锥 2 扫入、扫出地球的位置相对于航天器本体坐标系的方位角分别为

$$\alpha_{i2} = \omega_{ROT}(t_{i2} - t_{2Z_B}) \quad (4-3)$$

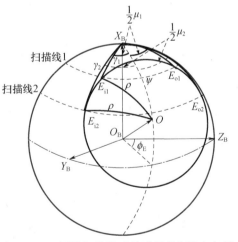

图 4 − 5 双圆锥红外地球敏感器确定地心矢量

$$\alpha_{o2} = \omega_{\text{ROT}}(t_{o2} - t_{2Z_B}) \tag{4-4}$$

由两个扫描锥分别得到的地心方向矢量相对于航天器本体坐标系的方位角为

$$\phi_{E1} = \frac{1}{2}(\alpha_{i1} + \alpha_{o1}) \tag{4-5}$$

$$\phi_{E2} = \frac{1}{2}(\alpha_{i2} + \alpha_{o2}) \tag{4-6}$$

当两个扫描锥数据均有效时,可以将它们取平均,得到

$$\phi_E = \frac{1}{2}(\phi_{E1} + \phi_{E2}) \tag{4-7}$$

红外扫描锥 1、2 扫描地球的弦宽分别为

$$\mu_1 = \alpha_{i1} - \alpha_{o1} \tag{4-8}$$

$$\mu_2 = \alpha_{i2} - \alpha_{o2} \tag{4-9}$$

如图 4 - 5 所示,O 为地心在以航天器为中心的天球上的投影,ρ 为地球视半径,那么在球面三角形 $X_B E_{i1} O$ 中,有

$$\cos\rho = \cos\gamma_1\cos\psi + \sin\gamma_1\sin\psi\cos\left(\frac{\mu_1}{2}\right) \tag{4-10}$$

在球面三角形 $X_B E_{i2} O$ 中,有

$$\cos\rho = \cos\gamma_2\cos\psi + \sin\gamma_2\sin\psi\cos\left(\frac{\mu_2}{2}\right) \tag{4-11}$$

由以式(4 - 10)和式(4 - 11)可以解得天顶距角(红外扫描轴与地心方向的夹角):

$$\psi = \arctan\left[\frac{\sin\gamma_2\cos\left(\frac{\mu_2}{2}\right) - \sin\gamma_1\cos\left(\frac{\mu_1}{2}\right)}{\cos\gamma_1 - \cos\gamma_2}\right] \tag{4-12}$$

根据式(4 - 12)计算出 ψ 后,代入式(4 - 10),可以求出地球的视半径为

$$\rho = \arccos\left[\cos\gamma_1\cos\psi + \sin\gamma_1\sin\psi\cos\left(\frac{\mu_1}{2}\right)\right] \tag{4-13}$$

由航天器质心指向地心的单位方向矢量 $\bar{r}_s$ 在航天器本体坐标系中的坐标为

$$\boldsymbol{r}_s = \begin{bmatrix} \cos\psi \\ \sin\psi\sin\phi_E \\ \sin\psi\cos\phi_E \end{bmatrix} \tag{4-14}$$

设航天器到地心的距离为 r,地心距和地球视半径的关系为

$$\sin\rho = \frac{R_e + H_{CO_2}}{r} \qquad (4-15)$$

式中:R_e 为地球参考半径;H_{CO_2} 为红外辐射层高度,约为 40km。由于 $R_e + H_{CO_2}$ 已知,可以通过地球视半径 ρ 可以解算出地心距离 r:

$$r = \frac{R_e + H_{CO_2}}{\sin\rho} \qquad (4-16)$$

4.1.2 星敏感器与恒星方向测量

星敏感器是一种光学成像敏感器,通过观测天球中的背景恒星来确定自身的指向。由于恒星相对于惯性空间的方位是已知的并且保持不变,因此,通过建立导航星表,并将星敏感器获得的星图与之匹配,就可以从中识别出导航星,并确定导航星相对敏感器测量坐标系的方位。如果能够在一幅星图上获得两颗以上导航星,就可以通过双矢量定姿等姿态确定方法解算出星敏感器的惯性姿态。

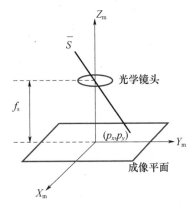

图 4-6 星敏感器的测量原理

星敏感器成像原理如图 4-6 所示,由恒星在星敏感器成像平面的像点坐标,可以计算出恒星方向矢量在测量坐标系的投影。

设恒星方向单位矢量为 $\overline{S}$,星敏感器的焦距为 f_s,恒星的像点坐标为 (p_x, p_y),那么恒星方向矢量在星敏感器测量坐标系下为

$$S_m = \frac{1}{\sqrt{p_x^2 + p_y^2 + f_s^2}} \begin{bmatrix} -p_x \\ -p_y \\ f_s \end{bmatrix} \qquad (4-17)$$

由于星敏感器在航天器本体系的安装已知,用矩阵 C_{ms} 表示,因此,可以计算出恒星单位矢量 $\overline{S}$ 在航天器本体系下为

$$S_s = C_{ms}^T \cdot S_m \qquad (4-18)$$

4.1.3　观测量的选取

在导航解算过程中,有时不是直接用地心矢量和星光方向作为观测量,而是将它们转换为星光角距和视半径。星光角距和地球视半径的定义如图4-7所示,其中,星光角距的定义为航天器指向地心的单位方向矢量 $\bar{r}_s$ 与指向恒星的单位方向矢量 $\bar{S}$ 的夹角 ζ ,地球视半径的定义为航天器指向地心的单位矢量 $\bar{r}_s$ 和地平切线的夹角 ρ 。由红外地球敏感器和星敏感器的测量值计算出星光角距和地球视半径并作为观测量,结合轨道动力学模型,通过一个时间序列内的观测值,可以得到航天器的位置估计值。

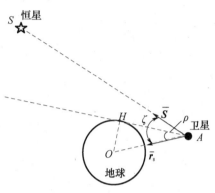

图4-7　星光角距和地球视半径示意图

1.星光角距

如图4-7所示,由地心指向航天器的位置矢量 $\bar{r}$ 满足

$$\bar{r} = -r \cdot \bar{r}_s \tag{4-19}$$

$$\cos\zeta = \langle \bar{S} \cdot \bar{r}_s \rangle \tag{4-20}$$

$\bar{r}_s$ 在航天器本体坐标系的表示通过式(4-14)红外地球敏感器测量计算得到, $\bar{S}$ 在航天器本体坐标系的表示通过式(4-18)星敏感器测量计算得到。这样星光角距就可以根据式(4-20)求解出来,即

$$\zeta = \arccos(\langle S_s \cdot r_s \rangle) \tag{4-21}$$

如图4-8所示,将恒星矢量(用天球上的 S 表示)在航天器本体坐标系中的指向用方位角 ϕ_s 和天顶距 ψ_s 表示为

$$S_s = \begin{bmatrix} x \\ y \\ z \end{bmatrix} = \begin{bmatrix} \cos\psi_s \\ \sin\psi_s\sin\phi_s \\ \sin\psi_s\cos\phi_s \end{bmatrix} \tag{4-22}$$

由式(4-22)可得

$$\psi_s = \arccos(x) \tag{4-23}$$

$$\phi_s = \begin{cases} \arctan(y/z), & z>0, y>0 \\ \arctan(y/z) + \pi, & z<0 \\ \arctan(y/z) + 2\pi, & y<0, z>0 \end{cases}$$

$$(4-24)$$

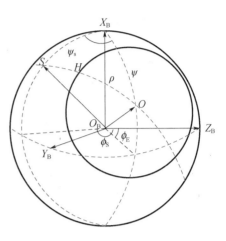

图 4 - 8　星光角距的计算

同理,可根据 4.1.1 节地心矢量获得方法计算出地心矢量在航天器本体坐标系中的方位角 ϕ_E 和天顶距角 ψ。

如图 4 - 8 所示,在球面三角形 SX_BO 中,有

$$\zeta = \angle SO_BO = \arccos(\cos\psi_s\cos\psi + \sin\psi_s\sin\psi\cos\angle SX_BO) \qquad (4-25)$$

又因为

$$\angle SX_BO = \phi_E - \phi_s \qquad (4-26)$$

所以,由敏感器测量可计算得到星光角距为

$$\zeta = \angle SO_BO = \arccos\left[\cos\psi_s\cos\psi + \sin\psi_s\sin\psi\cos(\phi_E - \phi_s)\right] \qquad (4-27)$$

2.地球视半径

地球视半径可以根据式(4 - 13)由红外地球敏感器测量计算出来。由式(4 - 16)可见,地球视半径 ρ 与地心距 r 存在一一对应的关系。

4.2　地球扁率补偿方法

双圆锥扫描式红外地球敏感器利用红外视场扫入和扫出地球边缘时敏感到的红外地球圆盘来确定航天器姿态或地心方向矢量,其假想测量模型是标准球形。但实际地球的形状不是标准球形,而是近似为一个旋转椭球。地球扁率是双圆锥扫描式红外地球敏感器测量误差的主要来源之一。

4.2.1　基于椭球模型的扁率修正算法

现有的几种红外地球敏感器的扁率修正方法都是利用航天器的位置、扫描视场以及扫入扫出点之间的空间几何关系来推导扁率误差,具体方法有以

下两类:①直接建立椭球条件下的红外地球敏感器测量模型;②通过测量模型之间的差异修正红外地球敏感器的测量误差。

第一类算法的思路:建立基于地球扁率特性的红外地球敏感器测量模型,推导考虑地球扁率的扫描角与姿态角的关系式。在给定的红外地球敏感器安装条件下,根据椭球测量模型,导出滚动角和俯仰角的表达式。若要使用椭圆测量方程计算姿态角,需要知道穿越点视半径的值,因此要先求解穿越点方位角,计算比较复杂。

第二类算法仍以标准球体为姿态角解算模型,然后考虑与椭球的差异,对姿态角或红外扫入/扫出角进行修正,计算过程如下:首先计算椭球体和标准球体两种模型下红外地球敏感器扫描角的差值;再以该差值作为补偿量对实际扫描角进行修正,从而得到假想球体模型下的扫描角;最后按照标准球体模型计算航天器的对地姿态(或地心矢量)。

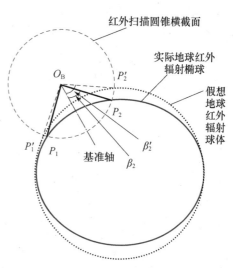

图4-9　扫描角的扁率误差

扫描角的扁率误差如图4-9所示,β_2 和 β'_2 分别是扫描角的实际值和假想值。

扫描角补偿量的计算方法如下。

(1)求解椭球条件下的扫描角。红外视场方向以单位矢量 $\overline{\boldsymbol{V}}^0$ 表示,地心方向单位矢量以 $\overline{\boldsymbol{r}}^0$ 表示,则在地心赤道惯性坐标系下,两者的坐标分别为 $\overline{\boldsymbol{V}}^0_I = [\,V^0_{IX}\quad V^0_{IY}\quad V^0_{IZ}\,]^T$ 和 $\overline{\boldsymbol{r}}^0_I = [\,r^0_{IX}\quad r^0_{IY}\quad r^0_{IZ}\,]^T$,那么,在地心赤道惯性坐标系中,描述红外视场的射线可由以下参数方程给出

$$\begin{cases} x = p \cdot V^0_{IX} + r \cdot r^0_{IX} \\ y = p \cdot V^0_{IY} + r \cdot r^0_{IY} \\ z = p \cdot V^0_{IZ} + r \cdot r^0_{IZ} \end{cases} \tag{4-28}$$

式中:r 为地心至航天器的距离;p 为参变量。

描述地球椭球表面的方程为

$$x^2 + y^2 + \frac{z^2}{(1-f)^2} = R_{\text{co}_2}^2 \qquad (4-29)$$

式中:$R_{\text{CO}_2} = R_e + H_{\text{CO}_2}$为地球红外辐射椭球的半长轴;$f$为地球红外辐射椭球的扁率。

联立式(4-28)和式(4-29),可以得到关于p/r的二次方程:

$$A(p/r)^2 + 2B(p/r) + C = 0 \qquad (4-30)$$

式(4-30)中各系数的取值为

$$A = 1 + g \cdot (V_{\text{IZ}}^0)^2 \qquad (4-31)$$

$$B = -\cos\gamma\cos\psi - \sin\gamma\sin\psi\cos\beta + g \cdot (r_{\text{IZ}}^0 \cdot V_{\text{IZ}}^0) \qquad (4-32)$$

$$C = \cos^2\rho + g \cdot (r_{\text{IZ}}^0)^2 \qquad (4-33)$$

$$g = \frac{1}{(1-f)^2} - 1 \qquad (4-34)$$

式中:ψ为红外地球敏感器的扫描转轴与地心矢量的夹角;γ为扫描锥的半锥角;V_{IZ}^0为扫描角β的函数,其表达式为

$$V_{\text{IZ}}^0(\beta) = [0 \quad 0 \quad 1] \cdot C_{\text{AI}}^{\text{T}} \cdot \begin{bmatrix} \cos\gamma \\ \sin\gamma\sin\beta \\ \sin\gamma\cos\beta \end{bmatrix} \qquad (4-35)$$

式中:C_{AI}为地心赤道惯性系到辅助坐标系的转换矩阵,辅助坐标系由红外扫描轴和由航天器指向地心的方向矢量决定。

红外扫描视场与地球相切于两点(扫入点和扫出点),对应于二次方程有重根的情况。基于二次方程的根理论有如下方程:

$$\Delta(\beta) = B^2 - C \cdot A = 0 \qquad (4-36)$$

可采用 Newton-Raphson 法求解上述方程,迭代的初始值可以选取为假想球体模型的扫入、扫出角

$$\beta_{\text{sphere-in}} = -\arccos\left(\frac{\cos\rho - \cos\gamma\cos\psi}{\sin\gamma\sin\psi}\right) \qquad (4-37)$$

$$\beta_{\text{sphere-out}} = \arccos\left(\frac{\cos\rho - \cos\gamma\cos\psi}{\sin\gamma\sin\psi}\right) \qquad (4-38)$$

通过迭代计算,可以求出任意精度的椭球模型下的扫入角和扫出角,即$\beta_{\text{obla-in}}$和$\beta_{\text{obla-out}}$与假想球体之间的误差为

$$\text{d}\beta_{\text{in}} = \beta_{\text{obla-in}} - \beta_{\text{sphere-in}} \qquad (4-39)$$

$$\text{d}\beta_{\text{out}} = \beta_{\text{obla-out}} - \beta_{\text{sphere-out}} \qquad (4-40)$$

（2）在红外地球敏感器的实际测量数据中，对扫描角做如下修正：

$$\beta_{\text{sphere}-\text{in}} = \beta_{\text{obla}-\text{in}} - \text{d}\beta_{\text{in}} \tag{4-41}$$

$$\beta_{\text{sphere}-\text{out}} = \beta_{\text{obla}-\text{out}} - \text{d}\beta_{\text{out}} \tag{4-42}$$

由于地球扁率很小，因此，扫描角误差的一阶分量就能满足精度要求。修正值的计算公式为

$$(\text{d}\beta_{\text{in}})_{1\text{st}} = -\frac{g\left[\cos\rho \cdot V_{\text{IZ}}^{0} \cdot (\beta_{\text{sphere}-\text{in}}) + r_{\text{IZ}}^{0}\right]^{2}}{2\cos\rho \cdot \sin\lambda \cdot \sin\psi \cdot \sin\beta_{\text{sphere}-\text{in}}} \tag{4-43}$$

$$(\text{d}\beta_{\text{out}})_{1\text{st}} = -\frac{g\left[\cos\rho \cdot V_{\text{IZ}}^{0} \cdot (\beta_{\text{sphere}-\text{out}}) + r_{\text{IZ}}^{0}\right]^{2}}{2\cos\rho \cdot \sin\lambda \cdot \sin\psi \cdot \sin\beta_{\text{sphere}-\text{out}}} \tag{4-44}$$

4.2.2　基于函数拟合的修正算法

对于运行轨道固定的航天器，也可以采用多项式拟合方法对红外地球敏感器的测量误差进行修正，模型如下：

$$\hat{\phi} = \phi_{\text{roll}} - \left[A_{R0} + A_{R1}\cos(u) + A_{R2}\cos(2u) + A_{R3}\cos(3u)\right. \tag{4-45}$$
$$\left. + B_{R1}\sin(u) + B_{R2}\sin(2u) + C_{R1}\sin(u)\right]$$

$$\hat{\theta} = \theta_{\text{pitch}} - \left[A_{P0} + A_{P1}\cos(u) + A_{P2}\cos(2u) + A_{P3}\cos(3u)\right. \tag{4-46}$$
$$\left. + B_{P1}\sin(u) + B_{P2}\sin(2u) + C_{P1}\sin(u)\right]$$

式中：u 为升交点幅角；A_{Ri}，B_{Ri}，A_{Pi}，B_{Pi} 为季节修正系数；C_{R1}，C_{P1} 为地球扁率修正系数，每隔一定时间修正一次。

4.2.3　地球扁率补偿的效果

假设某航天器运行在高度 892km、倾角 98.7° 的圆轨道。红外地球敏感器的扫描轴沿星体 X_{B} 轴安装，航天器对地三轴稳定，地球扁率为 0.00392。图 4-10、图 4-11 和图 4-12 分别给出了未对地球扁率进行补偿、用椭球模型进行扁率补偿和用函数拟合进行扁率补偿时红外地球敏感器获得的地心矢量测量误差。可以看出，未修正扁率时，地心矢量方向存在约 0.2° 的误差；而采用扁率修正之后，无论是哪种方法，地心方向误差都减小了 2～3 个数量级。可以看出，通过椭球模型和多项式拟合方法可以有效地对地球扁率的影响进行修正。对基于红外地球敏感器和星敏感器的自主导航系统来讲，通过地球扁率修正可以提高自主导航精度。

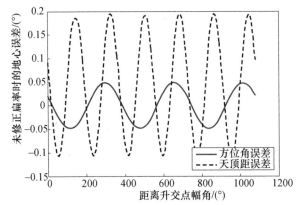

图 4 - 10　未修正扁率时的地心误差

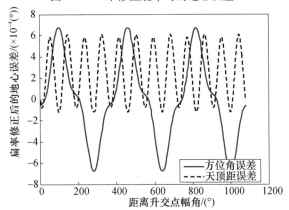

图 4 - 11　基于椭球模型的扁率修正后的地心误差

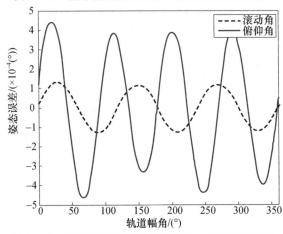

图 4 - 12　函数拟合扁率修正后的地心方向测量误差

▶ **4.3　自主导航系统方案**

✍ **4.3.1　自主导航系统结构**

　　基于红外地球敏感器和星敏感器的自主导航系统结构如图 4 − 13 所示。通过红外地球敏感器和星敏感器分别获得地心矢量和恒星方向的观测量。当自主导航开始时,首先根据 2.7 节所述方法,利用星敏感器和红外地球敏感器的测量完成航天器位置的初始捕获;然后利用简化的轨道动力学模型对航天器轨道进行预报,即位置、速度的外推;然后,根据星敏感器和红外地球敏感器测量,使用导航滤波技术完成状态更新,给出轨道的修正量,即位置、速度误差;接下来,用修正量校正轨道预报数据,得到轨道的实时估计结果,用于下一步的轨道外推和预报。

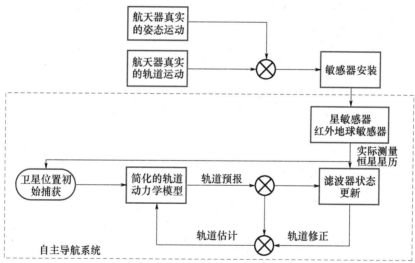

图 4 − 13　"红外地球敏感器 + 星敏感器"自主导航系统结构图

✍ **4.3.2　自主导航滤波器设计**

1. 滤波模型的建立

　　选取航天器在地心赤道惯性坐标系 $O_1 - X_1Y_1Z_1$ 下的位置和速度矢量 $(x,y,z,v_x,v_y,v_z)^T$ 作为状态变量。基于航天器轨道动力学方程建立滤波器的状态方程。由于星载计算机的计算能力有限,星上算法采用的轨道动力学方程一般都需要进行简化。下面列出了只考虑轨道摄动 J_2 项影响时的航天器轨道动力学方程,它具有 $\dot{X}(t) = f[X(t)] + W(t)$ 的形式,即:

$$\begin{cases} \dfrac{dx}{dt} = v_x \\[2mm] \dfrac{dy}{dt} = v_y \\[2mm] \dfrac{dz}{dt} = v_z \\[2mm] \dfrac{dv_x}{dt} = -\mu \dfrac{x}{r^3}\left\{1 + \dfrac{3J_2}{2}\left(\dfrac{R_e}{r}\right)^2\left[1 - 5\left(\dfrac{z}{r}\right)^2\right]\right\} + w_{v_x} \\[3mm] \dfrac{dv_y}{dt} = -\mu \dfrac{y}{r^3}\left\{1 + \dfrac{3J_2}{2}\left(\dfrac{R_e}{r}\right)^2\left[1 - 5\left(\dfrac{z}{r}\right)^2\right]\right\} + w_{v_y} \\[3mm] \dfrac{dv_z}{dt} = -\mu \dfrac{z}{r^3}\left\{1 + \dfrac{3J_2}{2}\left(\dfrac{R_e}{r}\right)^2\left[3 - 5\left(\dfrac{z}{r}\right)^2\right]\right\} + w_{v_z} \end{cases} \tag{4-47}$$

式中:μ 为地球引力常数;r 为航天器到地心的距离;J_2 为地球非球形摄动二阶带谐项系数;$w_{v_x}, w_{v_y}, w_{v_z}$ 为随机扰动。

取观测量为星光角距和视半径,根据式(4-15)和式(4-20)可以得到星光角距 ζ 和地球视半径 ρ 与航天器位置矢量 r_I 的关系为

$$\zeta = \arccos\left(\frac{-S_I \cdot r_I}{r}\right) \tag{4-48}$$

$$\rho = \arcsin\left(\frac{R_e + H_{CO_2}}{r}\right) \tag{4-49}$$

根据图 4-1 的导航原理可知,只有一个星光角距和一个视半径信息时,只能确定航天器的位置在一个圆上。如果再增加一个星光角距信息,那么就又可以在轨道球面上画出另一个圆。这个圆与之前的圆存在两个交点,于是航天器位置的不确定性就大大降低了。对于导航系统来说,这意味着可观度的提高。基于上述分析,导航滤波算法中选取两个星光角距 ζ_1、ζ_2 和地球视半径 ρ 作为观测量。这样就可以建立形如 $Z(t) = h(X(t)) + V(t)$ 的测量方程,即

$$\begin{cases} \rho = \arcsin\left(\dfrac{R_e + H_{CO_2}}{\sqrt{x^2 + y^2 + z^2}}\right) + v_\rho \\[3mm] \zeta_1 = \arccos\left(\dfrac{-x_{s_1}x - y_{s_1}y - z_{s_1}z}{\sqrt{x^2 + y^2 + z^2}}\right) + v_{\zeta_1} \\[3mm] \zeta_2 = \arccos\left(\dfrac{-x_{s_2}x - y_{s_2}y - z_{s_2}z}{\sqrt{x^2 + y^2 + z^2}}\right) + v_{\zeta_2} \end{cases} \qquad (4-50)$$

式中：$(x_{s_1}, y_{s_1}, z_{s_1})$、$(x_{s_2}, y_{s_2}, z_{s_2})$ 分别为两颗恒星在地心赤道惯性坐标系下坐标；$v_\rho, v_{\zeta_1}, v_{\zeta_2}$ 分别为视半径和两个星光角距的测量噪声。

2. 滤波算法的编排

式(4-50)和式(4-47)构成的滤波模型是一个典型的非线性系统，需要设计合适的非线性滤波算法。下面以最为常用的扩展卡尔曼滤波(EKF)算法为基础，给出自主导航滤波算法。将轨道动力学方程在状态变量最优估计值 $\hat{X}(t)$ 附近线性化，可得

$$\delta \dot{\hat{X}}(t) = F(t)\delta\hat{X}(t) + W(t) \qquad (4-51)$$

其中

$$W = (w_x, w_y, w_z, w_{v_x}, w_{v_y}, w_{v_z})^{\mathrm{T}} \qquad (4-52)$$

$$F(t) = \begin{bmatrix} 0 & 0 & 0 & 1 & 0 & 0 \\ 0 & 0 & 0 & 0 & 1 & 0 \\ 0 & 0 & 0 & 0 & 0 & 1 \\ F(4,1) & F(4,2) & F(4,3) & 0 & 0 & 0 \\ F(5,1) & F(5,2) & F(5,3) & 0 & 0 & 0 \\ F(6,1) & F(6,2) & F(6,3) & 0 & 0 & 0 \end{bmatrix}_{X(t)=\hat{X}(t)} \qquad (4-53)$$

$$F(4,1) = \frac{\mu(3x^2 - r^2)}{r^5} - \frac{3\mu J_2 R_e^2}{2}\left[\frac{r^2 - 5x^2}{r^7} - 5\frac{z^2(r^2 - 7x^2)}{r^9}\right] \qquad (4-54)$$

$$F(4,2) = \frac{3\mu xy}{r^5} - \frac{3\mu J_2 R_e^2}{2}\left(-5\frac{xy}{r^7} + 35\frac{xyz^2}{r^9}\right) \qquad (4-55)$$

$$F(4,3) = \frac{3\mu xz}{r^5} - \frac{3\mu J_2 R_e^2}{2}\left[-5\frac{xz}{r^7} - 5\frac{xz(2r^2 - 7z^2)}{r^9}\right] \qquad (4-56)$$

$$F(5,1) = \frac{3\mu xy}{r^5} - \frac{3\mu J_2 R_e^2}{2}\left(-5\frac{xy}{r^7} + 35\frac{xyz^2}{r^9}\right) \qquad (4-57)$$

$$F(5,2) = \frac{\mu(3y^2 - r^2)}{r^5} - \frac{3\mu J_2 R_e^2}{2}\left[\frac{r^2 - 5y^2}{r^7} - 5\frac{z^2(r^2 - 7y^2)}{r^9}\right] \qquad (4-58)$$

$$F(5,3) = \frac{3\mu yz}{r^5} - \frac{3\mu J_2 R_e^2}{2}\left[-5\frac{yz}{r^7} - 5\frac{yz(2r^2 - 7z^2)}{r^9}\right] \qquad (4-59)$$

$$F(6,1) = \frac{3\mu xz}{r^5} - \frac{3\mu J_2 R_e^2}{2}\left(-15\frac{xz}{r^7} + 35\frac{xz^3}{r^9}\right) \qquad (4-60)$$

$$F(6,2) = \frac{3\mu yz}{r^5} - \frac{3\mu J_2 R_e^2}{2}\left(-15\frac{yz}{r^7} + 35\frac{yz^3}{r^9}\right) \qquad (4-61)$$

$$F(6,3) = \frac{\mu(3z^2 - r^2)}{r^5} - \frac{3\mu J_2 R_e^2}{2}\left[3\frac{r^2 - 5z^2}{r^7} - 5\frac{z^2(3r^2 - 7z^2)}{r^9}\right] \quad (4-62)$$

再以 T 为采样周期进行离散化,得到线性离散干扰方程:

$$\delta \hat{X}_k = \Phi_{k/k-1}\delta \hat{X}_{k-1} + W_{k-1} \qquad (4-63)$$

其中,

$$\Phi_{k/k-1} = \begin{bmatrix} 1 & 0 & 0 & T & 0 & 0 \\ 0 & 1 & 0 & 0 & T & 0 \\ 0 & 0 & 1 & 0 & 0 & T \\ F(4,1)\cdot T & F(4,2)\cdot T & F(4,3)\cdot T & 1 & 0 & 0 \\ F(5,1)\cdot T & F(5,2)\cdot T & F(5,3)\cdot T & 0 & 1 & 0 \\ F(6,1)\cdot T & F(6,2)\cdot T & F(6,3)\cdot T & 0 & 0 & 1 \end{bmatrix}_{X=\hat{X}_{k-1}}$$

$$(4-64)$$

式中: W_k 为随机白噪声序列。

EKF 的状态预测方程为

$$\hat{X}_{k/k-1} = \hat{X}_{k-1} + f[\hat{X}_{k-1}]T \qquad (4-65)$$

由观测方程围绕状态预测值 $\hat{X}_{k/k-1}$ 进行线性化和离散化可得

$$H_k = \begin{bmatrix} \dfrac{\partial \rho}{\partial X} \\[2mm] \dfrac{\partial \zeta_1}{\partial X} \\[2mm] \dfrac{\partial \zeta_2}{\partial X} \end{bmatrix}_{X=\hat{X}_k} = \begin{bmatrix} \dfrac{-xR_{co_2}}{r^2\sqrt{r^2 - R_{co_2}^2}} & \dfrac{-yR_{co_2}}{r^2\sqrt{r^2 - R_{co_2}^2}} & \dfrac{-zR_{co_2}}{r^2\sqrt{r^2 - R_{co_2}^2}} & 0 & 0 & 0 \\[4mm] \dfrac{x_{s_1}r^2 - u_1 x}{r^2\sqrt{r^2 - u_1^2}} & \dfrac{y_{s_1}r^2 - u_1 y}{r^2\sqrt{r^2 - u_1^2}} & \dfrac{z_{s_1}r^2 - u_1 z}{r^2\sqrt{r^2 - u_1^2}} & 0 & 0 & 0 \\[4mm] \dfrac{x_{s_2}r^2 - u_2 x}{r^2\sqrt{r^2 - u_2^2}} & \dfrac{y_{s_2}r^2 - u_2 y}{r^2\sqrt{r^2 - u_2^2}} & \dfrac{z_{s_2}r^2 - u_2 z}{r^2\sqrt{r^2 - u_2^2}} & 0 & 0 & 0 \end{bmatrix}_{X=\hat{X}_k}$$

$$(4-66)$$

式中：$R_{co_2} = R_e + h_{co_2}$，$u_1 = x_{s_1} \cdot x + y_{s_1} \cdot y + z_{s_1} \cdot z$，$u_2 = x_{s_2} \cdot x + y_{s_2} \cdot y + z_{s_2} \cdot z$，$r = \sqrt{x^2 + y^2 + z^2}$。

由以上得到的状态方程和观测方程，将离散的 EKF 递推方程归纳如下：

一步预报：$\hat{X}_{k/k-1} = \hat{X}_{k-1} + f[\hat{X}_{k-1}]T$

误差方差阵预报：$P_{k/k-1} = \Phi_{k/k-1} P_{k-1} \Phi_{k/k-1}^T + Q_k$

增益矩阵：$K_k = P_{k/k-1} H_k^T (H_k P_{k/k-1} H_k^T + R_k)^{-1}$

预报误差估计：$\delta\hat{X}_k = K_k(Z_k - h[\hat{X}_{k/k-1}, k])$

状态估计：$\hat{X}_k = \hat{X}_{k/k-1} + \delta\hat{X}_k$

误差方差阵估计：$P_k = (I - K_k H_k) P_{k/k-1} (I - K_k H_k)^T + K_k R_k K_k^T$

其中，Z_k 为 k 时刻的观测量；$h[\hat{X}_{k/k-1}, k]$ 为根据状态的一步预报值 $\hat{X}_{k/k-1}$ 估计的 k 时刻观测量；Q_k 为系统噪声方差阵；R_k 为测量噪声方差阵。

非线性滤波方法很多，除 EKF 算法外，设计人员还可以使用精度、鲁棒性更好的算法，例如，3.2 节介绍的 UKF、AUKF 等，有兴趣的读者可以自行推导尝试。

⊿ 4.3.3　导航系统可观性分析

本节从理论上对基于红外地球敏感器和星敏感器的航天器自主导航系统的可观性进行分析。所谓系统可观是指系统的状态能够被观测唯一确定。式(4-47)和式(4-50)构成的自主导航系统的状态方程和观测方程均是非线性的，本节采用非线性系统线性化，并将时变系统看作分段线性定常系统的做法，对导航系统的可观性进行分析。

对于离散非线性时变系统

$$\begin{cases} X_{k+1} = f(X_k) + W_k \\ Z_k = h(X_k) + V_k \end{cases} \tag{4-67}$$

定义其可观性矩阵为

$$M = \begin{bmatrix} H_k \\ H_{k+1} F_k \\ H_{k+1} F_{k+1} F_k \\ \vdots \\ H_{k+n-1} F_{k+n-2} \cdots F_k \end{bmatrix} \tag{4-68}$$

式中：$F_k = I + \left.\dfrac{\partial f(X)}{\partial X}\right|_{X=\hat{X}_k}$；$H_k = \left.\dfrac{\partial h(X)}{\partial X}\right|_{X=\hat{X}_k}$；$I$ 为 6 阶单位矩阵；T 为采样周期。

如果 rank(M) = 6,符合可观性秩的条件,说明系统在 k 时刻是可观测的,同时取观测矩阵 M 的条件数作为系统可观度的度量标准。如果可观性矩阵的条件数较大,则说明在相同测量误差下得到的估计误差就较大,可观度较差;反之若可观性矩阵的条件数较小,则可观度较好。

对于直接利用星光角距和地心距进行滤波的方法,取 $t_k = 1500\text{s}$,可计算得到对应时刻可观性矩阵 M 的秩 rank(M) = 6,说明系统在 k 时刻是可观的,条件数 cond(M) = 3.43×10^7。图 4 - 14 给出了在一个轨道周期内可观性矩阵条件数的曲线:

由图 4 - 14 中曲线可以看出,在一个轨道周期内,直接利用星光角距和地心距进行滤波时,系统是可观的,可观测矩阵的条件数是变化的,这主要是因为航天器在运行过程中位置不断变化,其与恒星之间的几何关系也随之发生变化。

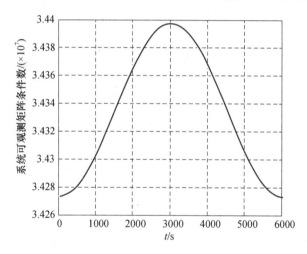

图 4 - 14　以星光角距作为观测量可观测度

▶ 4.4　仿真实例

✍ 4.4.1　地面数学仿真

采用数字仿真系统对自主导航的实际表现进行仿真验证。假定红外地球敏感器沿航天器本体 X_B 轴安装,星敏感器沿航天器本体 $-Z_B$ 轴安装。红外地球敏感器的测量精度为 0.03°,星敏感器的测量精度为 0.001°,地球视半径测量误差为$0.03°$,星光角距观测个数为两个。仿真中,标准轨道参数取为$a=6878.14\text{km}$,$e=0.001$,$i=95°$,$\Omega=175°$,$\omega=50°$,$M=90°$(飞行高度为500km的近圆轨道)。自主导航开始时,航天器的三个位置分量和三个速度分量的初始误差分别为10km和5m/s,导航滤波的更新周期为1s。分别采用第3章所述的EKF算法、UKF算法和AUKF算法进行仿真。

1. EKF算法

当采用EKF作为导航滤波算法时,基于红外地球敏感器和星敏感器的自主导航系统的三方向合成的位置和速度误差曲线如图4-15所示。

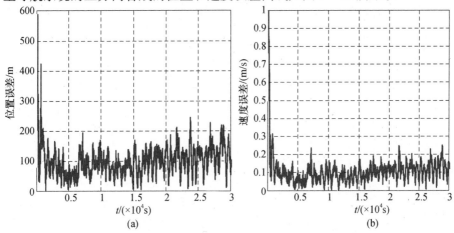

图4-15 基于EKF算法的导航误差曲线
(a)位置误差曲线;(b)速度误差曲线。

2. UKF算法

当采用UKF作为导航滤波算法时,基于红外地球敏感器和星敏感器的自主导航系统的位置和速度误差曲线如图4-16所示。

3. AUKF算法

当采用AUKF作为导航滤波算法时,基于红外地球敏感器和星敏感器的自主导航系统的位置和速度误差曲线如图4-17所示。

对KEF、UKF、AUKF三种导航算法的精度进行统计分析。统计方法为,当滤波器趋于稳态后,12000~24000s约两个轨道周期内的导航误差均值加上3倍方差值。通过统计计算得到的自主导航精度如表4-2所列。可以看到,在相同的仿真条件下,AUKF的计算精度最高,UKF次之,EKF最低。但无论采用哪种导航滤波算法,航天器位置精度均可以达到500m以内,速度精度为0.4m/s以内。

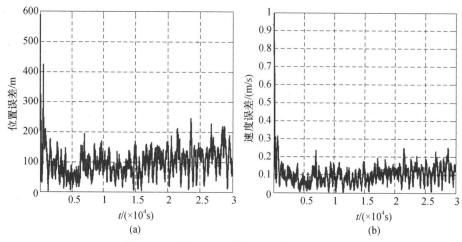

图 4-16 基于 UKF 算法的导航误差曲线

(a) 位置误差曲线;(b) 速度误差曲线。

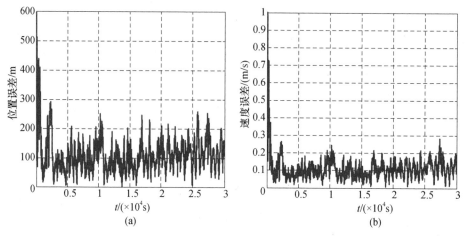

图 4-17 基于 AUKF 算法的导航误差曲线

(a) 位置误差曲线;(b) 速度误差曲线。

表 4-2 自主导航精度

滤波算法	位置误差均值/m	位置误差均方差/m	导航精度(3σ)	
			位置/m	速度/(m/s)
EKF	143.712	60.525	325.285	0.357
UKF	119.703	45.198	255.297	0.258
AUKF	114.864	42.857	243.436	0.237

4.4.2　导航精度影响因素分析

影响导航滤波精度的因素包括如下几种:敏感器的安装误差、敏感器自身的测量误差、导航滤波的模型误差以及导航滤波的采样周期等。下面通过数学仿真,分别对各种精度影响因素进行分析。

1.敏感器安装误差对导航精度的影响

红外地球敏感器和星敏感器是两种不同的敏感器,它们通常安装在航天器的不同位置上。由于地面精测不可避免会存在误差,而且航天器发射上天后还会产生结构变形等问题,因此,两个敏感器之间会存在未知的安装误差。安装误差是一种系统误差,会对自主导航结果造成不利影响。表 4 - 3 列出了星敏感器相对地球敏感器的安装误差取值不同时导航误差的变化情况。显然,安装误差的存在会显著降低导航精度。

表 4 - 3　敏感器安装误差对自主导航精度的影响

敏感器安装精度$(1\sigma)/('')$	位置误差均值/m	位置误差均方根/m	导航精度	
			位置/m	速度/(m/s)
5	331.996	93.732	613.193	0.671
10	559.284	115.533	905.885	1.012
20	1021.768	182.877	1570.402	1.748
50	2416.098	429.372	3704.216	4.082

2.敏感器测量误差对导航精度的影响

敏感器的测量误差可以分为随机误差和系统误差。系统误差的影响与安装误差的影响类似。在此考虑随机误差对导航精度的影响。在航天器轨道和姿态固定的情况下,对不同星敏感器精度和红外地球敏感器精度水平下自主导航系统所能达到的精度进行仿真分析,得到了导航精度与星敏感器和红外地球敏感器精度的对照表,分别如表 4 - 4 和表 4 - 5 所列。

从原理上看,星光角矩测量的是夹角信息,夹角误差由两种敏感器的误差之和决定,而视半径的误差主要由红外地球敏感器决定。由于星敏感器的测量精度相对较高,因此,红外地球敏感器的精度是决定导航系统精度的主要因素。从上述两表的数据中可以看出:通常情况下星敏感器测量精度高于红外地球敏感器一个量级,即使星敏测量误差增大 10 倍,对导航系统的影响也比较有限,位置误差不过增大了 10m;而红外地球敏感器的误差增大 5 倍,则会导致导航精度显著降低。

表 4-4 星敏感器测量误差对自主导航精度的影响

星敏感器精度(1σ)/(°)	位置误差均值/m	位置误差均方根/m	导航精度	
			位置/m	速度/(m/s)
0.001	143.712	60.525	325.285	0.357
0.003	144.355	60.748	326.599	0.359
0.005	145.493	61.144	328.926	0.361
0.008	148.241	62.101	334.543	0.366
0.010	150.744	62.973	339.663	0.371

表 4-5 地球敏感器测量误差对自主导航精度的影响

地球敏感器精度(1σ)/(°)	位置误差均值/m	位置误差均方根/m	导航精度	
			位置/m	速度/(m/s)
0.01	65.770	24.023	137.839	0.157
0.02	106.883	41.310	230.815	0.254
0.03	143.712	60.525	325.285	0.357
0.05	213.675	99.059	510.854	0.570

3.动力学模型误差对导航精度的影响

在基于红外地球敏感器和星敏感器的自主导航系统中,动力学方程的引力场模型误差是影响导航滤波性能的误差源之一。表 4-6 列出了导航滤波状态方程中考虑不同阶数地球引力摄动时的导航精度仿真结果。可以看出:导航滤波算法中的动力学模型越精确,系统导航精度越高;但相比 J_2 项,更高阶的引力摄动对导航精度的影响十分有限。因此,一般情况下可以忽略 J_3 和 J_4 项。

表 4-6 动力学模型误差对自主导航精度的影响

动力学模型	位置误差均值/m	位置误差均方根/m	导航精度	
			位置/m	速度/(m/s)
包含 J_2,J_3,J_4	40.899	27.021	121.936	0.105
无 J_4	48.638	27.656	131.607	0.120
无 J_3,J_4	55.648	31.046	148.785	0.132
无 J_2,J_3,J_4	9283.319	3940.466	21104.718	25.264

4.滤波周期对导航精度的影响

敏感器的数据更新率决定了导航滤波中的修正周期。表4－7给出了滤波器中测量更新周期分别取1s、3s和5s时自主导航所能达到的精度。

表4－7　滤波周期对自主导航精度的影响

测量更新周期/s	位置误差均值/m	位置误差均方根/m	导航精度	
			位置/m	速度/(m/s)
1	55.648	31.046	148.785	0.132
3	88.030	41.912	213.765	0.218
5	156.404	70.966	369.302	0.393

通过表4－7可以看出,随着滤波周期的减小,系统的导航精度会随之提高。可以认为,减小了滤波周期,相当于增加了观测信息的输入频率,因而,可以提高自主导航精度,但是同时也增加了计算量。在实际工程中,对于更新速率的选择,需要考虑敏感器的实际性能、星载计算机的计算能力以及自主导航的精度需求进行权衡。

4.4.3　基于在轨数据的自主导航试验

国内对于航天器自主导航的验证方法主要是基于模拟数据的数学仿真。相比数学仿真,基于实际在轨飞行数据进行的自主导航试验结果无疑更有说服力,能够真实反映实际敏感器误差特性和导航方案的可行性。

我国的"资源"1号02B卫星上安装了两个红外地球敏感器和两个星敏感器,它们提供的在轨飞行数据可以用于在地面对基于红外地球敏感器和星敏感器的自主导航方法进行验证。卫星上还配置了GPS接收机,其定位精度较高,在300m以内,可以作为基准对基于红外地球敏感器和星敏感器的自主导航结果进行评价。根据"资源"1号02B卫星的敏感器配置,可以将星上测量系统与地面计算系统相连,建立自主导航地面仿真试验系统。星载测量设备的原始测量数据通过遥测下传到地面计算机,地面计算机对测量数据进行处理,并进行导航解算。仿真试验系统框图如图4－18所示。

图4－18中左半部分由星载设备自主处理,测量数据通过遥测下传到地面,地面计算机提取遥测数据中的敏感器数据进行处理。可以看出,仿真实验

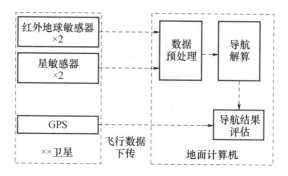

图 4 - 18　基于在轨数据的自主导航仿真试验系统框图

系统与真实的自主导航系统相比,测量过程和测量数据完全相同,仅数据处理和导航计算的方式不同。仿真试验系统中由地面计算机离线完成导航解算,而真实的自主导航系统中由星载计算机在线完成导航解算。

"资源"1 号 02B 卫星的两个红外地球敏感器分别沿卫星本体系的 $+X$ 和 $+Y$ 轴安装,主要技术指标如下:

(1) 扫描频率:不大于(1 ± 0.05)Hz;

(2) 扫描半角:不大于 $55° \pm 0.1°$;

(3) 随机误差:不大于 $0.1°$。

"资源"1 号卫星配备了两个星敏感器,均安装在卫星本体系的 $+Y$ 面上,光轴与 $-Z$ 夹角均为 $70°$,在 XY 平面的投影分别与 $+X$、$-X$ 轴呈 $45°$夹角。其主要技术指标如下:

(1) 光学视场为 $10° \times 10°$;

(2) 姿态测量精度:光轴指向误差不大于 $18''$,绕光轴转动方向误差不大于 $120''$。

在导航滤波算法设计中,选取卫星在地心赤道惯性坐标系下的位置和速度矢量为状态变量,轨道预报模型中包括地球中心引力项和 J_2 项,利用 EKF 算法进行导航解算,当没有观测量时,滤波器仅进行状态预测而不进行测量更新。导航滤波器的位置初值由初始时刻几何定轨得到,速度初值由相邻时刻位置差分获得。

根据 2008 年的卫星飞行数据进行自主导航试验。基于 EKF 的卫星自主导航结果如图 4 - 19 和图 4 - 20 所示。

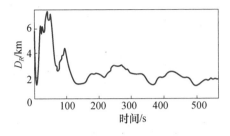
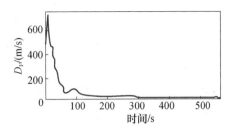

图 4-19　导航位置误差曲线　　　　图 4-20　导航速度误差曲线

　　试验获得的导航精度为位置精度 1.3781km、速度精度 6.1859m/s。试验仍足以说明基于红外地球敏感器与星敏感器的自主导航方案的可行性。根据试验数据使用 EKF 进行导航滤波没有数学仿真精度高的原因是多方面的。除了"资源"一号 02B 卫星上配备的红外地球敏感器精度较低(0.1°),不如数学仿真中的假设条件高以外,一个重要因素是导航滤波系统中存在模型误差。

　　在航天器自主导航研究中,通常将导航敏感器的测量误差视为高斯白噪声,而实际上敏感器噪声统计特性非常复杂,影响观测量的因素包括以下三种。

　　(1)地球红外辐射层的不确定性变化。地球大气的二氧化碳层厚度随地理、季节有变化,其边缘存在一定的模糊度,因此,红外地球敏感器对地球的扫描角误差统计特征非常复杂,不能简单地视作高斯白噪声。

　　(2)地球形状的不规则性。在地球扁率误差补偿模型中建立的地球模型是一个旋转椭球体,这是为了研究问题方便而做出的近似,实际上地球的形状非常复杂,用旋转椭球体仍无法精确描述地球的实际形状,这使得扁率误差补偿算法不能完全达到预期效果。

　　(3)导航敏感器的安装误差。敏感器的安装误差也会给测量带来误差,受到卫星低频振动和高频抖动等因素的影响,敏感器的安装矩阵可能偏离标称值。

　　红外地球敏感器的测量误差是多种因素共同作用的结果,其统计特性不能简单的用高斯白噪声来描述。基于这种考虑,可以将红外地球敏感器的测量误差视为模型不确定性,并通过第 3 章所述的鲁棒滤波方法来处理。根据卫星多次下传的飞行数据,分别采用 EKF 和鲁棒滤波进行对比研究,由五个不同弧段飞行数据得到的结果如表 4-8 所列。

表4-8 EKF和鲁棒滤波导航精度对比

试验序号	EKF		鲁棒滤波	
	位置精度/km	速度精度/(m/s)	位置精度/km	速度精度/(m/s)
1	1.2367	22.6084	1.1210	22.5241
2	1.3842	10.4969	1.3362	10.4084
3	2.6312	12.3282	2.4935	12.2329
4	1.3766	6.2615	1.2434	6.1909
5	1.7462	9.7607	1.5814	9.5235

从表4-8中可以看出,鲁棒滤波的定位精度相对 EKF 滤波有所提高,说明对于真实的飞行数据,鲁棒滤波比 EKF 更为有效。综上,基于红外地球敏感器和星敏感器的航天器自主导航方案具有较好的实用性,基于"资源"1 号02B卫星的星载设备和遥测数据,能够达到优于 3km 的自主导航精度。

4.5 小结

本章对基于红外地球敏感器和星敏感器的自主导航系统进行了论述。从原理上看,这是一种依靠对已知天体方位测量的天文导航方法。该方法使用红外地球敏感器获得地心方向和视半径测量,用星敏感器获得已知恒星的方位测量,并用这些直接观测量构造用于导航滤波的星光角距和视半径测量信息,使用非线性滤波方法估计航天器的位置和速度。这种导航方法可基于现有的卫星姿态敏感器实现,因此工程实用性很强。从使用效果看,基于红外地球敏感器和星敏感器的自主导航方法的精度主要取决于红外地球敏感器的测量精度,以及红外地球敏感器和星敏感器之间的安装精度。为了降低系统模型误差和敏感器测量误差的影响,需要在滤波方程中考虑地球引力摄动 J_2 项的影响,并对地球扁率进行适当地修正。

参 考 文 献

[1] 秦永元,张洪钺,汪叔华. 卡尔曼滤波与组合导航原理[M]. 西安:西北工业大学出版社,1998.

[2] Tapley B D, Schutz B E, Born G H. Statistical orbit determination[M]. Elsevier Academic

Press,2004.

[3] Chory M A,Hoffman D P,Lemay J L. Satellite autonomous navigation – status and history [J]. IEEE Position,Location and Navigation Symposium,Las Vegas,NV,1986,4(7):110 – 121.

[4] Wertz J R. Implementing autonomous orbit control[C]. Colorado:Proceedings of the Annual AAS Guidance and Control Conference,Breckenridge,1996.

[5] Collins J T,Conger R E. MANS:Autonomous navigation and orbit control for communication satellites[J]. AIAA 94 – 1127 – CP,1994.

[6] Hosken R W,Wertz J R. Microcosm autonomous navigation system on – orbit operation[J]. In:Proc. of the 18th Annual AAS Guidance and Control Conf. ,1995,AAS 95 – 074.

[7] 杨小会,秦永元,朱启举. 基于 UKF 的星光角矩卫星自主导航方法研究[J]. 弹箭与制导学报,2006,26(1):901 – 904.

[8] 王韬,王平,刘旭力. 地球辐射波动对摆动扫描式红外地球敏感器测量误差的影响分析[J]. 空间控制技术与应用,2008,34(2):37 – 43.

[9] 刘新彦. 利用摆动地球敏感器两个探测器输出的姿态确定[J]. 空间控制技术与应用,2008,34(2):14 – 17.

[10] 刘科,梅志武,涂智军. 基于 VO_x 非致冷探测器的红外地球敏感器探讨[J]. 空间控制技术与应用,2011,37(3):58 – 62.

[11] 唐尧. 考虑高度参数的摆动式红外地球敏感器模型研究[J]. 空间控制技术与应用,2012,38(3):27 – 31.

[12] 李明群,魏春岭,袁军. 红外地球敏感器测量值修正算法及其应用研究[J]. 空间控制技术与应用,2008,34(5):26 – 30.

[13] 李明群,魏春岭,袁军. 一种考虑地球扁率的卫星自主导航方法研究[J]. 航天控制,2009,27(2):36 – 40.

[14] 张春青,刘良栋,李勇. 提高卫星自主导航精度的滤波算法和仿真[J]. 中国空间科学技术,2006,26(3):1 – 6.

[15] 范炜,李勇. 一种基于 AUKF 的航天器自主导航算法[J]. 空间控制技术与应用,2009,35(3):23 – 28.

[16] 李明群,魏春岭,梅志武,等. 基于"资源"1 号 02B 卫星姿态敏感器的自主导航[J]. 空间控制技术与应用,2009,35(3):58 – 60.

[17] 李璟璟,张迎春,李化义,等. ASUKF 方法在航天器自主导航中的应用[J]. 哈尔滨工程大学学报,2011,32(5):575 – 580.

第 5 章
基于一体化日－地－月敏感器的自主导航技术

    基于一体化日－地－月敏感器的自主导航也是一种天文导航方法。对于地球轨道航天器来说，日、地、月都是自然天体，相对距离近、信号强、容易识别，且运动规律十分清楚，因此，基于日－地－月测量信息的自主导航是一种较为可靠的导航方式。该技术方案的核心是一体化日－地－月敏感器。这种集成的敏感器可以检测太阳、月球和地球边缘，并产生相应的脉冲信号；根据这些脉冲信号可以确定日－地－月的方位信息，再结合这些天体的历表，最终可以确定航天器的位置和速度。这种方法属于全自主导航，具有很强的应用背景，有助于简化航天器的地面支持系统，提高航天器的自主生存能力。

    国外已开发出基于一体化日－地－月敏感器的航天器自主导航系统，例如美国研制的麦氏自主导航系统(MANS)。这种一体化的导航敏感器由地球敏感器和日－月敏感器组成，可以获得对地球红外辐射圆盘的角半径以及地心、日心、月心方向矢量的测量，经过数据处理可以确定航天器的位置和姿态，导航精度在几百米量级。MANS已通过飞行演示试验证明了方案的可行性。目前，我国针对基于一体化日－地－月敏感器的航天器自主导航技术开展了大量研究工作，已研制成功一体化日－地－月导航敏感器样机，并提出了改善自主导航精度的方法。

▶ 5.1　导航基本原理

　　基于一体化日 – 地 – 月敏感器的自主导航测量方式是利用敏感器对太阳、地球和月球三个天体进行观测。如图 5 – 1 所示,通过敏感器测量得到太阳方向、地心方向以及地心距信息,可以求出航天器 – 地心 – 太阳之间的夹角,然后得到以地心为顶点,以航天器 – 地心 – 太阳之间的夹角为半锥角,以太阳与地心连线为旋转轴的圆锥面。通过测量地球的视半径,可以得到以地球为圆心,视半径对应轨道高度的球面,航天器位于该圆锥面和球面的交线上。基于相同的原理,利用对月球方向的测量,可以在球面上画出另一个圆,航天器位于这两个圆的交点处。这样,通过一个时间序列内的观测值,结合航天器的轨道动力学方程,可以得到航天器的位置估计值。这种导航方式的基本观测量是地心方向、地心距、太阳方向和月球方向。与第 4 章所述的基于红外地球敏感器和星敏感器的自主导航方法不同,这些观测量是由一体化日 – 地 – 月敏感器同时给出的,有助于消除不同敏感器之间的相对安装误差对导航精度的影响。

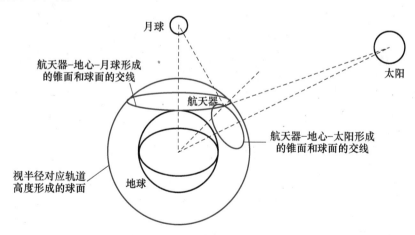

图 5 – 1　利用日 – 地 – 月观测的自主导航原理

◁ 5.1.1　一体化日 – 地 – 月敏感器的工作原理

　　所研制的一体化日 – 地 – 月敏感器样机由双圆锥扫描式红外地球敏感器

子系统和两个扇形狭缝视场的日、月敏感器子系统构成。一体化日－地－月敏感器装备了一个由电机驱动的光学扫描探头,该探头能够对地球红外辐射和日、月可见光进行多视场观测,导航敏感器以微处理器为基础进行信号处理。

一体化日－地－月敏感器内部的双圆锥扫描式红外地球敏感器子系统与第4章介绍的双圆锥扫描式红外地球敏感器从基本原理到工作方式上都是类似的。典型设计参数包括:利用反射镜结构得到两个2.5°的红外视场,视线方向与扫描轴夹角分别为38°和73°,扫描转速为240r/min。这样,扫描后红外视场的轨迹是两个共轴的圆锥,光学头部每扫描一圈,检测器最多可以检测到四个地平穿越信号。

一体化日－地－月敏感器内部还有一套日、月敏感器子系统,即在扫描镜内安装了两个可见光敏感器,其视场为72°长、2.5°宽的扇形狭缝,相对扫描转轴倾斜16°。扇形视场扫过空间中与扫描转轴夹角在23°~87°之间的球带区域。利用硅光二极管检测器可以敏感到太阳和月球,并记录太阳、月球在扇形视场中出现的时刻。敏感器带有一种具有多个光强阈值的检测器,可以辨别太阳和月球信号,并剔除地球信号。导航敏感器的红外视场和可见光视场的示意图如图5－2所示。

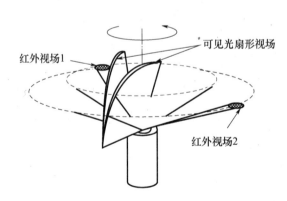

图5－2　一体化日－地－月敏感器的红外和可见光视场示意图

一体化日－地－月导航敏感器用于自主导航时,能以较低成本达到中等精度水平。航天器采用两套这样的导航敏感器时,若选取适当的安装方式,则可在空间可得到很好的视场覆盖范围,进而达到更高的精度水平。

⊲ 5.1.2　敏感器基本观测量

1. 地心矢量测量

地心矢量包括地心方向和地心距,使用一体化日－地－月敏感器中的双圆锥扫描式红外地球敏感器子系统进行测量,其测量原理与第 4 章的内容相同。本节对红外地球敏感器测量只做概要性介绍,读者可以参见 4.1 节。

一体化日－地－月敏感器的扫描角速率记为 ω_{ROT}。由对地测量可以计算得到红外扫描锥 1 和 2 扫入、扫出地球的位置相对于敏感器测量坐标系的方位角 $(\alpha_{i1}、\alpha_{o1})$ 和 $(\alpha_{i2}、\alpha_{o2})$,红外扫描锥 1、2 扫描地球的弦宽 μ_1 和 μ_2,地心方向矢量相对于敏感器测量坐标系的方位角 Φ_{E1} 和 Φ_{E2}。基于球面三角形关系式,计算得到地球的红外辐射圆盘相对于航天器的视角半径 ρ,以及敏感器的扫描转轴与地心方向矢量的夹角 ψ。由此给出航天器到地心的距离为

$$r = \frac{R_{CO_2}}{\sin\rho} \tag{5-1}$$

式中:R_{CO_2} 为地球的红外辐射球的半径。

将由航天器质心指向地心的方向矢量记为 $\boldsymbol{E}_{SE}$,在两个扫描锥都有效时,该矢量在导航敏感器测量坐标系 $O_BX_BY_BZ_B$ 中的坐标由下式计算,即

$$(\boldsymbol{E}_{SE})_B = \begin{bmatrix} \cos\psi \\ \sin\psi\sin\Phi_E \\ \sin\psi\cos\Phi_E \end{bmatrix} \tag{5-2}$$

式中:$\Phi_E = (\Phi_{E1} + \Phi_{E2})/2$。

2. 日、月方向测量

太阳和月球的方向是由一体化日－地－月敏感器中的扫描式日－月敏感器子系统完成的。两个狭缝敏感器扫过太阳和月球时会分别触发一个脉冲,根据记录下的脉冲时刻可以计算出在敏感器坐标系 $O_B - X_BY_BZ_B$ 中,太阳方向矢量相对于敏感器测量坐标系的方位角 ϕ_S 和太阳方向矢量相对于 $O_BY_BZ_B$ 平面的高度角 δ_S,如图 5-3 所示(见 5.2 节)。进一步,可以计算出航天器-太阳方向矢量 $\boldsymbol{E}_{SSun}$ 在敏感器测量坐标系中的坐标为

$$(\boldsymbol{E}_{SSun})_B = \begin{bmatrix} \sin\delta_S \\ \cos\delta_S\sin\phi_S \\ \cos\delta_S\cos\phi_S \end{bmatrix} \tag{5-3}$$

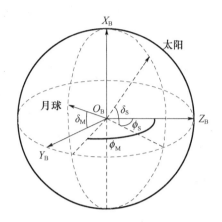

图 5-3　一体化日-地-月敏感器确定太阳和月球方位

类似地,测量出月球方向矢量相对于敏感器测量坐标系的方位角 ϕ_M 和高度角 δ_M 后,可以计算出航天器-月球方向矢量 $\boldsymbol{E}_{SM}$ 在敏感器测量坐标系中的坐标为

$$(\boldsymbol{E}_{SM})_B = \begin{bmatrix} \sin\delta_M \\ \cos\delta_M\sin\phi_M \\ \cos\delta_M\cos\phi_M \end{bmatrix} \tag{5-4}$$

5.1.3　航天器位置的直接几何解算

利用太阳、地球、月球方向测量和地心距测量可以直接确定航天器的位置。太阳、地球、月球和航天器的几何关系如图 5-4 所示。

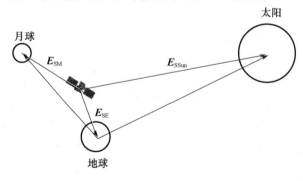

图 5-4　太阳、地球、月球和航天器几何关系图

基于太阳、月球的天文历表数据可以给出地心惯性坐标系下地心 - 太阳方向矢量$(\boldsymbol{E}_{\mathrm{ESun}})_{\mathrm{I}}$和地心 - 太阳距离$r_{\mathrm{ESun}}$、地心 - 月球方向矢量$(\boldsymbol{E}_{\mathrm{EM}})_{\mathrm{I}}$和地月距离$r_{\mathrm{EM}}$。对太阳、月球方向的测量值经过一系列计算后,可以得到敏感器测量坐标系下的地心 - 太阳方向矢量$(\boldsymbol{E}_{\mathrm{ESun}})_{\mathrm{B}}$和地心 - 月球方向矢量$(\boldsymbol{E}_{\mathrm{EM}})_{\mathrm{B}}$。

以地心 - 月球方向为例,由 5.1.2 节可知,敏感器测量坐标系下的地心方向$(\boldsymbol{E}_{\mathrm{SE}})_{\mathrm{B}}$和月球方向$(\boldsymbol{E}_{\mathrm{SM}})_{\mathrm{B}}$已知,那么,可以求出月球 - 航天器 - 地心的夹角θ为

$$\theta = \arccos\left[\langle (\boldsymbol{E}_{\mathrm{SE}})_{\mathrm{B}} \cdot (\boldsymbol{E}_{\mathrm{SM}})_{\mathrm{B}} \rangle\right] \tag{5-5}$$

在地 - 月 - 航天器构成的平面三角形中,航天器到地心的距离r由敏感器测量得到,地、月距离r_{EM}由天文历表计算,那么,可以计算出航天器到月球的距离r_{SM}

$$\alpha = \arcsin\left(\frac{r}{r_{\mathrm{EM}}}\sin\theta\right) \tag{5-6}$$

$$r_{\mathrm{SM}} = \frac{\sin(\theta + \alpha)}{\sin\theta} r_{\mathrm{EM}} \tag{5-7}$$

由此求出敏感器测量坐标系下的地心 - 月球方向矢量为:

$$(\boldsymbol{E}_{\mathrm{EM}})_{\mathrm{B}} = \frac{(\boldsymbol{E}_{\mathrm{SM}})_{\mathrm{B}} \cdot r_{\mathrm{SM}} - (\boldsymbol{E}_{\mathrm{SE}})_{\mathrm{B}} \cdot r}{\| (\boldsymbol{E}_{\mathrm{SM}})_{\mathrm{B}} \cdot r_{\mathrm{SM}} - (\boldsymbol{E}_{\mathrm{SE}})_{\mathrm{B}} \cdot r \|} \tag{5-8}$$

同理,可以求出敏感器测量坐标系下的地心 - 太阳方向矢量$(\boldsymbol{E}_{\mathrm{ESun}})_{\mathrm{B}}$。只要地心 - 太阳方向矢量和地心 - 月球方向矢量不共线,根据$(\boldsymbol{E}_{\mathrm{ESun}})_{\mathrm{I}}$、$(\boldsymbol{E}_{\mathrm{EM}})_{\mathrm{I}}$和$(\boldsymbol{E}_{\mathrm{ESun}})_{\mathrm{B}}$、$(\boldsymbol{E}_{\mathrm{EM}})_{\mathrm{B}}$,由双矢量定姿方法可以得到敏感器测量坐标系相对于地心惯性坐标系的方向余弦矩阵$\boldsymbol{C}_{\mathrm{BI}}$。

最后,由下式求得航天器相对地心的位置矢量$\boldsymbol{r}$在地心惯性坐标系中的坐标为

$$\boldsymbol{r}_{\mathrm{I}} = r \cdot \boldsymbol{r}_{\mathrm{I}}^{0} = -r \cdot (\boldsymbol{E}_{\mathrm{SE}})_{\mathrm{I}} = -r \cdot \boldsymbol{C}_{\mathrm{BI}}^{\mathrm{T}}(\boldsymbol{E}_{\mathrm{SE}})_{\mathrm{B}} \tag{5-9}$$

式中:r_{I}^{0}为地心惯性坐标系下航天器相对地心的方向矢量。这样,根据一体化日 - 地 - 月敏感器给出的测量值,得到了航天器的瞬时位置矢量在地心惯性坐标系中的坐标。这种直接计算方法可以用于航天器位置的初始捕获。

5.2　太阳 - 月球方向确定方法

一体化日 - 地 - 月敏感器包含两个圆锥扫描视场和两个扇形狭缝视场。

在绕扫描轴旋转一周的时间里,两个圆锥扫描视场会分别扫入和扫出地球一次,共获得4个地平穿越脉冲信号。每个扇形视场扫到太阳和月球时也会产生两个脉冲信号,这样得到4个太阳和月球触发信号。除此以外,当狭缝敏感器对称面经过敏感器基准点时也会输出一个脉冲信号。这样,每扫描一圈,一体化日-地-月敏感器共可以得到9个脉冲时刻,如表5-1所列。

表5-1 导航敏感器的脉冲时刻

项目	含 义
t_{i1}	红外扫描锥1扫入地球的脉冲时刻
t_{o1}	红外扫描锥1扫出地球的脉冲时刻
t_{i2}	红外扫描锥2扫入地球的脉冲时刻
t_{o2}	红外扫描锥2扫出地球的脉冲时刻
t_{1_sun}	狭缝视场1扫到太阳的脉冲时刻
t_{2_sun}	狭缝视场2扫到太阳的脉冲时刻
t_{1_moon}	狭缝视场1扫到月球的脉冲时刻
t_{2_moon}	狭缝视场2扫到月球的脉冲时刻
t_{ref}	狭缝对称面通过基准点的脉冲时刻

根据脉冲时刻可以计算地球、太阳和月球的方位。地球方向和视半径的计算方法与第4章内容相同,同样需要补偿地球扁率的影响,相关内容请参见第4章,本章不再重复。需要注意的是,对于一体化日-地-月敏感器,红外扫描锥1、2扫过地中基准的时刻需要根据狭缝对称面通过基准的时刻以及初始红外扫描头相对狭缝对称面的滞后角度计算,即

$$t_{1Z_B} = t_{ref} + B_{R1}/\omega_{ROT} \qquad (5-10)$$

$$t_{2Z_B} = t_{ref} + B_{R2}/\omega_{ROT} \qquad (5-11)$$

式中:B_{R1}和B_{R2}分别为两个红外扫描头的初始滞后角。

下面重点介绍一体化日-地-月敏感器中特有的太阳和月球方向的确定方法。图5-5描述的是敏感器坐标系下的狭缝测量几何。图中,$O_B X_B$是敏感器扫描轴,$Q_1 Q_2$和$Q_3 Q_4$是狭缝所在的大圆弧,且Q_2和Q_3两点位于$O_B Y_B Z_B$平面上,即敏感器扫描天球的赤道平面上。太阳方向S在天球上的投影为S_1。当敏感器扫描时,S_1沿纬线圈移动,先后通过两个狭缝敏感器的Q_{12}点和Q_{34}点,对应的脉冲时刻分别为t_{1_sun}和t_{2_sun}。M_1和M_2是两个狭缝敏感器的

中线,M_1M_2 与太阳所在的纬线圈的交点为 Q_M,Q_M 扫过基准面 $O_BX_BZ_B$ 的时刻即为 t_{ref}。Q_M 扫过太阳的时刻由两个狭缝扫过太阳的时刻求取,即

$$t_{M\_sun} = \frac{t_{1\_sun} + t_{2\_sun}}{2} \tag{5-12}$$

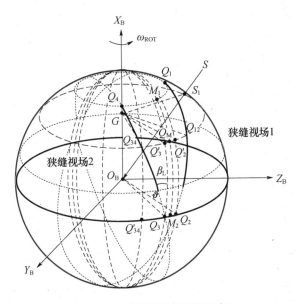

图 5 - 5 狭缝敏感器测量几何

太阳的方位角,即 S_1 与即 $O_BX_BZ_B$ 平面的夹角,由 Q_M 扫过太阳与扫过基准点的时间差计算,即

$$\phi_s = \omega_{ROT}(t_{M\_sun} - t_{ref}) = \omega_{ROT}\left(\frac{t_{1\_sun} + t_{2\_sun}}{2} - t_{ref}\right) \tag{5-13}$$

在图 5 - 5 中,$\angle Q_{12}GQ_{34}$ 可用太阳分别通过两个狭缝的时间差计算,即

$$\angle Q_{12}GQ_{34} = \omega_{ROT}(t_{1\_sun} - t_{2\_sun}) \tag{5-14}$$

设过 Q_2 点的经线圈与太阳所在的纬线圈的交点为 Q'_2,同样设过 Q_3 点的经线圈与太阳所在的纬线圈的交点为 Q'_3,那么 $\angle Q'_2GQ'_3$ 的大小应与 $\angle Q_2O_BQ_3$ 相等。$\angle Q_2O_BQ_3$ 是狭缝敏感器的底部球心角,用符号 ϑ 表示,于是,可以求出 $\angle Q'_3GQ_{34}$ 的大小(用 μ_s 表示)为

$$\mu_s = \frac{\angle Q_{12}GQ_{34} - \vartheta}{2} = \frac{1}{2}\omega_{ROT}(t_{1\_sun} - t_{2\_sun}) - \frac{\vartheta}{2} \tag{5-15}$$

设过 Q_{34} 的经线圈与赤道面的交点为 Q'_{34}，已知狭缝相对经线圈的倾斜角度为 β_L，那么，在球面直角三角形 $Q_3Q_{34}Q'_{34}$ 中，可以解出直角边 $Q_{34}Q'_{34}$ 所对应的角度，它就是太阳高度角 δ_S：

$$\delta_S = \arctan(\sin\mu_S\cot\beta_L) \tag{5-16}$$

类似地，月球方向矢量相对于一体化日 - 地 - 月敏感器测量坐标系的方位角和高度角由下式给出，即

$$\phi_M = \omega_{ROT}\left(\frac{t_{1\_moon} + t_{2\_moon}}{2} - t_{ref}\right) \tag{5-17}$$

$$\delta_M = \arctan(\sin\mu_M\cot\beta_L) \tag{5-18}$$

▶ 5.3 自主导航系统方案

✍ 5.3.1 自主导航系统框架

基于一体化日 - 地 - 月敏感器的自主导航系统框图如图 5 - 6 所示。整个导航系统的计算流程包括下面 5 个主要步骤。

（1）通过一体化日 - 地 - 月敏感器获得直接的扫描脉冲信号测量。

（2）对双圆锥扫描式红外地球敏感器子系统的数据进行预处理，计算地心矢量和地心距，并进行数据修正，包括地球扁率补偿、敏感器系统偏差校正等。同时，对太阳 - 月球可见光敏感器子系统的数据进行预处理，计算出太阳和月球方向矢量。地心矢量、地心距以及太阳 - 月球方向是航天器位置解算的预处理值，同时，也可作为姿态确定系统的预处理数据。

（3）由太阳、月球、地心矢量数据（可结合星上惯性测量单元数据）确定航天器的惯性姿态以及对地姿态。由太阳、月球、地心矢量数据和星地距离数据用直接计算方法确定航天器的位置和速度，由此确定的位置精度在 1 ~ 5km 量级。依据确定性方法得到的上述结果是在没有 KF 估计的情况下给出的高可靠性、低精度的定位结果，可以用作 KF 的初值。

（4）根据预处理数据，计算太阳、月球、地心矢量之间的夹角并将其输入到 KF 中，给出位置和速度的估计值。系统通过误差统计分析算法评估 KF 估计值，经过评估的结果认定为最优状态估计值。

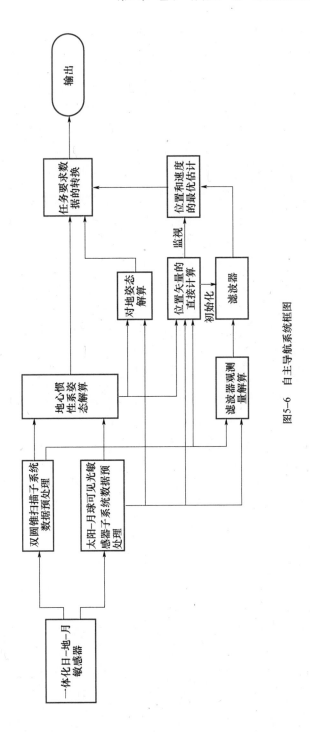

图5-6　自主导航系统框图

（5）航天器控制系统进行与特定飞行任务相关的转换计算,如确定星下点、计算给定目标的视线方向矢量以及有效载荷(如光学望远镜)视场在地球表面的位置等。

5.3.2 自主导航滤波器设计

航天器自主导航滤波方法根植于现代估计理论的滤波器:即利用状态方程对航天器的轨道进行预报,然后利用观测方程和敏感器获得的观测数据,根据预测值与实际观测值之间的误差修正预报的轨道。

1.观测量的选取

基于一体化日－地－月敏感器中红外地球敏感器的脉冲测量,利用式(5－1)和式(5－2)获得地心方向矢量 $\boldsymbol{E}_{SE}$ 和地心距 r。由一体化日－地－月敏感器中太阳－月球敏感器的脉冲信号,通过式(5－13)、式(5－16)、式(5－17)和式(5－18)计算出太阳及月球在敏感器坐标系下的方位角和高度角,进一步根据式(5－3)和式(5－4)计算出太阳和月球相对航天器的方向矢量 $\boldsymbol{E}_{SSun}$ 和 $\boldsymbol{E}_{SM}$。

由地心方向矢量、太阳方向矢量、月球方向矢量可以得到太阳－航天器－地心所形成的张角的余弦以及月球－航天器－地心所形成的张角的余弦,分别记为

$$\alpha_m = \langle (\boldsymbol{E}_{SSun})_B \cdot (\boldsymbol{E}_{SE})_B \rangle \tag{5－19}$$

$$\beta_m = \langle (\boldsymbol{E}_{SM})_B \cdot (\boldsymbol{E}_{SE})_B \rangle \tag{5－20}$$

滤波器的观测量可取为 $\boldsymbol{Z} = \begin{bmatrix} r & \alpha_m & \beta_m \end{bmatrix}^T$

2.滤波方程的建立

在地心惯性坐标系中,航天器的位置矢量为 $\boldsymbol{r}_I$,航天器的轨道动力学方程为

$$\ddot{\boldsymbol{r}}_I = \boldsymbol{F}_0(\boldsymbol{r}_I) + \boldsymbol{F}_\varepsilon(\boldsymbol{r}_I, \dot{\boldsymbol{r}}_I, t) \tag{5－21}$$

其中

$$\boldsymbol{F}_0(\boldsymbol{r}_I) = -\frac{\mu}{r^2}\left(\frac{\boldsymbol{r}_I}{r}\right) \tag{5－22}$$

式中:μ 为地心引力常数。$\boldsymbol{F}_\varepsilon(\boldsymbol{r}_I, \dot{\boldsymbol{r}}_I, t)$ 为除地球中心引力加速度外其他力学因素对航天器的摄动加速度。不进行轨道控制的情况下,有

$$\boldsymbol{F}_\varepsilon(\boldsymbol{r}_I, \dot{\boldsymbol{r}}_I, t) / \boldsymbol{F}_0(\boldsymbol{r}_I) < O(\varepsilon) \tag{5－23}$$

式中：$\varepsilon \ll 1$ 为小量。

不进行轨道控制的情况下，$\boldsymbol{F}_\varepsilon(\boldsymbol{r}_\mathrm{I}, \dot{\boldsymbol{r}}_\mathrm{I}, t)$ 主要由下述几部分组成：①地球非球形引力摄动加速度；②第三体（主要指太阳和月球）引力摄动加速度；③太阳辐射光压摄动加速度；④大气阻力摄动加速度。对于近地轨道航天器，大气阻力作用和地球非球形影响是最主要的摄动源，太阳、月球引力也有一定作用。

航天器的轨道由状态变量描述，确定轨道预测算法的基本问题是选取适当的状态变量。状态变量的选择是否恰当，将影响轨道预测的计算效率。航天器轨道的状态变量通常有以下两种选择：①航天器的位置矢量 $\boldsymbol{r}$、速度矢量 $\dot{\boldsymbol{r}}$；②航天器的轨道参数。比较分析表明，选取轨道参数作为状态变量可提高计算效率。航天器轨道动力学方程可写为下列一阶微分方程的形式：

$$\dot{\boldsymbol{X}}(t) = \boldsymbol{f}[\boldsymbol{X}(t)] + \boldsymbol{w}(t) \tag{5-24}$$

式中：$\boldsymbol{X} = \begin{bmatrix} a & i & \Omega & \xi & \eta & \lambda \end{bmatrix}^\mathrm{T}$ 为近地轨道航天器的 6 个轨道参数；$\boldsymbol{w}(t)$ 为摄动力模型误差。地球轨道航天器的动力学方程如下：

$$\begin{cases} \dfrac{\mathrm{d}a}{\mathrm{d}t} = \dfrac{2}{n\sqrt{1-e^2}}\left[S \cdot e\sin f + T \cdot \left(\dfrac{p}{r}\right)\right] \\[3mm] \dfrac{\mathrm{d}i}{\mathrm{d}t} = \dfrac{1}{na\left(\dfrac{a}{r}\right)\sqrt{1-e^2}}\cos u \cdot W \\[3mm] \dfrac{\mathrm{d}\Omega}{\mathrm{d}t} = \dfrac{1}{na\left(\dfrac{a}{r}\right)\sqrt{1-e^2}} \cdot \dfrac{\sin u}{\sin i} \cdot W \\[3mm] \dfrac{\mathrm{d}\xi}{\mathrm{d}t} = \dfrac{\sqrt{1-e^2}}{na}\left[S \cdot \sin u + T \cdot (\cos u + \cos\tilde{u})\right] + \dfrac{1}{na} \cdot \dfrac{1}{1+\sqrt{1-e^2}} \cdot \\[3mm] \qquad \eta e\sin E \cdot T - \eta\cos i\dfrac{\mathrm{d}\Omega}{\mathrm{d}t} \\[3mm] \dfrac{\mathrm{d}\eta}{\mathrm{d}t} = \dfrac{\sqrt{1-e^2}}{na}\left[S \cdot \cos u - T \cdot (\sin u + \sin\tilde{u})\right] - \dfrac{1}{na} \cdot \dfrac{1}{1+\sqrt{1-e^2}} \cdot \\[3mm] \qquad \xi e\sin E \cdot T + \xi\cos i\dfrac{\mathrm{d}\Omega}{\mathrm{d}t} \\[3mm] \dfrac{\mathrm{d}\lambda}{\mathrm{d}t} = n - \cos i\dfrac{\mathrm{d}\Omega}{\mathrm{d}t} - \dfrac{2}{na\left(\dfrac{a}{r}\right)} \cdot S + \dfrac{\sqrt{1-e^2}}{na} \cdot \dfrac{1}{1+\sqrt{1-e^2}} \cdot \\[3mm] \qquad \left[-S \cdot e\cos f + T \cdot \left(1 + \dfrac{r}{p}\right)e\sin f\right] \end{cases}$$

$$\tag{5-25}$$

式中：$\tilde{u} = E + \omega$；$u = f + \omega$；S 为轨道摄动力在轨道径向的分量，从地心指向航天器方向为正；T 为轨道摄动力在沿迹方向的分量，垂直于轨道径向，并且与速度矢量成锐角；W 为轨道摄动力在轨道法向的分量，垂直于轨道平面，沿轨道角动量方向为正；n 为平均角速度。这里轨道摄动力包括除去地球的中心引力以外的作用于航天器的力，包括地球非球形引力、大气阻力、日月引力、太阳辐射压力等。

对于观测量，由于两个方向矢量的夹角与测量坐标系无关，因此有

$$\alpha_m = < (\boldsymbol{E}_{SSun})_B \cdot (\boldsymbol{E}_{SE})_B > = < (\boldsymbol{E}_{SSun})_I \cdot (\boldsymbol{E}_{SE})_I > = -\frac{< (\boldsymbol{S}_I - \boldsymbol{r}_I) \cdot \boldsymbol{r}_I >}{\| \boldsymbol{S}_I - \boldsymbol{r}_I \| \cdot \| \boldsymbol{r}_I \|}$$

$$(5-26)$$

式中：$\boldsymbol{S}_I = (\boldsymbol{E}_{ESun})_I \cdot \boldsymbol{r}_{ES}$ 为太阳在地心惯性坐标系下的位置矢量，可根据太阳历表计算得到，具体方法可参阅第 2 章。同理有

$$\beta_m = < (\boldsymbol{E}_{SM})_B \cdot (\boldsymbol{E}_{SE})_B > = < (\boldsymbol{E}_{SM})_I \cdot (\boldsymbol{E}_{SE})_I > = -\frac{< (\boldsymbol{M}_I - \boldsymbol{r}_I) \cdot \boldsymbol{r}_I >}{\| \boldsymbol{M}_I - \boldsymbol{r}_I \| \cdot \| \boldsymbol{r}_I \|}$$

$$(5-27)$$

式中：$\boldsymbol{M}_I = (\boldsymbol{E}_{SM})_I \cdot \boldsymbol{r}_{SM}$ 为月球在地心惯性坐标系下的位置矢量，可根据月球历表计算得到。滤波器的观测方程具有 $\boldsymbol{Z} = \boldsymbol{h}(\boldsymbol{X}) + \boldsymbol{v}$ 的形式，表达式为

$$\begin{cases} r = \| \boldsymbol{r}_I \| + v_r \\ \alpha_m = -\dfrac{< (\boldsymbol{S}_I - \boldsymbol{r}_I) \cdot \boldsymbol{r}_I >}{\| \boldsymbol{S}_I - \boldsymbol{r}_I \| \cdot \| \boldsymbol{r}_I \|} + v_{\alpha_m} \\ \beta_m = -\dfrac{< (\boldsymbol{M}_I - \boldsymbol{r}_I) \cdot \boldsymbol{r}_I >}{\| \boldsymbol{M}_I - \boldsymbol{r}_I \| \cdot \| \boldsymbol{r}_I \|} + v_{\beta_m} \end{cases}$$

$$(5-28)$$

3.滤波算法流程

本节以扩展卡尔曼滤波（EKF）为例，给出导航滤波算法流程。在步长 $\Delta t = t_{k+1} - t_k$ 的条件下，式（5-24）的状态转移矩阵 $\boldsymbol{\Phi}(t_{k+1}, t_k)$ 可通过以下公式近似求解：

$$\boldsymbol{\Phi}(t_{k+1}, t_k) = \boldsymbol{I} + \boldsymbol{A}(t_k)\Delta t + \frac{1}{2}[\dot{\boldsymbol{A}}(t_k) + \boldsymbol{A}^2(t_k)]\Delta t^2 \qquad (5-29)$$

$$\dot{\boldsymbol{A}}(t_k) = \frac{\boldsymbol{A}(t_{k+1}) - \boldsymbol{A}(t_k)}{\Delta t} \qquad (5-30)$$

$$\boldsymbol{A}(t_k) = \frac{\partial \boldsymbol{f}(\hat{\boldsymbol{X}}_k, t_k)}{\partial \boldsymbol{X}} \qquad (5-31)$$

对观测方程求偏导,得到

$$
H = \frac{\partial h(X)}{\partial X}\bigg|_{\hat{X}} = \begin{bmatrix} \dfrac{\partial \| r_{\mathrm{I}} \|}{\partial X} \\[2mm] -\dfrac{\partial}{\partial X}\left[\dfrac{<(S_{\mathrm{I}} - r_{\mathrm{I}}) \cdot r_{\mathrm{I}}>}{\| S_{\mathrm{I}} - r_{\mathrm{I}} \| \cdot \| r_{\mathrm{I}} \|}\right] \\[2mm] -\dfrac{\partial}{\partial X}\left[\dfrac{<(M_{\mathrm{I}} - r_{\mathrm{I}}) \cdot r_{\mathrm{I}}>}{\| M_{\mathrm{I}} - r_{\mathrm{I}} \| \cdot \| r_{\mathrm{I}} \|}\right] \end{bmatrix}_{\hat{X}}
\tag{5-32}
$$

EKF 滤波算法按照如下 4 个步骤进行迭代运算:

(1)进行状态更新,有

$$
\hat{X}_{k+1} = \boldsymbol{\Phi}(t_{k+1}, t_k)\hat{X}_k
\tag{5-33}
$$

(2)对状态估计的方差做一步预测,有

$$
\boldsymbol{P}_{(-)}(t_{k+1}) = \boldsymbol{\Phi}(t_{k+1}, t_k)\boldsymbol{P}_{(+)}(t_k)\boldsymbol{\Phi}(t_{k+1}, t_k)^{\mathrm{T}} + \boldsymbol{Q}_{k+1}
\tag{5-34}
$$

(3)利用 t_{k+1} 时刻一体化日-地-月敏感器的测量数据,得到状态变量估计的更新值,有

$$
\hat{X}_{(+)}(t_{k+1}) = \hat{X}_{(-)}(t_{k+1}) + \boldsymbol{K}_{k+1}\{Z(t_{k+1}) - h[\hat{X}(t_{k+1}), t_{k+1}]\}
\tag{5-35}
$$

式中:滤波增益矩阵 $\boldsymbol{K}_{k+1}$ 为

$$
\boldsymbol{K}_{k+1} = \boldsymbol{P}_{(-)}(t_{k+1})\boldsymbol{H}^{\mathrm{T}}(t_{k+1})\left[\boldsymbol{H}(t_{k+1})\boldsymbol{P}_{(-)}(t_{k+1})\boldsymbol{H}^{\mathrm{T}}(t_{k+1}) + \boldsymbol{R}_{k+1}\right]^{-1}
\tag{5-36}
$$

(4)对系统状态估计误差方差阵进行更新,有

$$
\boldsymbol{P}_{(+)}(t_{k+1}) = \boldsymbol{P}_{(-)}(t_{k+1}) - \boldsymbol{P}_{(-)}(t_{k+1})\boldsymbol{H}^{\mathrm{T}}(t_{k+1})\left[\boldsymbol{H}(t_{k+1})\boldsymbol{P}_{(-)}(t_{k+1})\right.
$$
$$
\left.\boldsymbol{H}^{\mathrm{T}}(t_{k+1}) + \boldsymbol{R}_{k+1}\right]^{-1}\boldsymbol{H}(t_{k+1})\boldsymbol{P}_{(-)}(t_{k+1})
\tag{5-37}
$$

5.4 仿真实例

5.4.1 数学仿真

本节针对基于一体化日-地-月敏感器的自主导航方法开展数学仿真验证,仿真条件如下:①导航滤波器的动力学积分步长取为 1s,测量更新周期为 5s;②航天器的飞行高度约为 500km,三个姿态角均为 0°,标称轨道参数为:$a = 6878.14\mathrm{km}, e = 0.001, i = 97.4°, \Omega = 157.5°, \omega = 90°, M = 0°$;③不考虑敏感

器安装误差等系统误差,只考虑随机测量噪声,对日－地－月的随机测量噪声标准差分别为 0.01°、0.001°和 0.005°;④仿真初始时刻为 2000 年 1 月 1 日 12 时,仿真时间为 48000s,相当于约 8 个轨道周期,状态估计初值为:半长轴 a 存在 10km 误差,其他状态初值与标称值相同;⑤仿真中的导航误差定义在轨道坐标系中。

航天器自主导航系统的精度评估方法为,当滤波器趋于稳态后,24000 ～ 48000s 约 4 个轨道周期内的导航误差均值的绝对值加上其 3 倍方差值。基于以上约定条件,航天器自主导航系统的导航精度见表 5 － 2,其中,总位置误差 Dr、总速度误差 Dv 定义分别为

$$Dr = \sqrt{(Dx)^2 + (Dy)^2 + (Dz)^2} \qquad (5-38)$$

$$Dv = \sqrt{(Dv_x)^2 + (Dv_y)^2 + (Dv_z)^2} \qquad (5-39)$$

式中:Dx、Dy、Dz 分别为轨道系 x、y、z 三个方向上的位置误差,Dv_x、Dv_y、Dv_z 分别为轨道系 x、y、z 三个方向上的速度误差。

表 5 － 2　不同滤波时间下的导航精度

滤波时间/s	导航精度	
	位置精度/m	速度精度/(m/s)
36000	178. 166	0. 175
48000	98. 946	0. 081
60000	86. 073	0. 063
90000	67. 278	0. 054

从表 5 － 2 中数据可以看到,在理想情况下(没有模型误差),基于一体化日－地－月敏感器的自主导航系统能够达到 100m 以内的导航精度,这说明所研究的导航方法是有效的。

5.4.2　误差影响因素分析

5.4.1 节的仿真是在不考虑模型误差的情况下得到的结果。在工程应用中,实际能够达到的导航精度取决于各种误差的大小,如敏感器随机误差、敏感器系统误差(如地球扁率造成的误差,通常体现为常值或慢变误差)、航天器轨道构型(即观测几何)、导航滤波器的周期、以及星蚀对导航天体可见性的影

响等。本节通过数学仿真分析上述误差因素对自主导航系统的影响。

1）敏感器随机误差对导航精度的影响分析

在数学仿真中，改变地球方位测量噪声、太阳方位测量噪声和月球方位测量噪声的大小，验证它们对导航精度的影响。表5－3～表5－5分别列出了不同地球、太阳和月球方位测量噪声情况下所取得的导航精度。显然，基于一体化日－地－月敏感器的航天器自主导航精度随天体方位测量噪声的增大而降低。

表5－3　地球方位测量噪声对导航精度的影响

地球方位测量 噪声/(°)	位置误差均值 /m	位置误差均方根 /m	导航精度	
			位置/m	速度/(m/s)
0.01	44.520	18.142	98.946	0.081
0.03	115.150	45.202	250.758	0.208
0.05	185.100	67.434	387.402	0.324
0.10	398.028	137.711	811.161	0.673
0.20	779.970	272.288	1596.835	1.336

表5－4　太阳方位测量噪声对导航精度的影响

太阳方位测量噪声 标准差/(°)	位置误差均值 /m	位置误差均方根 /m	导航精度	
			位置/m	速度/(m/s)
0.001	44.520	18.142	98.946	0.081
0.005	55.849	18.521	111.4111	0.086
0.010	70.878	20.706	132.996	0.097
0.050	214.539	83.147	463.981	0.390
0.100	435.661	209.382	1063.809	0.925

表5－5　月球方位测量噪声对导航精度的影响

月球方位测量噪声 标准差/(°)	位置误差均值 /m	位置误差均方根 /m	导航精度	
			位置/m	速度/(m/s)
0.001	40.361	15.906	88.078	0.072
0.005	44.520	18.142	98.946	0.081
0.010	51.134	21.059	114.311	0.096
0.050	124.963	45.062	260.149	0.221
0.100	232.038	85.824	489.509	0.390

2）敏感器常值误差对导航精度的影响

通过仿真考察一体化日 – 地 – 月敏感器的常值系统误差对导航精度的影响。敏感器对地球方位测量的系统误差体现为地心方向和地球视半径的常值误差。分别考察地心方位常值误差、地心俯仰常值误差和地球视半径常值误差对自主导航精度的影响,所得到的仿真结果见表 5 – 6。敏感器对太阳、月球测量的系统误差体现为太阳方向、月球方向的常值误差。分别考察太阳及月球方位常值误差和俯仰常值误差对导航精度的影响,所得到的仿真结果如表 5 – 7 和表 5 – 8 所列。

表 5 – 6　对地球测量常值误差对导航精度的影响

项目	测量常值误差/(°)	位置误差均值/m	位置误差均方根/m	导航精度	
				位置/m	速度/(m/s)
方位	0.005	856.078	221.384	1520.229	1.016
	0.010	1680.147	441.631	3005.040	2.029
	0.050	8277.993	2204.306	14890.912	10.136
	0.100	16535.013	4409.203	29762.622	20.284
俯仰	0.005	594.221	41.559	718.899	0.738
	0.010	1198.870	42.409	1326.096	1.404
	0.050	6040.525	60.597	6222.317	6.749
	0.100	12039.622	66.241	12238.343	13.382
地球视半径	0.01	48.165	16.500	97.665	0.077
	0.05	45.102	17.716	98.250	0.080
	0.10	54.017	17.473	106.436	0.082
	1.00	84.799	78.418	420.053	0.329

表 5 – 7　对太阳测量常值误差对导航精度的影响

项目	测量常值误差/(°)	位置误差均值/m	位置误差均方根/m	导航精度	
				位置/m	速度/(m/s)
方位	0.005	351.905	87.046	613.043	0.540
	0.010	686.989	140.907	1109.710	0.999
	0.050	3364.894	578.720	5101.053	4.695
	0.100	6695.543	1125.253	10071.301	9.300

（续）

项目	测量常值 误差/(°)	位置误差均值 /m	位置误差 均方根/m	导航精度	
				位置/m	速度/(m/s)
俯仰	0.005	146.969	45.220	282.630	0.220
	0.010	298.610	85.902	556.316	0.437
	0.050	1535.011	428.612	2820.847	2.220
	0.100	3084.227	867.027	5685.308	4.478

表 5 - 8　对月球测量常值误差对导航精度的影响

项目	测量常值 误差/(°)	位置误差均值 /m	位置误差 均方根/m	导航精度	
				位置/m	速度/(m/s)
方位	0.005	458.277	186.708	1018.402	1.144
	0.010	916.346	382.989	2065.313	2.310
	0.050	4539.756	1948.395	10438.941	11.637
	0.100	9198.313	3902.035	20904.419	23.295
俯仰	0.005	94.874	28.110	179.202	0.164
	0.010	154.462	45.844	291.994	0.287
	0.050	649.943	211.721	1285.106	1.335
	0.100	1271.664	421.279	2535.501	2.650

对比表 5 - 3 和表 5 - 6，可以看到，对于地心方向测量，0.1°的测量噪声可导致约 400m 的导航误差，而 0.005°的常值误差可导致约 800m 的导航误差。敏感器常值测量误差对导航精度的影响比测量噪声的影响大得多。导航滤波器能够抑制测量噪声，但不能有效抑制常值误差的影响。太阳方向和月球方向测量中也有相似的结果。通过表中数据还可以得出结论：当测量噪声的方差较大时，系统的导航精度与测量噪声的方差近似呈线性关系，但当测量噪声的方差逐渐减小时，系统的导航精度将趋于一极限精度；测量常值误差与导航精度的关系基本呈线性关系。

3）轨道参数对导航精度的影响

对于不同偏心率和倾角的轨道，航天器自主导航精度分别见表 5 - 9 和表 5 - 10。可以看出，轨道倾角对导航系统精度有明显影响，而轨道偏心率对导航系统精度影响较小。这是因为轨道倾角对测量几何改变较大。

表5-9 不同偏心率轨道的导航精度

偏心率	位置误差均值/m	位置误差均方根/m	导航精度	
			位置/m	速度/(m/s)
0.001	44.520	18.142	98.946	0.081
0.005	42.329	14.607	86.149	0.081
0.010	52.238	21.990	118.209	0.092
0.050	45.935	34.700	150.034	0.149

表5-10 不同轨道倾角的导航精度

轨道倾角/(°)	位置误差均值/m	位置误差均方根/m	导航精度	
			位置/m	速度/(m/s)
1	123.742	51.069	276.949	0.315
15	35.905	14.587	79.666	0.080
45.0	47.349	20.321	108.313	0.098
135.0	56.748	30.035	146.853	0.147
175	284.919	122.013	650.959	0.725

4）滤波器周期对导航精度的影响

导航滤波器的周期也会对导航精度产生影响。在滤波器中将滤波周期分别取1s、5s、10s、20s、60s,通过数学仿真获得的航天器自主导航精度统计结果见表5-11。

表5-11 不同滤波周期下的导航精度

滤波周期/s	位置误差均值/m	位置误差均方值/m	导航精度	
			位置/m	速度/(m/s)
1	37.907	19.604	96.718	0.080
5	44.520	18.142	98.946	0.081
10	89.256	36.875	199.881	0.158
20	108.463	47.646	251.410	0.233
60	197.063	96.672	487.079	0.391

由表 5-11 可见,更新周期越短,导航精度越高;但更新周期越短,计算量约大。因此,需要根据导航精度要求和星载计算机的计算能力综合考虑,确定适当的滤波周期。

5) 星蚀对导航精度的影响

基于日－地－月信息的航天器自主导航系统在日月可见弧段,利用一体化日－地－月敏感器提供的测量信息和星载计算机存储的日月天文历表确定地心惯性坐标系下的航天器位置矢量。在星蚀(包括日、月蚀)期间,得不到当前的日月测量数据,只能通过轨道预报的方式进行航天器位置确定,并以日月可见弧段得到的航天器轨道参数作为轨道预报初值。对于低轨道卫星,由于星蚀出现的时间较长,星蚀对导航精度的影响较为明显。

图 5-7 和图 5-8 分别是出现星蚀情况下的航天器位置估计误差和速度估计误差曲线。不难看出,在星蚀出现以前,导航系统的位置估计精度为 0.5km,速度估计精度为 0.5m/s;当星蚀出现以后,依靠轨道预报进行定位,一天时间内导航系统的位置误差迅速增加到 13km,速度误差则增大到 13m/s;当星蚀结束后,导航滤波很快恢复到正常水平。由此可见,星蚀对基于一体化日－地－月敏感器的自主导航精度有一定影响。

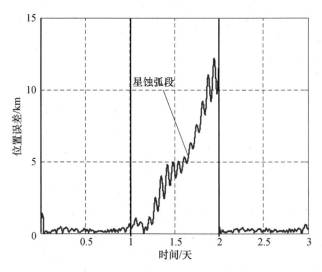

图 5-7　考虑星蚀情况下导航位置误差

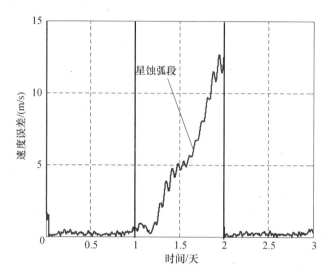

图 5-8　考虑星蚀情况下导航速度误差

6）地球扁率修正对导航精度的影响

与第 4 章的情况相似,一体化日-地-月敏感器也采用红外地球敏感器来测定地心方位,地球扁率是影响地心方位测定精度的一个重要因素。考虑地球扁率修正的基于一体化日-地-月敏感器的航天器自主导航系统框图如图 5-9 所示。

通过数学仿真和对比分析说明地球扁率修正的作用。对导航系统进行仿真时,初始历元时刻取为 2012 年 5 月 6 日 0 分 0 秒,瞬时轨道根数为:长半轴 6878km,轨道倾角 43°,偏心率 0,升交点赤经 0°,近地点角距 0°,平近点角 0°。假设卫星姿态对地定向,地球扁率为 3.353×10^{-3},测量数据采样周期为 5s,地球敏感器测量精度为 0.1°,月球敏感器测量精度为 0.05°,太阳敏感器测量精度为 0.05°。导航滤波器的

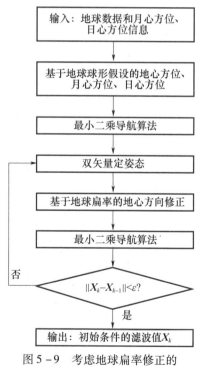

图 5-9　考虑地球扁率修正的
自主导航流程图

初始位置误差取为 10km,速度误差取为 0.01km/s。为了便于分析地球扁率对导航精度的影响,数学仿真中暂不加入随机噪声。

当不进行地球扁率修正时,地球扁率对导航精度的影响非常明显。

若进行地球扁率修正,经过滤波得到的导航位置和速度误差,能够显著提高导航精度。

加入一体化日 – 地 – 月敏感器的测量噪声后,通过蒙特卡罗仿真方法得到进行扁率修正后的航天器自主导航精度。256 次蒙特卡罗仿真得到结果为:导航位置误差的统计均值为 $[0.0193, -0.0513, -0.0099]$ km,位置误差均方差为 $[0.1380, 0.2638, 0.2258]$ km,速度误差统计均值为 $[-0.1383, 0.2046, 0.0175] \times 10^{-3}$ km/s,速度误差均方差为 $[0.6978, 0.8026, 0.0538] \times 10^{-3}$ km/s。

蒙特卡罗仿真结果表明,在太阳、地球、月球方位测量噪声水平分别为 $0.05°$、$0.1°$、$0.05°$ 的情况下,经过地球扁率修正,基于一体化日 – 地 – 月敏感器的航天器自主导航系统最终达到的估计精度为:位置误差在 800m 以内,速度误差在 2.4m/s 以内。

▶ 5.5　小结

本章对基于一体化日 – 地 – 月敏感器的航天器自主导航方法进行了介绍。相比第 4 章基于红外地球敏感器和星敏感器的自主导航方法,地心矢量的获取方法是相同的,不同之处在于一体化日 – 地 – 月敏感器用太阳和月球这些天体方向测量取代了星敏感器的恒星测量。太阳和月球是明显的亮天体,相比较暗的恒星来说,信号提取的难度大大降低。不利因素是,由于太阳和月球相对地球较近,存在明显的运动,因此导航计算机中需要存入它们的历表,并在导航解算中实时求取它们相对地球的方向和距离,计算较为复杂。而在基于红外地球敏感器和星敏感器的自主导航方法中,恒星是远天体,它们在惯性空间的方向几乎是不变的,因此,在航天器执行空间任务期间,通常不需要考虑恒星的相对运动,计算较为简单。基于一体化日 – 地 – 月敏感器的航天器自主导航方法的计算量大于基于红外地球敏感器和星敏感器的自主导航方法。与基于红外地球敏感器和星敏感器的自主导航方法相比,基于一体化日－地－月敏感器的导航方法的最大优势在于,日－地－月方位测量是通过一个敏感器实现的,因此,导航精度受敏感器之间相对安装误差的影响较小,而在基于红外地球敏感器和星敏感器的自主导航系统中,对地心方向和恒星方向的测量是由两个敏感器分别完成的,它们之间的安装误差、时间不同步等因素会部分抵消星敏感器测量精度高的优势,对高精度导航带来不利影响。

参 考 文 献

[1] Hosken R, Wertz J. Microcosm autonomous navigation system on – orbit operation[J]. Advances in the Astronautical Sciences,1995,88:491 – 491.

[2] Tekawy J, Wang P, Gray C. Scanning horizon sensor attitude correction for earth oblateness [J]. Journal of Guidance, Control, and Dynamics,1996,19(3):707 – 708.

[3] Li L L, Sun H X. A method of astronomical autonomous orbit and attitude determinations for satellites[J]. Chinese Astronomy and Astrophysics,2003,27:481 – 489.

[4] LI Yong, ZHANG Chun qing, LIU Liang dong. Observability of measurement bias for nonlinear systems arising from satellite autonomous navigation and attitude determination[C]. Japan:56th International Astronautical Congress,2005.

[5] 张春青,李勇,刘良栋.卫星自主轨道确定的自校准滤波[J].宇航学报,2006,27(2):301 – 305.

[6] 李勇,魏春岭.卫星自主导航技术综述[J].航天控制,2002,20(2):70 – 74.

[7] 黄翔宇,荆武兴.基于"日－地－月"信息的卫星自主导航技术研究[J].哈尔滨工业大学学报,2002,34(5):643 – 646.

[8] 荆武兴.基于日地月方位信息的近地轨道卫星自主导航[J].宇航学报,2003,24(4):418 – 420.

[9] 张春青,刘良栋,李勇.提高卫星自主导航精度的滤波算法和仿真[J].中国空间科学技术,2006,26(3):1 – 6.

[10] 荆武兴,李茂登,黄翔宇.基于日地月方位信息的自主导航系统的脉冲仿真和方位确定[J].航天控制,2011,29(3):69 – 74.

[11] 李茂登,荆武兴,黄翔宇.考虑地球扁率修正的基于日地月方位信息的地球卫星自主导航[J].宇航学报,2012,33(5):577 – 583.

[12] Y Qian, C Li, W Jing, et al. Sun – Earth – Moon autonomous orbit determination for quasi – periodic orbit about the translunar libration point and its observability analysis[J]. Aerospace Science and Technology,2013,28:289 – 296.

第6章
基于紫外敏感器的自主导航技术

利用光学敏感器对自然天体进行观测,是实现航天器自主导航最可靠的方法之一。传统的光学敏感器多工作在红外波段或可见光波段,如红外地球敏感器、星敏感器等。20世纪80年代后期,通过对紫外波段的探测研究,取得了有关地球大气的紫外辐射数据,这为研制紫外敏感器提供了理论依据。通过对大气透过特性的研究发现,地球辐射的紫外谱段相对可见光谱段具有更强的稳定性,相对红外谱段具有更锐利的梯度变化,这样就为实现高精度测量提供了信号基础。

为了提升自主天文导航系统性能,在红外地球敏感器的基础上发展了新型紫外敏感器。紫外敏感器具有新颖的光机电一体化结构,采用先进的共光学系统成像测量方式,可基于单个固态敏感器组件同时获取恒星和地球图像,通过图像处理直接提取惯性空间中的地心矢量信息,具备提供航天器三轴姿态数据和自主导航信息的能力。由于紫外敏感器实现了恒星和地球的同时同光电探测器成像,在很大程度上降低了相对安装误差(恒星观测和地球观测)对自主导航精度的影响。

对于基于红外地球敏感器和星敏感器的自主导航方案,限制导航精度提高的主要因素是地心方向测量误差。相对于红外地球敏感器,成像式紫外敏感器能够获得更高的地心方向测量精度,原因在于:第一,地球紫外辐射稳定,且随高度变化的梯度更大;第二,通过成像边缘拟合提取地心方向,精度较红外地球敏感器更高,且避免了运动部件影响敏感器在轨寿命的问题;第三,通过组合视场设计,直接获得惯性坐标系中的地心方向矢量,减小了相对安装误差的影响。因此,基于紫外敏感器的自主导航系统,原理上能够获得比"红外地球敏感器 + 星敏感器"更高的定位精度。

本章将论述基于紫外敏感器的航天器自主导航方法,紫外敏感器的测量数据包括地心方向矢量、地心距离和恒星方向矢量。在介绍紫外敏感器的测量原理和视场特点后,给出了几何法位置解算方法、地心方向高精度确定方法和自主导航的系统方案,并利用数学仿真对基于紫外敏感器的导航算法进行了验证。

▶ 6.1　导航基本原理

◿ 6.1.1　敏感器测量

光学敏感器按工作波段可分为红外地球敏感器、可见光波段图像敏感器和紫外敏感器等。典型的红外地球敏感器工作在红外波段,其对背景噪声敏感,尺寸与重量大,且价格较高。红外地球敏感器不能提供航天器偏航姿态信息,为了测量三轴姿态,还需要额外配备一个偏航敏感器,这就增加了敏感器的体积和重量。用可见光波段进行测量的成像敏感器,可以通过同时观测地球边缘和恒星得到三轴姿态信息,然而,由于气候条件的影响,地球边缘在可见光波段的变化很大时会引入较大的测量误差。

紫外敏感器指的是以紫外光谱来观测天体目标的光学敏感器。紫外敏感器最早起源于美国霍尼韦尔(Honeywell)公司在 1992 年研制成功的紫外三轴姿态敏感器,即地球基准确定系统(ERADS),该系统于 1994 年完成了飞行试验。紫外敏感器能同时观测地球边缘和恒星,地球紫外辐射与红外辐射的边缘稳定性相当,而紫外辐射通量随高度的变化梯度比红外高近一个数量级。在 20km 以上的大气层内,紫外辐射量随高度的变化率为 15%/km,而红外辐射只有 2%～3%/km。紫外敏感器能取得比红外地球敏感器更高的地心方向测量精度,因此,采用紫外敏感器有望获得更高的自主导航精度。

国内自行研制的紫外敏感器具有新颖的光学系统和光机电一体化结构。

它有两个观测视场,即中心视场和环形视场,通过一个固态敏感器组件同时敏感恒星和地球辐射,并可同时提供三轴姿态和自主导航信息,具有重量轻、功耗低、多用途、高可靠、无活动部件、长寿命和低成本的优点,适应不同轨道卫星的应用,可替代以往红外地球敏感器和星敏感器的组合。

　　根据地球紫外辐射模型,紫外敏感器的工作波段选择为 270 ~ 300nm。紫外敏感器所检测的地球边缘对太阳辐射的紫外散射强度与诸多因素有关,如太阳天顶角、方位角(光照条件)、轨道高度和指向角,以及地球和大气的反射率等。当紫外敏感器用于航天器自主导航时,为了对地球辐射圆盘以及恒星同时成像,敏感器的视场由一个圆锥形中心视场和一个环形锥视场两部分组成。紫外敏感器通过敏感非点光源和点光源的图像,确定地球和恒星在星体坐标系中的方向,精度可达 0.01° ~ 0.05°。一种适用于低轨卫星的紫外敏感器的典型视场范围如图 6 - 1 所示:环形视场 120° ~ 160°,所能观测到的球面角占整个天球的

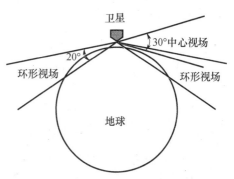

图 6 - 1　紫外敏感器视场示意图

16.32% ;中心视场30°,所能观测的球面角占整个天球的1.7%。天球上目视星等为 4.5 等或更亮的恒星有 400 颗以上,30°视场的紫外敏感器在某一时刻平均能观测到 16 颗恒星,这对于实现天文自主导航来说是足够的。

　　紫外敏感器的中心视场与环形视场的光轴可以同轴,也可以相互垂直。需要根据具体的任务要求选择相应的结构。如果以 1000km 以上轨道高度的航天器为应用对象,则紫外敏感器的光学系统应选择同轴结构;对于低地球轨道(LEO)航天器,由于地球张角大,此时紫外敏感器的光学系统需要选择光轴相互垂直的结构。光轴相互垂直的紫外敏感器光学系统光路示意图如图 6 - 2 所示。其中,中心视场用于对地球紫外辐射球成像,通过图像处理算法可以提取出辐射球边缘,并求解出地心方向和视半径;边缘视场用于对背景恒星成像,通过提取出的星点与恒星星表进行匹配,识别出若干颗恒星,并给出恒星方向在敏感器测量坐标系中的指向,进一步通过三颗以上恒星方向确定敏感器的惯性姿态。根据敏感器的惯性姿态信息,可以将地心方向矢量从敏感器

测量坐标系转换到地心惯性坐标系,便于后续导航解算。

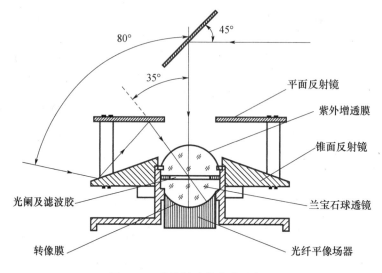

图 6-2 紫外敏感器光路示意图

⊠ 6.1.2 几何定位

根据紫外敏感器的观测量,可以用几何方法直接解算出航天器的位置。地球紫外辐射可以提供地心方向测量(对应滚动和俯仰姿态),同时还能根据地球视半径解算出地心距离,通过恒星测量可以提供惯性姿态。将地心方向测量、惯性姿态、地心距离测量组合起来,可直接计算出航天器的位置矢量。几何法定位公式为

$$\boldsymbol{r}_{\mathrm{I}} = -r \cdot \boldsymbol{C}_{\mathrm{IS'}} \boldsymbol{C}_{\mathrm{S'S}} \boldsymbol{E}_{\mathrm{S}} \tag{6-1}$$

式中:$\boldsymbol{r}_{\mathrm{I}}$ 为航天器在地心惯性坐标系中的位置矢量;r 为地心距离,对于成像型紫外敏感器可根据地球成像圆盘大小直接导出;$\boldsymbol{C}_{\mathrm{IS'}}$ 为通过背景恒星获得的敏感器惯性姿态矩阵;$\boldsymbol{C}_{\mathrm{S'S}}$ 为背景恒星光路与地球成像光路之间的误差;$\boldsymbol{E}_{\mathrm{S}}$ 为敏感器测量坐标系下的地心方向矢量,由紫外敏感器测量得到。

几何法的优点是简单直接,缺点是精度有限。为表示方便,将几何法定位公式(6-1)改写为

$$\boldsymbol{r}_{\mathrm{I}} = -r \cdot \boldsymbol{u}_{\mathrm{I}} \tag{6-2}$$

式中：$u_I = C_{IS'} C_{S'S} E_S$ 为地心惯性坐标系中的地心方向矢量。不难看出，测量误差主要来自三个方面：一是紫外敏感器对地心方向测量的直接测量误差，包含在 E_S 中；二是紫外敏感器的光路误差，体现在误差矩阵 $C_{S'S}$ 中，由敏感器制造工艺决定，如果采用同光路设计，则这一项误差可忽略；三是惯性姿态确定误差，体现在姿态矩阵 $C_{IS'}$ 中。目前，恒星确定的精度已达角秒量级，惯性姿态确定误差可忽略，因此，紫外敏感器的主要误差源为地心方向测量误差。对式（6-2）微分，得到

$$\delta r_I = -\delta r \cdot u_I - r \cdot \delta u_I \tag{6-3}$$

不难看出，由地心距测量误差 δr 带来的定位误差从数值上不会超过测距误差，而地心方向测量误差对定位误差的"贡献"则与地心距离成正比。提高导航精度的关键是提高地心方向测量精度，尽可能地降低工艺误差和测量偏差的影响。

以美国地球观测卫星 EO-1 为例，对几何法定位精度进行分析。卫星轨道参数为：半长轴 $a = 7077.732\text{km}$，轨道偏心率 $e = 0.001175$，轨道倾角 $i = 98.2102°$，升交点赤经 $\Omega = 188.547°$，近地点幅角 $\omega = 90°$。利用地球视张角计算公式，不难导出地心距离测量误差与地球成像半径测量误差间的关系式，即

$$\Delta r = \frac{r \sqrt{r^2 - (R_e + H_{UV})^2}}{R_e + H_{UV}} \Delta\theta_m \tag{6-4}$$

式中：Δr 为地心距离测量误差；R_e 为地球半径；H_{UV} 为地球紫外辐射层高度；$\Delta\theta_m$ 为地球视张角测量误差。

显然，当地球成像圆盘半径测量精度一定的前提下，随轨道高度的增加，地心距离测量误差随之增大，如图 6-3 所示。

对于太阳同步轨道上的 EO-1，假设地心距的测量噪声为 500m，地心方向矢量的测量噪声为 0.02°，几何法定位的误差曲线如图 6-4 所示。

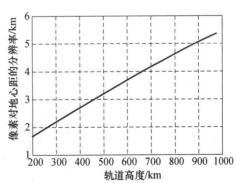

图 6-3　地心距测量误差随轨道高度的变化

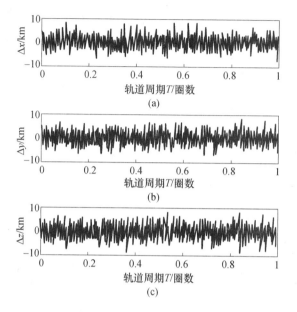

图 6-4 几何法定位误差曲线

沿地心惯性坐标系三个轴向的定位误差为 7.5km,此时由于测距误差较小,决定定位精度的主要因素是地心方向矢量的测量误差。从结果来看,利用紫外敏感器测量的地心方向、地心距和惯性姿态,采用几何法定位获得的导航精度难以满足高精度自主导航要求。但是从原理上看,紫外敏感器自身就提供了完备的自主导航测量信息。

▶6.2　地心方向高精度确定方法

地心方向测量是紫外敏感器的核心任务之一。紫外敏感器信息处理包含图像处理和地心矢量测量两部分。图像处理的任务是提取出"有效信息点",即图像边缘点。本章重点是地心矢量测量算法,有关边缘点提取算法的详细描述,请参阅相关文献和技术资料。

◁6.2.1　地球成像模型

根据共轭成像原理,物体的成像等价于首先投影到物空间与景象平面(CCD 平面)共轭的标准平面,然后标准平面上的投影在景象平面上形成最终的像。航天器姿态的变化表现为敏感器的旋转,系统的景象平面、标准平面也将随之旋转,此时,地球边缘在标准平面上的投影形状将发生改变,如图 6 - 5 所示。当姿态角为零时,光轴与地冠面垂直,地冠面与景象平面平行,此时地冠圆的投影像为圆(暂不考虑地球扁率的影响)。当航天器滚动或俯仰姿态发生变化时,则光轴不再与地冠面垂直,地冠面与景象平面之间有夹角,此时投影像为非圆的二次曲线(圆锥曲线)。

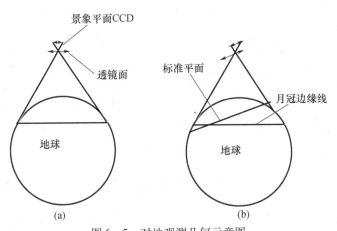

图 6 - 5　对地观测几何示意图

(a) 零姿态的成像示意图;(b) 有姿态的成像示意图。

　　此外,还可以通过成像面与圆锥包络的截线来描述地球成像。以地冠边缘与透镜中心的连线为主光线,主光线与敏感器形成一个圆锥包络,景象平面与这个圆锥包络的截线是地冠成像。零姿态时(敏感器正对地心进行观测)对地球的成像为圆;姿态角大到一定角度为双曲线;通常情况下(姿态角为小角度)成像为椭圆,而且随角度差异呈现为不同的椭圆方程,如图 6 - 6 所示。

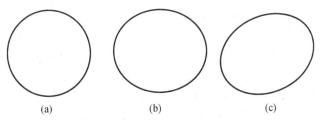

图 6 - 6　地球成像示意图

(a) 零姿态;(b) 俯仰姿态;(c) 俯仰、滚动同时存在。

可见,地球边缘在景象平面上所成圆锥曲线的形状与航天器姿态有关,而成像大小与地球视张角有关,因此,根据地球成像边缘形成的圆锥曲线可解算出航天器的对地姿态和轨道高度。假设地球为正球体,可以推导出景象平面上的成像边缘点满足如下二次曲线方程:

$$a_{11}x^2 + 2a_{12}xy + a_{22}y^2 + 2a_{13}x + 2a_{23}y = 1 \qquad (6-5)$$

式中:系数 a_{11}、a_{12}、a_{22}、a_{13}、a_{23} 决定了椭圆像的长轴、短轴和中心点,上述系数可通过数据处理得到。

6.2.2 椭圆方程拟合法

地球图像的椭圆方程拟合算法是基于边缘曲线的几何形状特性进行的,属于几何模型估计法。算法步骤是首先拟合边缘曲线,然后由曲线方程来解算地心矢量以及姿态角。

1. 边缘拟合

目标曲线满足标准二次曲线方程式(6-5)。拟合算法利用最小二乘法,测量方程写成

$$z = H \cdot x \qquad (6-6)$$

其中

$$z = [1, \quad 1, \quad \cdots \quad 1]^T$$

$$H = \begin{bmatrix} x_1^2 & x_1 y_1 & y_1^2 & x_1 & y_1 \\ x_2^2 & x_2 y_2 & y_2^2 & x_2 & y_2 \\ \vdots & \vdots & \vdots & \vdots & \vdots \\ x_N^2 & x_N y_N & y_N^2 & x_N & y_N \end{bmatrix}$$

式中:N 为参与边缘点拟合的边缘点数目;矢量 x 的表达式为

$$x = [a_{11} \quad 2a_{12} \quad a_{22} \quad 2a_{13} \quad 2a_{23}]^T$$

采用最小二乘算法对二次曲线方程的各项系数进行估计:

$$\hat{x} = (H^T H)^{-1} H^T z \qquad (6-7)$$

2. 姿态角求解

根据椭圆参数求解姿态角,椭圆中心坐标为

$$\begin{cases} x_0 = -\dfrac{1}{D}(a_{13} \cdot a_{22} - a_{23} \cdot a_{12}) \\ y_0 = -\dfrac{1}{D}(a_{11} \cdot a_{23} - a_{13} \cdot a_{21}) \end{cases} \qquad (6-8)$$

式中：$D = a_{11} \cdot a_{22} - a_{12} \cdot a_{21}$。

令　$h = a_{11} + a_{22}\Delta = (2 \cdot a_{12})^2 - 4a_{11} \cdot a_{22}$，$\Gamma = \begin{vmatrix} a_{11} & a_{12} & a_{13} \\ a_{21} & a_{22} & a_{23} \\ a_{31} & a_{32} & a_{33} \end{vmatrix}$，

$$aa = (h + \sqrt{h^2 + \Delta})/2, bb = (h - \sqrt{h^2 + \Delta})/2, cc = \frac{4\Gamma}{\Delta}$$

$$r_1 = \sqrt{\frac{cc}{aa}}, r_2 = \sqrt{\frac{cc}{bb}}$$

则椭圆长半轴 a 和短半轴 b 分别为

$$a = \max(r_1, r_2), b = \min(r_1, r_2) \tag{6-9}$$

当 $a_{12} \neq 0$ 时，X 轴与圆锥曲线主轴的夹角 β 满足

$$\tan(2\beta) = \frac{2a_{12}}{a_{11} - a_{22}} \tag{6-10}$$

根据得到的图形相关的特征，有

$$y_{p1} = y_0 - a \cdot \tan\beta \tag{6-11}$$

$$y_{p2} = y_0 + a \cdot \tan\beta \tag{6-12}$$

$$\varphi^2[\sec^2\beta \cdot f \cdot (y_{p1} + y_{p2})] + 2 \cdot \varphi \cdot [f^2 - y_{p1} \cdot y_{p2} \cdot \sec^2\beta] - [f \cdot (y_{p1} + y_{p2})] = 0 \tag{6-13}$$

$$\tan\beta = \frac{y_0}{x_0} = -\frac{\theta}{\varphi} \tag{6-14}$$

$$\rho = \frac{f_s \cdot y_{p2} - \varphi \cdot f_s^2}{\varphi \cdot \tan\beta \cdot \sin\beta \cdot y_{p2} + \varphi \cdot \cos\beta \cdot y_{p2} + f_s \cdot \cos\beta} \tag{6-15}$$

由以上方程联立可解出航天器的两轴姿态角 θ、φ 与视半径 ρ。可以看出，通过紫外敏感器对地球进行观测，可以得到航天器两个方向上的姿态信息。

6.2.3　边缘矢量拟合法

基于矢量拟合的地心方向提取算法以地心方向与地球边缘点矢量夹角一定为前提（目前尚未考虑地球非球形的影响），列写测量方程，并采用最小二乘算法对地心方向矢量进行估计；然后利用解析关系计算地球半张角，并进而得到地心距离。

定义地球边缘点归一化矢量集为

$$\boldsymbol{m}_i = \begin{bmatrix} m_{xi} & m_{yi} & m_{zi} \end{bmatrix}^{\mathrm{T}}, i = 1, 2, \cdots, N$$
$$(6-16)$$

地心方向矢量在紫外敏感器测量坐标系的投影设为

$$\boldsymbol{E}_{\mathrm{m}} = \begin{bmatrix} e_x & e_y & e_z \end{bmatrix}^{\mathrm{T}} \quad (6-17)$$

式中:$\boldsymbol{m}_i$ 和 $\boldsymbol{E}_{\mathrm{m}}$ 均为单位矢量。

地球成像边缘点对应的方向矢量,如图 6-7 所示。

定义地心矢量与边缘点矢量的内积为

$$v_i = <\boldsymbol{m}_i \cdot \boldsymbol{E}_{\mathrm{m}}> = e_x m_{xi} + e_y m_{yi}$$
$$+ e_z m_{zi} = \boldsymbol{m}_i^{\mathrm{T}} \boldsymbol{E}_{\mathrm{m}} = \cos\rho \quad (6-18)$$

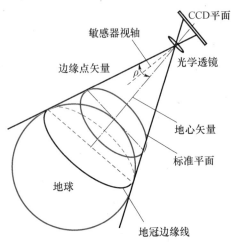

图 6-7 地球成像几何关系示意图

式中:ρ 为地球视半径。用 $\cos\rho$ 对式(6-18)进行归一化,有

$$\boldsymbol{m}_i^{\mathrm{T}} \left(\frac{\boldsymbol{E}_{\mathrm{m}}}{\cos\rho} \right) = 1 \tag{6-19}$$

根据式(6-19),采用最小二乘法可以估计出非归一化的地心方向矢量 $\boldsymbol{E}_{\mathrm{m}}\sec\rho$,不妨记作 $\boldsymbol{E}_{\mathrm{m}}\sec\rho = [\hat{e}_x \ \hat{e}_y \ \hat{e}_z]^{\mathrm{T}}$,然后,通过矢量归一化得到用于进行导航解算的地心方向矢量 $\boldsymbol{E}_{\mathrm{m}}$。

地球视半径按下式计算

$$\rho = \arccos\left(\frac{1}{\sqrt{\hat{e}_x^2 + \hat{e}_y^2 + \hat{e}_z^2}} \right) \tag{6-20}$$

再计算出航天器至地心的距离:

$$r = \frac{R_{\mathrm{e}} + H_{\mathrm{UV}}}{\sin\rho} \tag{6-21}$$

6.2.4 地心矢量提取的精度

以美国地球观测卫星 EO-1 的轨道为例,利用数学仿真的方法对地心矢量提取精度进行分析。

1.椭圆拟合法提取地心矢量

设卫星轨道高度为 733km,边缘点坐标噪声方差为 $\sigma_{\mathrm{m}}^2 = 9$,360° 全弧段拟合。当俯仰角 3°、滚动角 5°时,地球成像边缘如图 6 - 8 所示,提取的地心方向(用俯仰角和滚动角表示),如图 6 - 9 所示。

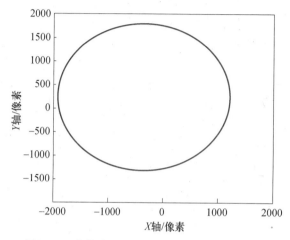

图 6 - 8　俯仰角 3°、滚动角 5°时,地球成像边缘

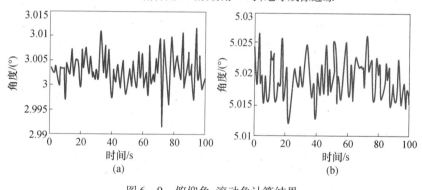

图 6 - 9　俯仰角、滚动角计算结果

(a)俯仰角/(°);(b)滚动角/(°)。

拟合出的椭圆参数为:中心坐标(- 343. 6548,205. 5951),长轴 1573. 6,短轴 1530. 9。100 次仿真的统计结果为地心方向测量精度 0.035°,地心距测量精度优于 0.5km。

2. 边缘矢量拟合法提取地心矢量

同样设卫星的标称轨道高度为 733km,边缘点坐标噪声取为高斯白噪声,方差为 1。360°的有效弧段下,500 次测量的姿态角误差统计分布如图 6 - 10 ~ 图 6 - 12 所示。地心方向测量精度优于 0.02°,地心距测量精度优于 0.6km,

与椭圆拟合法精度相当。

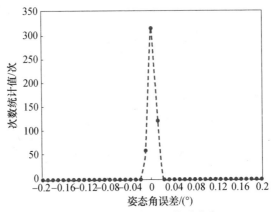

图 6-10　俯仰角误差统计分布

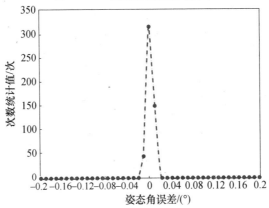

图 6-11　滚动角误差统计分布

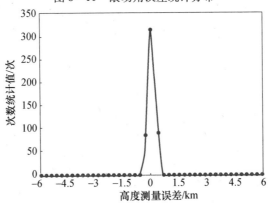

图 6-12　轨道高度测量误差统计分布

▶ 6.3 自主导航系统方案

6.3.1 紫外导航系统框架

基于紫外敏感器的自主导航系统原理如图 6 - 13 所示。紫外敏感器获得的光学图像经信息处理后得到测量信息,紫外敏感器可以输出地心方向矢量与地心距,也可以输出地心 - 恒星视线的夹角(星光角距),利用轨道动力学方程对航天器轨道进行外推,当有紫外敏感器输出时,利用导航滤波器给出对轨道外推的修正量,得到航天器位置的最优估计值。

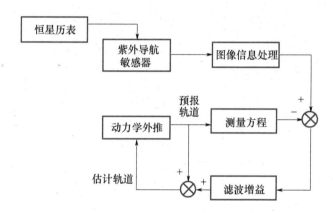

图 6 - 13 紫外自主导航原理图

紫外敏感器图像信息的处理按照先处理地球图像、后处理恒星图像的方式实施,图像处理算法流程图和处理过程分别如图 6 - 14 和图 6 - 15 所示。恒星图像的处理方法可参阅 2.6 节。

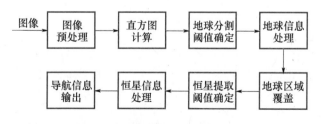

图 6 - 14 图像信息处理算法流程图

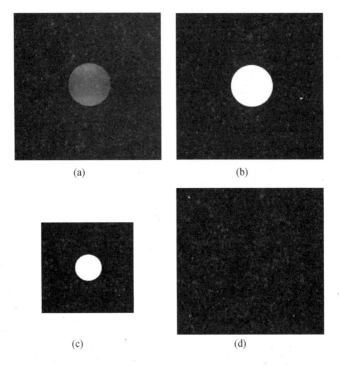

图 6 - 15　图像处理过程仿真图

(a) 目标原图;(b) 目标分割图;(c) 地球边缘图;(d) 恒星星点图。

利用紫外敏感器测量坐标系下地心方向矢量 E_m、恒星方向矢量 S_{m1}、S_{m2}、$\cdots$、S_{mn},以及星表存储的惯性系下的星点矢量 S_{I1}、S_{I2}、$\cdots$、S_{In},采用最小二乘法计算得到地心惯性坐标系下的地心方向矢量 E_I,可作为导航滤波器的输入量,进行下一步的导航解算。

6.3.2　基于紫外敏感器的自主导航滤波

航天器自主导航滤波器的设计是基于系统的状态方程和观测方程进行的。当航天器未进行轨道机动,且受到的非引力摄动很小时,状态方程可以用纯引力作用下的轨道动力学方程来描述。状态变量选为航天器的位置矢量和速度矢量在地心惯性坐标系中的分量(r_I, $\dot{r}_I$),这种选法比较直观,通过滤波估计可以直接得到航天器的位置和速度信息。当然,也可选择轨道的 6 个参数作为状态变量。航天器的位置和速度,以及航天器的轨道参数作为航天器运动状态的不同表述方式,可以相互转化,在实际应用过程中,要根据航天任务的需要进行选取。

航天器的轨道动力学模型由如下微分方程描述：

$$\dot{x} = f[x(t), t] + w(t) \quad (6-22)$$

式中：$x(t)$ 为状态变量，其 6 个元素由航天器在地心惯性坐标系中的三个位置分量和三个速度分量组成；t 为时间；$w(t)$ 为系统噪声，用来描述各摄动项的建模误差，假设其统计特性为

$$E[w(t)] = 0, E[w(t)w^{T}(t)] = Q(t) \quad (6-23)$$

用于导航滤波器设计的是经过简化的航天器轨道动力学模型。除中心引力项外，仅考虑 J_2 项摄动，其分量形式为

$$\begin{cases} \dfrac{dx}{dt} = v_x \\[2mm] \dfrac{dy}{dt} = v_y \\[2mm] \dfrac{dz}{dt} = v_z \\[2mm] \dfrac{dv_x}{dt} = -\mu \dfrac{x}{r^3}\left\{1 + \dfrac{3J_2}{2}\left(\dfrac{R_e}{r}\right)^2\left[1 - 5\left(\dfrac{z}{r}\right)^2\right]\right\} + w_{v_x} \\[2mm] \dfrac{dv_y}{dt} = -\mu \dfrac{y}{r^3}\left\{1 + \dfrac{3J_2}{2}\left(\dfrac{R_e}{r}\right)^2\left[1 - 5\left(\dfrac{z}{r}\right)^2\right]\right\} + w_{v_y} \\[2mm] \dfrac{dv_z}{dt} = -\mu \dfrac{z}{r^3}\left\{1 + \dfrac{3J_2}{2}\left(\dfrac{R_e}{r}\right)^2\left[3 - 5\left(\dfrac{z}{r}\right)^2\right]\right\} + w_{v_z} \end{cases} \quad (6-24)$$

式中：$r = \sqrt{x^2 + y^2 + z^2}$ 为航天器到地心的距离。

导航系统的观测方程可选为以下两种形式：①以地心惯性坐标系中的地心方向矢量和地心距为观测量；②以地心方向和两颗恒星方向的夹角为测量。前一种方法充分利用敏感器恒星通道姿态确定系统得到的惯性姿态，导航滤波计算量较后者小；后一种方法不显含卫星姿态，导航解算与姿态确定过程无关。下面分别给出两种形式的测量方程。

1. 观测量为地心方向矢量和地心距

取地心方向矢量和地心距为观测量，观测方程可以写为

$$z_k = h[x_k] + v_k = \begin{bmatrix} u_k \\ r_k \end{bmatrix} + v_k \quad (6-25)$$

式中：v_k 为测量噪声，与系统状态 $x(t)$ 和系统噪声 $w(t)$ 无关，其均值和方差分别为

$$E[v_k] = 0, E[v_k v_k^T] = R_k \qquad (6-26)$$

观测量对状态矢量的偏导数矩阵（也称测量矩阵）为

$$\frac{\partial h(x)}{\partial x} = \begin{bmatrix} \dfrac{\partial u}{\partial r} & \dfrac{\partial u}{\partial \dot r} \\ \dfrac{\partial r}{\partial r} & \dfrac{\partial r}{\partial \dot r} \end{bmatrix} \qquad (6-27)$$

其中

$$\frac{\partial u}{\partial r} = \frac{1}{|r|} I_{3\times3} - r\frac{r^T}{|r|^3}, \frac{\partial u}{\partial \dot r} = 0_{3\times3}$$

$$\frac{\partial r}{\partial r} = \frac{1}{|r|} r^T, \frac{\partial r}{\partial \dot r} = 0$$

测量矩阵的表达式为

$$\frac{\partial h(x)}{\partial x} = \begin{bmatrix} \dfrac{y^2+z^2}{r^3} & \dfrac{-xy}{r^3} & \dfrac{-xz}{r^3} & \\ \dfrac{-yx}{r^3} & \dfrac{x^2+z^2}{r^3} & \dfrac{-yz}{r^3} & \mathbf{0}_{3\times3} \\ \dfrac{-zx}{r^3} & \dfrac{-zy}{r^3} & \dfrac{y^2+x^2}{r^3} & \\ \dfrac{x}{r} & \dfrac{y}{r} & \dfrac{z}{r} & \mathbf{0}_{1\times3} \end{bmatrix} \qquad (6-28)$$

2. 观测量为地心方向和星光方向夹角

利用紫外敏感器可以同时测得地心方向矢量 E 和恒星方向矢量 S，这样就可以算出两者之间的夹角 α_s，通常称为星光角距，如图 6-16 所示。

图中，α_s 是某一时刻两矢量的夹角，它的大小与具体的坐标系无关，其测量误差是地心方向和星光方向测量误差之和。由于这个角在不同坐标系中的大小保持不变，在敏感器测量坐标系中得到的星光角 α_s 也可以用于地心惯性坐标系。因此，对航天器位置矢量进行估计时，测量方程可直接在惯性坐标系中表示为

$$\alpha_{\mathrm{s}} = \arccos\left(\frac{-<\boldsymbol{r}_{\mathrm{I}} \cdot \boldsymbol{S}_{\mathrm{I}}>}{r}\right) + v_{\mathrm{s}}$$

$$(6-29)$$

式中: v_{s} 为星光方向与地心方向夹角的测量噪声, $r = \|\boldsymbol{r}_{\mathrm{I}}\|$。

令

$$z_{\alpha} = \frac{-<\boldsymbol{r}_{\mathrm{I}} \cdot \boldsymbol{S}_{\mathrm{I}}>}{r} \qquad (6-30)$$

星光方向与地心方向夹角对航天器位置矢量的偏导数为

$$\frac{\partial \alpha_{\mathrm{s}}}{\partial \boldsymbol{r}_{\mathrm{I}}} = \frac{\partial \alpha_{\mathrm{s}}}{\partial z_{\alpha}} \frac{\partial z_{\alpha}}{\partial \boldsymbol{r}_{\mathrm{I}}} \qquad (6-31)$$

其中

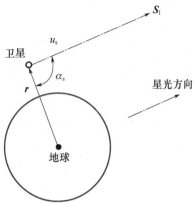

图 6 - 16　地心 - 星光角距测量

$$\frac{\partial \alpha_{\mathrm{s}}}{\partial z_{\alpha}} = \frac{-1}{\sqrt{1-z_{\alpha}^2}}, \frac{\partial z_{\alpha}}{\partial \boldsymbol{r}_{\mathrm{I}}} = -\left[\frac{\boldsymbol{S}_{\mathrm{I}}^{\mathrm{T}}}{r} - \frac{<\boldsymbol{r}_{\mathrm{I}} \cdot \boldsymbol{S}_{\mathrm{I}}>}{r^3}\boldsymbol{r}_{\mathrm{I}}^{\mathrm{T}}\right] \qquad (6-32)$$

以星光方向与地心方向夹角为测量的导航滤波算法与前面给出的以地心方向和地心距为测量的滤波算法类似,只是观测方程不同。如果观测量为两个星光方向与地心方向的夹角,则观测矩阵为

$$\frac{\partial \boldsymbol{h}(\boldsymbol{x},t)}{\partial \boldsymbol{x}} = \begin{bmatrix} \dfrac{\partial \alpha_{\mathrm{s}_1}}{\partial \boldsymbol{r}} & \boldsymbol{0}_{1\times3} \\ \dfrac{\partial \alpha_{\mathrm{s}_2}}{\partial \boldsymbol{r}} & \boldsymbol{0}_{1\times3} \end{bmatrix} \qquad (6-33)$$

实际上,测量信息还可包括地心距离信息。

式(6-24)和式(6-25)或式(6-29)构成了导航系统的状态方程和测量方程,使用 EKF 方法或者其他非线性滤波方法可以估计出航天器的位置和速度,完成基于紫外敏感器的自主导航。对比以上两种测量方程的表述形式,通常认为,观测量为地心方向矢量和地心距时能够更为直观地反映航天器的当前位置,便于滤波算法的设计和调试,且能够避免星光角矩计算过程中(式(6-29))计算矢量叉乘损失部分导航信息的问题。

6.3.3　加速度计辅助的紫外自主导航

在 6.3.2 节介绍的导航滤波方程中,状态方程为只考虑地心引力的航天器轨道动力学方程,但是对于很多地球轨道航天器来说,轨道控制较为频繁,例如,高轨卫星需要定期进行南北位置保持,低轨卫星会根据任务需求进行轨道机动,电推进卫星平台轨道转移时间较长,需要持续进行自主导航。在这种情况下,对航天器轨道运动的影响除了引力以外,发动机推力也是一项重要的因素。加速度计能够测量航天器的非引力加速度,将加速度计测量引入航天器的轨道动力学方程,能大大改善轨道机动过程中的自主导航性能。

加速度计测量的是航天器的加速度在航天器本体坐标系的投影,其观测量可表述为

$$a_c = (I + \delta K) C_{bi} a + \nabla_a + w_a \qquad (6-34)$$

式中:a_c 为加速度计的测量值;a 为星载发动机推力加速度在地心惯性坐标系中的投影;C_{bi} 为由地心惯性坐标系到航天器本体坐标系的转换矩阵,可根据姿态信息计算得到;δK 为刻度因子误差;∇_a 为加速度计零偏;w_a 为加速度计的测量噪声。

加速度计用于航天器导航时,必须对系统误差 δK 和 ∇_a 进行标定。加速度计通常先在实验室进行地面校准,随航天器发射升空后,性能参数有可能发生变化,为了确保其测量精度,可进行在轨标定。

通过加速度计获得非保守力加速度 a_c 后,利用下式计算发动机推力加速度在惯性坐标系三个轴上的投影 $a = [a_x \ a_y \ a_z]^T$,即

$$a = C_{bi}^{-1} (I - \delta K)^{-1} (a_c - \nabla_a) \qquad (6-35)$$

这样,经过加速度计测量信息修正的轨道动力学模型为

$$f(x_t) = \begin{bmatrix} v_x \\ v_y \\ v_z \\ -\dfrac{\mu r_x}{r^3} \left[1 + \dfrac{3}{2} J_2 \left(\dfrac{R_e}{r} \right)^2 \left(1 - 5 \dfrac{r_z^2}{r^2} \right) \right] + a_x \\ -\dfrac{\mu r_y}{r^3} \left[1 + \dfrac{3}{2} J_2 \left(\dfrac{R_e}{r} \right)^2 \left(1 - 5 \dfrac{r_z^2}{r^2} \right) \right] + a_y \\ -\dfrac{\mu r_z}{r^3} \left[1 + \dfrac{3}{2} J_2 \left(\dfrac{R_e}{r} \right)^2 \left(3 - 5 \dfrac{r_z^2}{r^2} \right) \right] + a_z \end{bmatrix} \qquad (6-36)$$

航天器存在轨道机动的情况下,利用式(6-36)进行轨道外推,可以获得更好的导航效果。

基于加速度计的航天器快速导航方法简述如下：当航天器未进行轨道机动时，采用基于紫外敏感器的导航算法；航天器进行轨道机动时，采取基于轨道动力学模型外推的方法预测航天器的位置，同时引入加速度计的测量信息，用于提高轨道外推的精度。研究表明，如果在航天器轨道机动期间，通过加速度计测量发动机推力加速度，并修正航天器轨道动力学模型，那么，轨道机动结束后，采用基于紫外敏感器的导航算法能够快速捕获航天器的准确位置。

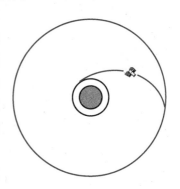

图 6 - 17　航天器轨道
机动示意图

通过数值仿真可以验证这种快速自主导航方法的有效性。假定航天器通过轨道机动，其轨道高度由 700km 上升到 36000km，轨道机动过程如图 6 - 17 所示。

滤波器测量更新周期设为 1s，仿真时间约为航天器的 2 个轨道周期。设紫外敏感器的测量精度为 0.02°，加速度计零偏和测量噪声方差均为 1μg。并且假设三个加速度计沿固联于航天器本体的三个坐标轴安装。

在仅利用紫外敏感器进行自主导航的情况下，在轨道机动期间由于缺乏对加速度信息的测量，基于轨道动力学方程的轨道外推误差迅速增大。轨道机动完成后，利用紫外敏感器测量信息，通过 EKF 算法估计航天器的位置和速度，得到航天器三轴位置矢量和速度矢量的估计误差曲线，如图 6 - 18 和图 6 - 19 所示。

图 6 - 18 和图 6 - 19 中实线表示估计误差曲线，虚线在位置误差曲线图和速度误差曲线图中分别表示 1.5km 和 1m/s。不难看出，受轨道机动的影响，仅利用紫外敏感器进行自主导航，不能快速跟踪轨控过程中航天器的位置变化，滤波收敛较慢。

将加速度计的测量信息也引入自主导航系统，在轨道机动期间利用加速度计测量发动机推力加速度，并对轨道动力学方程进行修正。此时，轨道外推精度显著高于无加速度测量信息的情况。轨道机动完成后，利用紫外敏感器测量信息，通过 EKF 算法估计航天器的位置和速度，得到的航天器三轴位置矢量和速度矢量的估计误差曲线如图 6 - 20 和图 6 - 21 所示。

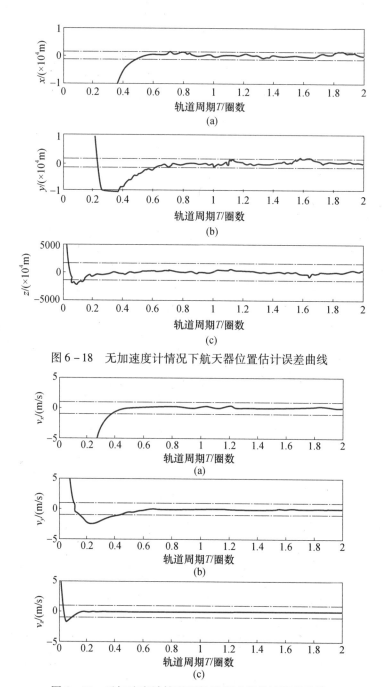

图 6-18 无加速度计情况下航天器位置估计误差曲线

图 6-19 无加速度计情况下航天器速度估计误差曲线

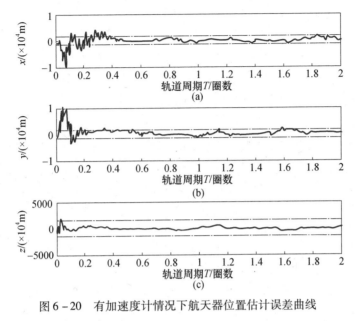

图 6-20　有加速度计情况下航天器位置估计误差曲线

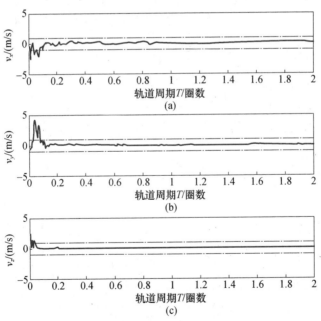

图 6-21　有加速度计情况下航天器速度估计误差曲线

由于发动机推力加速度得到了有效的测量,利用紫外敏感器测量信息开始修正时航天器位置误差较小,滤波器能够快速估计得到航天器的准确位置。因此,在天文自主导航系统中引入加速度计的测量信息,可以显著提高航天器自主导航系统在轨道机动情况下的导航性能。表6-1列出了有无加速度计测量时导航的位置、速度估计误差的统计结果。显然,在航天器执行轨道机动的情况下,有加速度计测量时的导航精度优于无加速度计时的结果。仿真结果表明,用"紫外敏感器 + 加速度计"的导航方式可以实现轨道机动期间航天器的快速自主导航。

表6-1 航天器位置速度估计误差均方根

导航方式	估计误差均方根					
	X 轴位置	Y 轴位置	Z 轴位置	X 轴速度	Y 轴速度	Z 轴速度
紫外敏感器	1493.5	2194.2	204.5	0.1595	0.2286	0.0154
紫外 + 加速度计	555.8	726.3	195.5	0.0749	0.0723	0.0205

前面所说的加速度计辅助的紫外自主导航方法对于低轨道的地球航天器也是有效的。在极低轨道上,大气阻力对航天器的轨道影响很大,大气阻力会导致轨道衰减。在大气层中飞行的航天器所承受的气动力随大气状态的不同而变化。随着航天器轨道高度的降低,大气阻力的影响逐渐增大,当航天器运行在600km高度时,大气阻力在24h内会造成十几千米的偏差。考虑到大气阻力是一种非保守力,可以被加速度计敏感出来,将加速度计测量引入轨道动力学外推,能够改善基于紫外敏感器的自主导航系统性能。

✍ 6.3.4 导航性能分析

在3.4节中介绍了基于方差下界的导航系统性能分析方法。本节以地球静止轨道(GEO)卫星为例,通过计算CRLB的取值,给出了基于紫外敏感器的自主导航系统在理想情况下所能达到的定位精度,并分析了紫外敏感器测量误差和导航系统初始位置误差对导航性能的影响。

假设航天器相对于地球静止在赤道上空,轨道半长轴 $a = 42378$km,偏心率 $e = 0$,即为圆轨道,轨道倾角 $i = 0°$,即与赤道面重合。设导航系统初始位置误差为1km,在紫外敏感器获得的星光角距测量精度分别为 0.01°、0.02°、0.05°和0.1°时,航天器的三维位置CRLB的平方根如图6-22~图6-24所示。

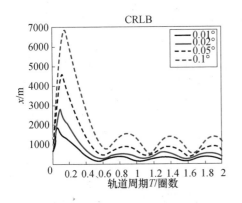

图 6 - 22　对应不同星光角距测量
精度的 CRLB(x 轴)

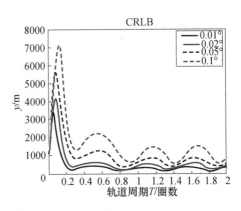

图 6 - 23　对应不同星光角距测量
精度的 CRLB(y 轴)

从图 6 - 22 ~ 图 6 - 24 中不难看出,紫外敏感器星光角距的测量精度对航天器自主导航性能有较大影响,系统定位误差随星光角距测量误差的增大而增大。当紫外敏感器的测量精度优于 0.02°时,利用基于紫外敏感器的高轨自主导航系统确定航天器三维位置矢量,理论上可以达到 1500m 以内的位置估计精度。

下面分析导航系统初始位置误差对定位性能的影响。取星光角距测量精度为 0.02°,初始位置误差方差分别为 500m、1500m、5000m 和 10000m 时,计算得到的航天器三维位置 CRLB,它们的平方根如图 6 - 25 ~ 图 6 - 27 所示。

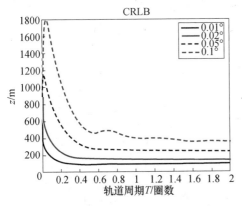

图 6 - 24　对应不同星光角距测量
精度的 CRLB(z 轴)

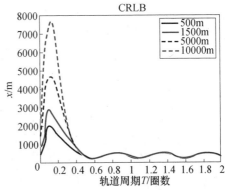

图 6 - 25　对应不同初始位置
误差的 CRLB(x 轴)

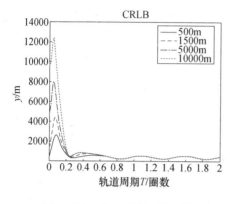
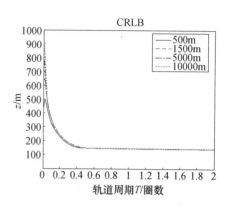

图 6-26　对应不同初始位置
误差的 CRLB(y 轴)

图 6-27　对应不同初始位置
误差的 CRLB(z 轴)

从图 6-25 ~ 图 6-27 中不难看出,初始位置误差对基于紫外敏感器的导航系统性能也产生了一定影响,在初始位置误差较大的情况下,滤波收敛过程中振荡幅度显著加剧。但是,滤波收敛到稳态后,理论上仍然能够获得满意的导航精度。应当说明,在实际应用过程中,通常采用 EKF 作为导航滤波器,考虑到 EKF 是基于非线性系统线性化技术设计的,不可避免会受到线性化误差的影响。对于初始误差大的情况,线性化误差的影响更为严重。此时,通过导航滤波算法得到的实际估计误差将高于其理论值。

6.4　仿真实例

6.4.1　针对低轨卫星的数学仿真

以在太阳同步轨道运行的美国地球观测卫星 EO-1 为例,对不同观测条件下,基于紫外敏感器的自主导航系统的性能进行仿真。根据紫外敏感器输出的不同组合形式,仿真时观测量分为"地心方向矢量 + 地心距"和"星光角距 + 地心距"两种。

1.地心方向矢量 + 地心距测量

针对不同情况,对基于紫外敏感器的自主导航系统性能进行数学仿真分析,假设地心距测量误差为 5m ~ 5km,地心方向矢量的测量误差为 0.01° ~ 0.2°,初始位置误差为 5km,初始速度误差为 30m/s(均沿三个方向),滤波周

期为 $\Delta t = 1s$。当测距误差为 500m、地心方向测量误差为 $0.02°$ 时的导航误差曲线如图 6-28 所示。

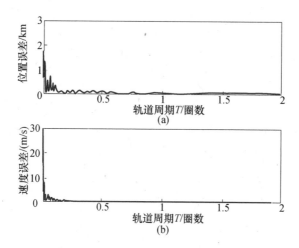

图 6-28　地心方向矢量 + 地心距测量时的导航误差曲线

不同测距误差和地心方向测量误差组合下的导航精度并不相同。表 6-2 给出了测距噪声为 500m 时,导航误差随地心方向测量误差变化的情况;表 6-3 给出了地心方向测量误差为 $0.02°$ 时,导航误差随测距噪声变化的情况。

表 6-2　地心方向测量误差对导航精度的影响(测距噪声为 500m)

地心方向误差/(°)	0.01	0.02	0.05	0.10	0.20
位置误差/m	27.316	48.989	99.536	181.12	347.25
速度误差/(cm/s)	2.502	4.402	8.711	15.689	29.905

表 6-3　测距误差对导航精度的影响(地心方向测量误差 $0.02°$)

测距误差/m	100	500	1000	2000	5000
位置误差/m	36.245	48.989	54.621	58.429	61.724
速度误差/(cm/s)	3.143	4.402	5.001	5.312	5.526

从表 6-2 和表 6-3 中数据可以看出:当地心方向的测量精度一定时,测距误差对导航精度的影响不大。当测距噪声一定时,随着地心方向测量误差的增大,导航误差明显增大。可见,紫外敏感器地心方向测量误差对系统导航精度的影响更明显。图 6-29 和图 6-30 很好地反映了这一情况。

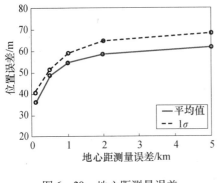

图 6-29　地心距测量误差
对导航精度的影响

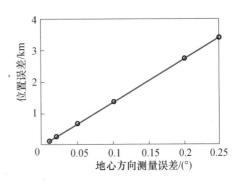

图 6-30　地心方向测量误差
对导航精度的影响

图 6-29 和图 6-30 中,航天器位置误差 Δp 的统计值定义为

$$\sigma_{\Delta p} = \sqrt{\sigma_x^2 + \sigma_y^2 + \sigma_z^2}$$

式中: $\sigma_x^2, \sigma_y^2, \sigma_z^2$ 为 EKF 估计误差方差阵 $\hat{\boldsymbol{P}}_{k/k}$ 的前三个对角元。

应当说明,对于紫外敏感器来说,地心方向和地心距(根据视半径信息计算)均来自于地球紫外图像。因此,地心方向误差和地心距误差并不是完全独立的两个变量。表 6-4 列出了图像处理的像素误差对地心方向和地心距计算精度的影响,以及最终产生的位置误差和速度误差。为了便于读者对地心方向和地心距各自对导航精度产生的影响建立直观的印象,本章的数学仿真分析中,仍将地心方向和地心距独立处理。

表 6-4　图像处理误差对导航精度的影响

图像处理误差/像素	0.1	0.5	1	2	5
地心方向误差/(°)	0.007	0.035	0.0698	0.139	0.349
地心距误差/km	0.415	2.075	4.151	8.3028	20.757
位置误差/m	23.445	117.269	235.694	307.636	1218.589
速度误差/(m/s)	0.0229	0.114	0.231	0.332	1.199

在紫外敏感器观测信息中可以去掉地心距,此时仍能进行导航。当观测量中只包含地心方向时,基于紫外敏感器的导航滤波器也是收敛的。图 6-31 描绘了只有地心方向测量时,航天器位置误差和速度误差的变化曲线。该曲

线对应的地心方向测量误差为 0.02°,与"地心距 + 地心方向矢量测量"相比,仅以地心方向矢量为观测量,滤波的收敛时间明显加长,但稳态时的导航精度基本相同。

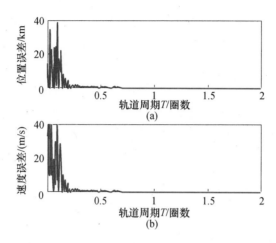

图 6 - 31　只有地心方向测量时的导航误差曲线

　　只有地心方向测量时,改变地心方向的测量精度,导航的精度会相应发生变化。表 6 - 4 给出了不同的地心方向测量误差对导航精度的影响,从表中数据可以看出测量精度的提高对改善导航性能的效果非常明显。导航的位置误差随地心方向测量误差变化的情况如图 6 - 32 所示,可以看出,随着地心方向测量误差的增大,导航的位置误差迅速增加,两者基本上呈线性关系,并且有地心距测量时的结果与无地心距测量时相似。因此,改善地心方向的测量精度是提高自主导航精度的关键。

表 6 - 5　地心方向测量误差对导航精度的影响(无地心距信息)

地心方向误差(1σ)/(°)	0.01	0.02	0.05	0.10	0.20
位置误差/m	30.260	60.518	151.31	302.62	605.06
速度误差/(cm/s)	3.185	6.367	15.902	31.751	63.316

2.星光角距 + 地心距测量

　　将紫外敏感器的输出设定为恒星方向、地心方向及地心距,进而,使用星光角距和地心距作为导航滤波观测量。仿真过程中,假定卫星对地三轴稳定,

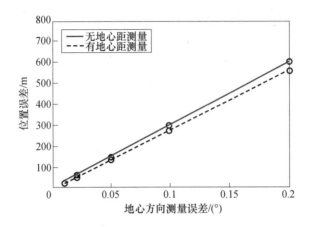

图 6-32 地心方向测量误差对导航精度的影响

紫外敏感器测量坐标系中，Z_m 轴指向地心，中心视场的光轴平行于 X_m 轴。恒星方向矢量在中心视场中随机选取，与 X_m 轴的夹角小于 15°。

当地心方向测量噪声为 0.02°、地心距测量精度为 500m 时（星光方向测量误差比地心方向低一个数量级，故在仿真中忽略星光方向测量误差），两个轨道周期内的导航误差曲线如图 6-33 所示，将地心距信息去掉后的导航误差曲线如图 6-34 所示。可以看到，与观测量为"地心方向矢量 + 地心距"时的情况相似，测距信息的引入，能够明显缩短滤波的收敛时间，但导航精度主要取决于星光角矩测量精度。

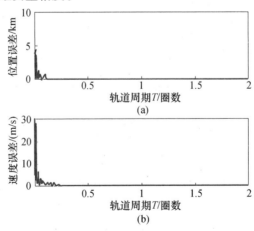

图 6-33 测量值为"星光角距 + 地心距"时的导航误差曲线

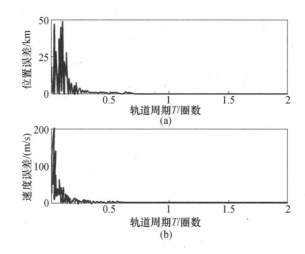

图6-34 测量值为"星光方向+地心方向夹角"时的导航误差曲线

表6-6给出了采用"星光角距+地心距"作为观测量时,导航精度随地心方向测量误差变化情况。从两种不同观测量组合时的仿真数据看,千米量级精度的地心距离测量对提高自主导航精度的效果并不明显。提高紫外敏感器的测量精度是改善航天器自主导航性能的关键,地心距离测量的主要作用是提高导航滤波器收敛的快速性。

表6-6 测量误差对导航精度的影响("星光角距+地心距"测量)

地心方向误差(1σ)/(°)	0.01	0.02	0.05	0.10	0.20
位置误差/m	23.075	46.247	115.16	228.48	449.44
速度误差/(cm/s)	1.8731	3.8034	9.6203	19.455	39.823

6.4.2 针对高轨卫星的数学仿真

基于紫外敏感器的自主导航可以用在高轨航天器上。以静止轨道运行的航天器为例进行数值仿真,假设轨道半长轴$a=42378km$,偏心率$e=0$,轨道倾角$i=0°$。滤波器测量更新周期设为1s,仿真时间约为12h。基于紫外敏感器成像测量得到导航信息,采用EKF算法对高轨航天器的位置和速度进行估计。将估计值与标称值进行对比,获得航天器自主导航系统的位置误差曲线和速度误差曲线。紫外导航敏感器测量精度设为0.01°、0.02°、0.05°和0.1°时得到的导航误差曲线分别如图6-35~图6-38所示。

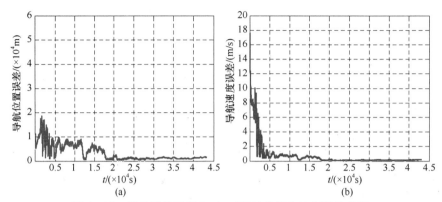

图 6-35　紫外测量精度 0.01°时导航位置和速度误差曲线

（a）导航位置误差；（b）导航速度误差。

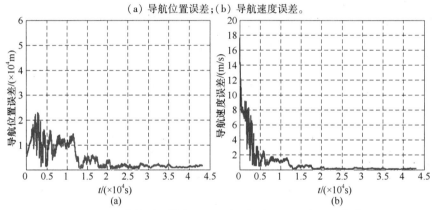

图 6-36　紫外测量精度 0.02°时导航位置和速度误差曲线

（a）导航位置误差；（b）导航速度误差。

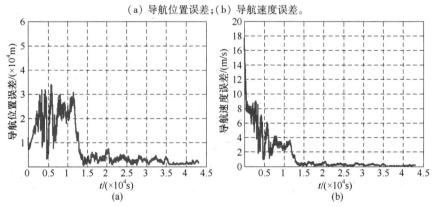

图 6-37　紫外测量精度 0.05°时导航位置和速度误差曲线

（a）导航位置误差；（b）导航速度误差。

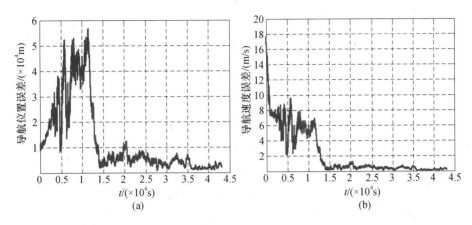

图6-38 紫外测量精度0.1°时导航位置和速度误差曲线

（a）导航位置误差；（b）导航速度误差。

为了便于对比,根据仿真数据计算出紫外导航的位置和速度误差均方根,结果如表6-7所列。表6-7中同时给出了三轴位置和速度估计误差均方根。从表中不难看出,采用基于紫外敏感器的自主导航方式,在紫外敏感器测量精度优于0.02°的情况下,能够达到高轨航天器定位误差小于1.5km的精度水平。

表6-7 基于紫外敏感器的位置和速度误差均方根

紫外测量 精度/(°)	误差均方根							
	r_x/m	r_y/m	r_z/m	r/m	v_x/(m/s)	v_y/(m/s)	v_z/(m/s)	v/m
0.01	475.1	112.5	98.8	498.1	0.085	0.050	0.017	0.100
0.02	859.3	124.1	122.1	876.7	0.117	0.054	0.014	0.130
0.05	712.7	946.0	505.3	1287.7	0.114	0.028	0.053	0.129
0.1	924.9	1903.8	758.7	2248.5	0.143	0.039	0.079	0.168

6.5 小结

本章对基于紫外敏感器的自主导航方法进行了阐述,给出了轨道动力学外推结合紫外敏感器测量滤波修正的自主导航计算公式,并分别以太阳同步轨道和地球同步轨道卫星为例,进行了数学仿真验证。结果表明,从原始图像导出的地心距信息对提高导航精度的贡献不大,但能够提高导航滤波器收敛的快速性。当测距误差较大或者测距信息不可用时,仅依靠紫外敏感器对恒星矢量和地心方向的测量同样可以进行导航。在航天器上,自主导航与姿态确定两个子系统是分开运行的,这种设计方式的优势在于航天器姿态确定误差和敏感器相对安装误差不会影响自主导航精度。紫外敏感器能够通过对地球辐射和背景恒星的观测,直接获得地心惯性坐标系下的地心方向信息。基于紫外敏感器的自主导航精度主要取决于地心方向的精度。仿真研究表明,如果紫外敏感器地心方向测量精度达到 0.02°,并且系统误差得到有效补偿,那么,基于紫外敏感器的自主导航方式用于低轨卫星时定位精度可优于100m,用于高轨卫星时定位精度可优于 1.5km。

参 考 文 献

[1] 魏春岭,李勇,陈义庆. 基于紫外敏感器的航天器自主导航[J]. 航天控制,2004,22 (3):35 – 39.

[2] 耿建中,肖业伦,韩潮. 基于紫外敏感器的卫星自主导航方法研究[J]. 航天控制, 2007,25(2):47 – 51.

[3] 管乐鑫,魏春岭. 基于紫外敏感器和星敏感器的卫星自主导航[J]. 空间控制技术与应用,2008,34(3):37 – 41.

[4] Pledger D,Billing R J,Saylor W. Development of honeywell's earth reference attitude determination System (ERADS) [C]. Proc. of the 7th Annual AIAA/USU Conf. on Small Satellite,1993.

[5] Janz S J,et al. Rayleigh scattering attitude sensor in ultraviolet atmospheric and space remote sensing:methods and instrumentation[C]. Proc. SPIE,1996,2831:146 – 153.

[6] Aceti R,Annoni G,Vedova F D,et al. MITA:In orbit results of the Italian small platform and the first Earth observation mission[J]. Acta Astronautica,2003,52:727 – 732.

[7] Stastny N B,Geller D K. Autonomous optimal navigation at Jupiter:a linear covariance analysis[J]. Journal of Spacecraft and Rockets,2008,45:290 – 298.

[8] Christian J A,Lightsey E G. Review of options for autonomous cislunar navigation[J]. Journal of Spacecraft and Rockets,2009,46:1023 – 1036.

[9] Zanetti R. Autonomous midcourse navigation for Lunar return[J]. Journal of Spacecraft and Rockets,2009,46:865 – 873.

[10] 郝云彩,王立. 紫外月球敏感器的几个关键问题[J]. 航天控制,2005,23(1):87 – 91.

[11] 尉志军,刘晓军. 三轴紫外光学成像敏感器[J]. 光电工程,2008,35(11):86 – 90.

[12] 黄欣,王立,卢欣. 嫦娥一号卫星紫外月球敏感器[J]. 空间控制技术与应用,2008,34(1):51－55.

[13] 龚德铸,贾锦忠,刘洋. 紫外 CCD 敏感器头部电路系统的研究[J]. 空间科学学报,2006,26(2):132－141.

[14] Xiong K, Liu L D, Zhang H Y. Modified unscented Kalman filtering and its application in autonomous satellite navigation [J]. Aerospace Science and Technology, 2009, 13:238－246.

[15] Xiong K, Wei C L, Liu L D. Robust extended Kalman filtering for nonlinear systems with stochastic uncertainties[J]. IEEE Transactions on Systems Man & Cybernetics, Part A, 2010,40(2).

[16] 熊凯,魏春岭,刘良栋. 航天器轨道机动过程中的自主导航方法[J]. 空间控制技术与应用,2009,35(2):8－13

[17] 王鹏,张迎春. 一种基于加速度计和天文的卫星自主导航新方法[J]. 中国惯性技术学报,2013,21(4):489－494.

[18] 石恒,徐世杰. 连续小推力航天器自主导航及在轨参数标定[J]. 中国空间科学技术,2012,4:62－70.

第7章
星间测量辅助的自主导航技术

　　卫星星座指的是为完成特定任务而协同工作的多颗卫星。对于卫星星座来讲,由于其中卫星数量较多,基于地面站的星座导航和控制会耗费大量成本。考虑到以地面测控为主的传统工作模式在运行和管理中存在的缺陷,各国都在积极发展星座自主导航技术。基于光学敏感器的天文自主导航方式能够提供中等精度的导航信息,但是,受光学敏感器地心(或其他天体中心)方向测量精度的限制,仅利用天文导航信息难以满足星座系统长期高精度自主运行的任务要求。针对这一问题,可采用组合导航技术。星座自主导航与单星自主导航相比,可利用的测量信息更多,不仅包括单颗卫星的导航数据,还包括星间相对测量信息,如星间距离和星间方向测量。将星间相对测量信息引入星座系统,能够改善整个系统的自主导航性能。

　　基于星间链路伪距测量的导航方法是星座特有的自主导航方式;但是基于伪距观测量进行星座自主导航时存在"亏秩"问题,即通过星间测距信息不能对星座的整体旋转形成有效的几何约束,这会造成星座卫星的绝对定位误差随时间增长而逐步积累。基于天文导航原理,光学敏感器(包括红外地球敏感器、星敏感器、紫外敏感器等)通过对多个空间参考目标进行光学探测的方式获取导航信息,可以提供星座卫星的绝对位置信息,有助于解决"亏秩"问题。

　　本章重点介绍星间测量辅助的天文导航方法,在简要介绍星座自主导航原理的基础上,首先阐明了利用星座卫星上安装的星相机进行星间定向和辅助定轨的方法;然后以紫外敏感器作为获取天文导航信息的手段,论述了基于"紫外敏感器 + 星间链路"的低轨星座组合导航方法;最后,给出了基于"紫外敏感器 + 星间位置测量"的星座自主导航方案。融合星间链路提供的伪距观测量和星相机提供的星间定向信息,能够实现星座长时间高精度自主导航。

7.1　星座自主导航基本原理

　　星座自主运行指的是在不依赖地面设施的情况下,星座卫星自主确定自身状态和维持星座构型,在轨完成飞行任务所要求的功能或操作。应用自主运行技术能够降低星座运营成本、减小系统风险,符合航天技术的发展趋势。要维持星座构型,星座卫星需要较长时间保持相互位置不变,如果单纯依靠地基测控网来实现星座中所有卫星的测轨任务,则要求测控弧段长、基站布设范围广,并会对地面系统造成较大负担。为了解决星座自主运行问题,需要研究星座自主导航和自主控制技术。高精度星座自主导航是实现星座自主控制的基础,为了对星座卫星实施精准轨道控制,要求星上导航系统提供准确的卫星位置和速度信息。

7.1.1　星座系统简介

　　卫星星座是由多颗协同工作的卫星组成的虚拟平台,对地面来说可看作一个统一的整体。星座可以由相同类型的卫星组成,各卫星协同实施数据采集,执行科学探测或监视、侦察等任务。星座也可以由不同类型的卫星构成,复杂星座具有卫星类型多样和科学仪器种类多样的特点,可以收集更为丰富的观测数据。采用多星协同的方式,星座系统可以实现一些单星难以完成的大型航天任务,如星座系统可用于实施科学观测活动,能够对同一科学现象进行不同角度的探测,对风暴、地震、火山爆发等动态现象进行协同观测,绘制三维图像,提高观测效能。星座系统能够同时对广大区域进行侦察,具有一定空间构型的多颗卫星能够对远距离空间或地面目标开展协同监视和跟踪活动。在观测目标天体时,搭载望远镜的卫星集群以编队飞行的方式联合工作,可以组成虚拟望远镜观测平台,如 Constellation – X 是 NASA 的星座任务,由多台望远镜共同对黑洞和其他 X 射线源进行探测,效果上相当于用一台更大的望远镜进行观测,能够获得更高的分辨率。星座系统还可用来扩大服务范围,如 GPS 星座实现全球覆盖,可保障同一用户区域有多颗卫星提供导航服务。图 7-1 为星座系统示意图。

一般的卫星每种型号只生产一颗或几颗,每颗卫星使用专用运载火箭发射,而星座卫星的生产和部署成本低于传统卫星。传统卫星对可靠性要求高,需要较高的组件防护和冗余水平,而在星座任务中,可以通过部署备份卫星来提高系统可靠性。某些情况下,采用低成本的组件设备,配以实用的在轨备份策略,即可完成星座任务。采用流水线生产技术和协同测试方法,实现星座卫星的大规模生产,从而降低任务成本。特别是星座技术可用于快速响应小卫星的部署,这些低成本小卫星可以同时生产上百颗,并在必要的情况下,采用"一箭多星"的方式发射升空,用于执行紧急任务。

星座系统的测控有地面测控和空间自主测控两种手段。在有地面站支持时,星座系统依赖地面测控实现卫星轨道确定和控制,如图 7-2 所示。当无地面站支持时,系统依赖星座卫星本身自主进行轨道确定和控制,以保障自主运行。正常运行情况下,地面测控系统与空间自主测控系统协同工作,通过对星地链路和星间链路数据的联合处理,能够实现更高精度的测控。

图 7-1　星座系统示意图

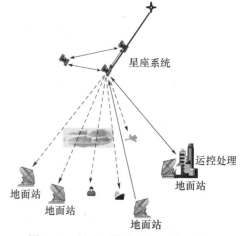

图 7-2　星座系统和地面测控示意图

星座自主运行过程中,典型导航信息处理流程如下:在系统指令控制下,星座卫星定期利用星上导航敏感器对地球、恒星和空间目标(如其他星座卫星)进行测量,通过数据预处理,得到自主导航的基本观测量,在星座卫星上完成测量信号处理和自主导航计算,并根据需要定期进行轨道预报,从而得到自主的时空基准。上述导航解算过程均在星上完成,地面测控站只起星地绝对时间基准校正的作用。

⊲ 7.1.2　星座自主导航原理

卫星星座通常由多颗地球轨道卫星组成,并能保持良好的几何构型。用于实现星座自主导航的基本载荷包括星载原子钟、星间高精度双向测距设备、姿态敏感器、数据存储及处理设备等,要求星座卫星能够发播用于星间跟踪观测和信息交换的无线电信号。星座自主导航系统通过处理星载设备提供的星间相对测量信息,通过状态估计算法确定星座卫星的位置和速度。基于红外地球敏感器或紫外敏感器等单星自主导航设备,通过几何解算可为星座自主导航系统提供中等精度的绝对位置信息。

国外对星座自主导航研究的重要成果是基于星间链路伪距测量的星座自主导航方法,进行这项研究是为了保证地面站被大量摧毁以后,GPS 星座仍能为武器装备提供可靠的导航信息。该方法要求各卫星配置相对测量设备和星载处理器,每颗卫星对星间伪距测量值和其他卫星通过星间通信链路发送过来的轨道数据进行处理,将估计得到的轨道参数修正值用于更新自身的星历,从而达到改善系统导航精度、增强卫星生存能力的目的。

美国 GPS 卫星上配备的自主导航系统利用星间链路伪距测量进行自主导航,能够在与地面控制中心联络中断的条件下自主工作一段时间。GPS 的星间链路采用复用时分多址方式(TDMA)实施测量和数据传输。每颗 GPS 卫星分配一个时隙,每个时隙维持 1.5s,在轨工作的 24 颗导航卫星均分配一个不同的时隙,36s 时间可以对星座所有卫星轮循一遍。在测距帧期间,GPS 卫星在分配的时隙里发射双频测距信号,其他所有可见的导航卫星进行信号接收,完成伪距的测量。在数据帧期间,每颗卫星在其分配的时隙里发射与自身相关的数据参数,主要包括伪距测量的计算结果、卫星估计出来的位置、时钟参数及相应的估计误差方差。利用星载计算机对双向测量的结果进行预处理,产生距离测量值和钟差测量值,这些测量值通过估计器进行处理,获得星历和时钟的修正值。

仅利用星间链路伪距测量实施星座自主导航时存在着星座整体漂移的问题，即通常所说的"亏秩"问题，原因在于通过星间伪距测量仅能确定星座卫星间的相对距离，当星座整体绕地球旋转时，星间距离不会发生变化。因此，利用相对距离信息建立的网状约束不能保证以星座卫星为顶点的空间多面体相对于地心惯性坐标系定向。通过星间测距信息不能对星座的整体漂移形成有效的几何约束，这会造成卫星的绝对定位误差随时间增长而逐步积累。受到初始状态矢量、动力学模型以及数值积分算法精度的限制，随着时间的增长，基于星间链路伪距观测量确定的卫星绝对位置精度会逐渐降低，使得星座自主运行时间受到限制，这也是 GPS 提出 180 天自主运行指标的原因之一。对于低轨区域星座而言，轨道的长期预报精度低于轨道高度为 20000km 的 GPS卫星，仅依靠星间链路伪距测量和轨道预报的方式，长期导航精度难以得到保障。

解决星座"亏秩"问题的方法之一是采用基于"紫外敏感器 + 星间链路"的自主导航方法，将紫外敏感器和星间链路伪距测量这两种自主导航测量方式结合起来，基于紫外敏感器提供星座卫星的绝对位置信息，采用扩展卡尔曼滤波（EKF）算法融合紫外敏感器的观测信息和星间链路伪距测量信息，结合轨道动力学模型，实现对星座中所有卫星的位置矢量和速度矢量的估计。基于"紫外敏感器 + 星间链路"的星座组合导航方法能够取得优于传统天文导航的定位精度，实现星座长期高精度自主导航。

我国正在开展基于紫外敏感器的卫星自主导航技术研究，突破了紫外敏感器的多项关键技术，已研制出紫外敏感器样机，能同时观测地球边缘和恒星，输出三轴姿态和自主导航信息。星间链路技术已进入应用阶段，美国 GPS卫星安装了具有自主导航功能的星间链路收发设备，将无地面站支持下 180天预报时段内的用户测距误差从 5000m 提高到 6m，中国北斗卫星导航系统也在规划和开发星间链路。在星座上实施基于"紫外敏感器 + 星间链路"的自主导航方法的条件是具备的。

另外一种解决星座"亏秩"问题的方案是基于星间相对位置测量的自主导航方法。以往研究表明，在地球中心引力场下，两颗卫星的轨道可以通过测量星间相对位置矢量在惯性空间中的投影来确定，除了一些特定的轨道构型以外，基于星间相对位置矢量的自主导航系统具有可观性。为了获得高精度的星间相对位置矢量信息,可以在星间链路伪距测量的基础上,引入星间方向测量信息。星间方向测量的实现方式之一是通过星相机照相观测获取星座卫星之间的相对位置矢量在惯性空间中的指向信息,如图7-3所示。

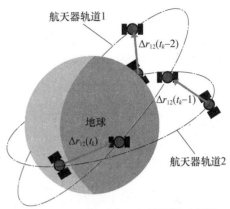

图 7 - 3 星间相对位置矢量测量示意图

基于星间相对测量的星座自主导航原理为:通过星座卫星上配置的照相观测星相机获得星间方向观测量,通过星间链路获得星间伪距观测量,在星座卫星的运动符合轨道动力学模型的情况下,采用最优滤波算法对观测量进行处理,估计出星座卫星的位置和速度。采用星相机照相观测的方式能够确定星座卫星构成的空间多面体在惯性空间中的绝对方向,从而对星座的整体旋转形成有效的几何约束。我国正在研制适用于星间照相观测的高性能星相机,能够通过对空间目标和背景恒星的观测获取星间方向矢量在地心惯性坐标系的投影。对于低轨区域星座,由于星间距离近、目标亮度强,照相观测在工程实施上更加容易。采用"紫外敏感器 + 星间位置测量"的组合导航方式,在进行星间相对测量的同时,为星座卫星配置单星自主导航系统,能够进一步提升星座自主导航系统的精度和可靠性。

应当说明,如果星座卫星初始位置和速度的估计偏差较大,则仅利用相对测量信息的星座自主导航滤波器可能出现滤波发散。在星座自主导航滤波器工作的开始阶段,可利用光学敏感器(如红外地球敏感器或紫外敏感器)进行卫星位置的初始捕获,再通过最小二乘方法等的数值方法对速度进行拟合,进而将星座卫星初始位置和速度的粗略估计作为导航滤波器的初始值。星座卫星位置的初始捕获能力对实现高精度导航滤波估计和提高自主生存能力具有重要意义。卫星位置初始捕获方法可参阅第 2 章。

7.2 星间相对测量与时间同步

为了实现全球或特定区域的导航、通信和遥感等目的,往往需要将多颗卫星组合在一起协同工作,如 GNSS 星座、"铱星"星座、"白云"星座等。作为典型的低轨区域星座,美国的"白云"系列星座主要用于建立海洋目标监视系统,通过电子侦察卫星协同工作,星座系统在空间中形成特定几何构型,多颗测量某一目标辐射源信号到达不同卫星的时差,对海上的无线电信号源进行快速捕获和精确定位。为保证足够高的目标定位精度,要求星座系统保持一定的构形,并且,星座卫星之间需要实现精确的相对测量和时间同步。

☑7.2.1 星间链路伪距测量

星间链路(Inter – Satellite Link , ISL)是指太空中卫星间的链路,卫星星座的各部分之间以及合作目标之间可通过星间链路实现通讯或相对测量。星间链路技术是空间技术中的一项重要内容,在空间系统中有着广泛应用。对于全球或区域星座系统来说,星间链路的存在保证了各个卫星之间可以快速传递信息,使得全球覆盖的目标得以实现。

1.星间链路技术简介

在星座系统中建立星间链路,维持较高的卫星相对位置和钟差确定精度,是确保星座系统正常运行的关键。通常获得精确的卫星轨道和钟差参数需要在全球布设大量地面站进行连续观测,而我国尚不具备这样的全球性战略地理资源。因此,迫切需要建设星间链路来弥补这一不足。在星座内部建设星间链路后,采用星地链路和星间链路相结合的联合数据处理方法,仅通过少量的监测站即可获得精密的卫星轨道参数。当地面测控数据无法注到星上导航任务处理单元时,利用星间链路有助于提高星座自主运行能力。此外,地面站的测控信息可以通过可见卫星和星间链路在整个星座中传输,能够增强地面站对星座的监控管理能力。

星间链路设备由信号产生设备、接收设备、数据处理器以及相应软件、卫星天线等组成,其基本功能是实现星座卫星之间的联系,包括通信和相对测量。要实现这两种功能,不仅需要硬件的支持,还需要数据处理软件。一颗卫星要将某一信息传递给另外一颗卫星,基本过程如下:首先,卫星系统把信息转换成有效的电信号,然后对电信号进行处理(调制),产生电磁波,经由天线发射出去;然后,接收指令的卫星通过天线获取信号,再将有用信号解调出来。星间链路能够为卫星轨道和钟差估计提供观测量。星间链路伪距测量基于无线电测距原理实现,通过计算某卫星信号发送时刻和另外一颗卫星的信号接收时刻之差得到。伪距观测量反映了两卫星间距离的大小,同时包含星间时钟误差的影响。采用双向测量方式能够实现对星间距离和星间时钟误差测量的解耦,得到分别用于星座自主导航和自主时间同步的两个观测量。

星间相对距离信息的获取可通过射频(Radio Frequency,RF)测量技术实现。射频是一种高频交变的电磁波,具有远距离传输能力,在星间无线通信中被广泛使用。射频测量技术是目前最常用的星间链路测量技术,而激光链路、量子链路等虽然在理论上优于射频测量,但是在国内外的工程实践中的应用相对较少。本书主要以射频链路为例进行说明。

从技术发展趋势来看,星间链路正在向更高频段、更宽带宽和更大信道容量三个方向发展。星座卫星采用 Ka 频段(27~40GHz)及更高频星间链路有明显的优点:①符合国际电联频率使用规范,可申请、受保护;②可用带宽宽,约20GHz,是低频可用频段的 100 倍,通信容量大;③大气对该频段无线电波吸收能力强,不易受地面干扰;④天线波束窄,具有很强的抗干扰特性;⑤波长小,射频设备尺寸小、重量轻,易于星载使用;⑥受等离子体影响较小,可用单频测距且星间测量精度高。因此,高频段星间链路能够更好的满足星座系统的需求。

星间链路天线及其指向机构等硬件设备需要安装在卫星上。卫星平台上的空间通常是非常有限的,星间链路天线安装在舱板上需要综合考虑视场角遮挡、星间链路天线相互干扰以及其他设备对无线电信号反射等因素。为了便于说明天线安装与整个卫星布局的关系,图 7-4 描述了星间链路天线及其视场遮挡情况。

图 7-4　星间链路天线视场遮挡情况

显然,星间链路设备在卫星上的布局与视场是否遮挡有密切关系。卫星平台选型确定后对星间链路天线的构型、尺寸、波束宽度等将产生约束,星间链路天线布局与卫星总体设计存在耦合关系。

2. 伪距测量模型

基于星间链路实现星间距离测量的基本信号是传播时延。双向伪距测量是一种常用的星间相对测量方法,通过两颗卫星交替进行伪码相位测距和测量结果传递来实现,包含了两个单向伪距测量过程。参加测量的卫星 A 和卫星 B 分别利用各自的设备发送带有时标的伪距测量信号,并且接收对方的信号。在星座的星间链路中,存在影响星间测距精度的多种误差源,主要误差有以下几方面:①与卫星有关的误差,包括天线相位中心误差、设备时延误差、发射/接收机噪声等;②由信号传播引入的误差,包括电离层时延误差、多路径效应误差等;③其他误差,如相对论效应等。

伪距测量误差可以分为偏差和噪声。偏差是指那些在一段时间内变化缓慢的误差,通常具有一定的规律可循,并具有一定的稳定性,如天线相位中心误差、设备时延误差、电离层延迟误差等,这些误差可通过数学模型进行校正。噪声是随机误差,一般用均值、方差、功率谱密度等统计量来描述,在滤波处理时加以消除。假设星间双向伪距观测经过各种误差修正,残余的误差都归入测量噪声,则修正后的伪距可写为

$$\rho_{A,B}(t) = c \cdot (\delta t_B(t) - \delta t_A(t)) + |X_A(t) - X_B(t)| + \varepsilon_B(t) \quad (7-1)$$

$$\rho_{B,A}(t) = c \cdot (\delta t_A(t) - \delta t_B(t)) + |X_B(t) - X_A(t)| + \varepsilon_A(t) \quad (7-2)$$

式中:$\rho_{A,B}(t)$ 和 $\rho_{B,A}(t)$ 为双向伪距观测量;c 为光速;$\delta t_A(t)$ 和 $\delta t_B(t)$ 为卫星 A、B 相对星座系统时钟的钟差;$|X_A(t) - X_B(t)|$ 和 $|X_B(t) - X_A(t)|$ 为两颗卫星之间的几何距离;$\varepsilon_A(t)$ 和 $\varepsilon_B(t)$ 为伪距测量噪声。

将式(7-1)和式(7-2)相加,可得到仅包含星间距离信息的测量值:

$$\rho_p(t) = \frac{\rho_{A,B}(t) + \rho_{B,A}(t)}{2} = |X_A(t) - X_B(t)| + \frac{\varepsilon_A(t) + \varepsilon_B(t)}{2} \quad (7-3)$$

将式(7-1)和式(7-2)相减,可得到仅含钟差信息的测量值:

$$\rho_p(t) = \frac{\rho_{A,B}(t) - \rho_{B,A}(t)}{2} = c \cdot (\delta t_B(t) - \delta t_A(t)) + \frac{\varepsilon_B(t) - \varepsilon_A(t)}{2} \quad (7-4)$$

通过双向伪距测量实现星间距离和钟差参数解耦后,可得到仅包含星间距离和仅包含钟差参数的组合伪距,从而将卫星位置估计(星座自主导航)和钟差估计(自主时间同步)分解为两个独立的过程,可以消除估计过程中的相互影响,简化导航滤波器的设计。

☑ **7.2.2　星间照相观测**

基于星间位置测量的星座自主导航是一种具有应用前景的自主导航技术。在星座卫星上安装具有星间方向测量和指向功能的高性能星相机,采用基于星相机照相观测的方式获取星座卫星之间的相对位置矢量在惯性空间中的指向信息,能够对星座的整体旋转形成有效的几何约束,从而解决卫星星座组成的空间多面体相对于地心惯性坐标系定向的问题;再结合通过伪距测量获取的星间距离信息,可以实现基于相对位置测量的绝对定轨,从而解决"亏秩"问题,避免星座卫星的定位误差随时间积累。

基于星间相对位置测量的星座自主导航滤波方式如下:充分考虑轨道摄动的影响,在地心惯性坐标系对卫星建立精确的轨道动力学方程,将其作为滤波器的状态方程,基于通过星间链路获得的星间伪距观测量和通过星相机获得的星间方向观测量的数学描述建立观测方程,应用 EKF 算法,结合航天器轨道动力学,融合星间伪距和星间方向观测信息,确定卫星在地心惯性坐标系中的位置和速度矢量。

目标卫星由于受到太阳的照射,对于进行跟踪观测的观察卫星上的星相机而言具有一定的亮度。利用高性能星相机对目标卫星进行照相观测,通过对目标卫星和背景恒星的图像处理可以获取目标卫星视线矢量相对于惯性空间的方向。照相观测示意图如图 7 – 5 所示。

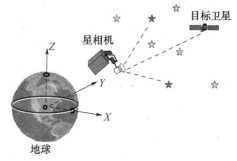

图 7 – 5　照相观测示意图

基于星间相对位置测量的星座自主导航精度在很大程度上取决于在地心惯性坐标系中目标卫星方向矢量的测量精度。目标卫星方向矢量的测量方法包括天文定位和轴系定位两种方法,其中,轴系定位法根据观测时刻观察卫星平台的姿态测量值、星相机指向和目标卫星像面坐标等参数,计算目标卫星相对观察卫星的空间角位置信息,其优点是原理简单、计算速度快,缺点是测量精度不仅与目标卫星的像面坐标提取精度有关,还受到星相机光轴指向精度以及观察卫星平台姿态确定精度的影响。考虑到星相机的探测背景是恒星,由于恒星在地心惯性坐标系中的位置是确定的,而且其定位精度很高,因此,可以根据目标卫星在星相机上的成像相对于参考恒星成像的位置关系,以及参考恒星的惯性天球坐标系,通过图像处理得到恒星与目标卫星的角距后,根据星表中恒星在惯性坐标系中的方向矢量信息,通过最小二乘算法直接计算得到目标卫星在惯性坐标系中的方向矢量。这种目标卫星方向矢量测量方法属于天文定位法,采用该方法可以克服星相机光轴指向误差与观察卫星平台姿态确定误差对目标卫星方向矢量测量精度的影响。

基于最小二乘的目标卫星方向矢量计算方法如下所示。根据背景恒星的识别结果,由恒星方向矢量和目标卫星方向矢量形成计算矩阵,通过最小二乘算法计算出目标卫星在惯性坐标系中的方位。设惯性坐标系中恒星方向矢量为 $\boldsymbol{U}_i = (x_i, y_i, z_i)^{\mathrm{T}}$,恒星与目标卫星的角距用 $\cos\theta_i$ 表示,则

$$\boldsymbol{U}_i^{\mathrm{T}} \cdot \boldsymbol{A} = \cos\theta_i \qquad (7-5)$$

式中:$\boldsymbol{A}$ 为目标卫星在惯性坐标系中的方向矢量,方向矢量 $\boldsymbol{A}$ 可根据下式进行计算,即

$$\boldsymbol{A} = (\boldsymbol{U}^{\mathrm{T}}\boldsymbol{U})^{-1}\boldsymbol{U}^{\mathrm{T}}V \qquad (7-6)$$

式中:$\boldsymbol{U} = \begin{bmatrix} \boldsymbol{U}_1^{\mathrm{T}} \\ \boldsymbol{U}_2^{\mathrm{T}} \\ \vdots \\ \boldsymbol{U}_m^{\mathrm{T}} \end{bmatrix}$ 为恒星方向矢量组成的矩阵;$V = \begin{bmatrix} \cos\theta_1 \\ \cos\theta_2 \\ \vdots \\ \cos\theta_m \end{bmatrix}$ 为目标卫星和恒星之

间的角矩构成的观测量。采用这种方式得到目标卫星视线矢量在惯性坐标系中投影的观测值,目标卫星方向矢量的观测和惯性基准的建立实质上是通过同一个星相机实现的,可以克服传统坐标系定位法中星间定向精度受姿态确定精度和敏感器相对安装误差影响的问题。

为了将作为观测目标的星座卫星与恒星(及其他空间目标)区分开,可以采用基于星图匹配的目标提取方法。考虑到进行星座自主导航时,星座卫星一般具有较高的初始位置精度,基于初始位置信息可以对星座卫星在敏感器成像面上的位置进行精确预测。将相应区域星相机获取的星像数据与星表中恒星的赤经和赤纬进行比较,通过对连续观测的多幅图像进行处理,根据像点运动轨迹的不同,可将成像面上的星座卫星和其他空间目标区分开。

研制满足在轨应用要求的星相机是实现星间照相观测的关键。最近,我国已研制出高性能照相观测星相机,与进行恒星观测的星敏感器相比,具有更

高测量精度和更高探测灵敏度。星相
机的主要组成部分包括光学系统、机
械结构、硬件电路和算法软件等，采用
一体式结构，保证结构强度和稳定性，
如图 7－6 所示。

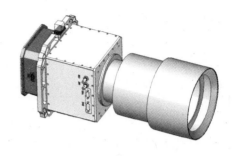

针对高精度星间定向应用需求，
星相机研究过程中的关键技术包括高
像质大孔径光学系统、超低噪声视频
电路，以及高精度系统误差校正等；通

图 7－6　星相机外形示意图

过高像质、大孔径光学系统设计、高信噪比低噪声视频电路设计、快速高鲁棒
性图像识别、结构和热稳定性设计等方式来提高星相机性能。为了确保星相
机对星座卫星的持续跟踪观测，要求将星相机安装在两轴指向机构上。

7.2.3　目标卫星可见性分析

考虑到地球阴影遮挡、太阳光照、星座卫星自身的表面积和反射率、星座
卫星之间的几何关系等因素，以及星相机探测能力的局限性，对于观察卫星上
的星相机而言，目标卫星仅在有限的测量弧段上是可见的。基于星间相对位
置测量的星座自主导航研究需要在目标卫星可见性分析的基础上进行。目标
卫星对于观察卫星的亮度和目标卫星的尺度大小、形状、表面性质、距离和方
向等因素有关。如果目标卫星相对于观察卫星的距离太远或亮度太低，则不
能被星相机有效识别。

根据太阳、地球、观察卫星和目标卫星的位置关系，以及目标卫星的表面
积和反射率，对目标卫星的亮度进行分析，估算目标卫星的星等，并与照相观
测星相机探测的星等范围进行比较，可以确定目标卫星是否满足星相机照相
观测要求；同时，还可以估算出目标卫星能被观察卫星上配置的星相机探测到
的轨道弧段。目标卫星可见的条件包括：①目标卫星的视星等小于星相机的
极限星等；②目标卫星不在地球阴影区；③地球、太阳和月球等天体不出现在
星相机的视场中，下面分别进行分析。

目标卫星可见的条件之一是目标卫星的视星等小于照相观测星相机的极
限星等。行星、彗星、小行星和人造天体等不发光物体的绝对星等为该物体距

离太阳和地球均为 1 AU（天文单位），并且相位角 $\xi = 0°$ 时的视星等。目标卫星的相位角 ξ 是目标卫星到观察卫星的位置矢量与目标卫星到太阳中心的位置矢量之间的夹角。相位角的定义如图 7 - 7 所示。

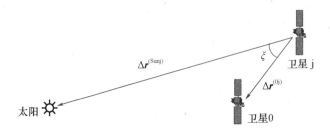

图 7 - 7　相位角的定义

图 7 - 7 中卫星 j 为目标卫星，卫星 0 为观察卫星。空间目标（如行星或卫星）的绝对星等为

$$M = m_{\mathrm{Sun}} - 5\lg\left(\frac{r_d}{d_0}\sqrt{a}\right) \qquad (7-7)$$

式中：$m_{\mathrm{Sun}} = -26.73$ 为太阳的视星等；d_0 为距离，$d_0 = 1\,\mathrm{AU} = 1.4959787 \times 10^8\,\mathrm{km}$；$r_d$ 为目标卫星的半径；a 为目标卫星的反射率。

通常将目标卫星的信号亮度等效为天文学上的视星等来衡量。目标卫星的视星等 m 可根据绝对星等 M 计算如下：

$$m = M + 2.5\lg\left[\frac{|\Delta\boldsymbol{r}^{(\mathrm{Sunj})}|^2|\Delta\boldsymbol{r}^{(0j)}|^2}{d_0^4 p(\xi)}\right] \qquad (7-8)$$

式中：M 为目标卫星的绝对星等；$|\Delta\boldsymbol{r}^{(\mathrm{Sunj})}|$ 为太阳到目标卫星的距离；$|\Delta\boldsymbol{r}^{(0j)}|$ 为观察卫星到目标卫星的距离；d_0 为 1 AU；$p(\xi)$ 为对目标卫星反射光的相位积分，是相位角 ξ 的函数，计算如下：

$$p(\xi) = \frac{2}{3\pi}\left[(\pi - \xi)\cos\xi + \sin\xi\right] \qquad (7-9)$$

根据目标卫星相位角的定义，相位角 ξ 可按下式计算，即

$$\xi = \arccos\left[\frac{\Delta\boldsymbol{r}^{(0j)}\cdot\Delta\boldsymbol{r}^{(\mathrm{Sunj})}}{|\Delta\boldsymbol{r}^{(0j)}|\|\Delta\boldsymbol{r}^{(\mathrm{Sunj})}|}\right] \qquad (7-10)$$

式中：$\Delta\boldsymbol{r}^{(0j)}$ 为目标卫星到观察卫星的位置矢量；$\Delta\boldsymbol{r}^{(\mathrm{Sunj})}$ 为目标卫星到太阳中心的位置矢量。

目标卫星的视星等越高，则目标卫星看起来越暗。如果计算出目标卫星

的视星等 m，并给定星相机的探测灵敏度 m_0（星相机的极限星等），则可通过下式判断目标卫星是否具有足够高的亮度能够被星相机探测到：

$$m \leqslant m_0 \tag{7-11}$$

如果式(7-11)成立，则认为目标卫星的亮度满足可见性条件。

目标卫星可见的另外一个必要条件是要求目标卫星受到太阳的照射。如果目标卫星位于地球阴影区，在目标卫星自身不安装发光设备的情况下，目标卫星是不可见的。太阳、地球和目标卫星 j 的位置关系，以及地球阴影示意图如图7-8所示。

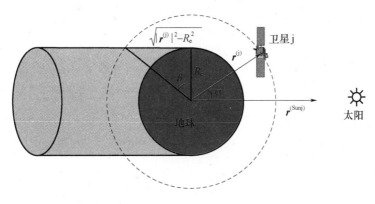

图7-8　地球阴影示意图

为了判断目标卫星是否在地球阴影区，需要先确定地球阴影区的大小，再判断卫星在轨运行路径是否穿过地球阴影。如果目标卫星不在地球阴影区，则判断地球卫星被太阳照亮。为了进行上述判断，需要计算目标卫星位置矢量和太阳中心位置矢量的夹角 ψ：

$$\psi = \arccos\left[\frac{\boldsymbol{r}^{(j)}}{|\boldsymbol{r}^{(j)}|} \cdot \frac{\boldsymbol{r}^{(\mathrm{Sunj})}}{|\boldsymbol{r}^{(\mathrm{Sunj})}|}\right] \tag{7-12}$$

式中：$\boldsymbol{r}^{(j)}$ 为目标卫星位置矢量；$\boldsymbol{r}^{(\mathrm{Sunj})}$ 为太阳位置矢量。根据图7-8中所示的几何关系，目标卫星位于阳照区的条件为

$$\psi < 90° + \beta \tag{7-13}$$

式中：R_e 为地球半径；矢角 β 的表达式为 $\beta = \arcsin\left[\dfrac{\sqrt{|\boldsymbol{r}^{(j)}|^2 - R_e^2}}{|\boldsymbol{r}^{(j)}|^2}\right]$。

目标卫星可见的第三个条件是要求地球、太阳和月球等天体不出现在星

相机的视场中,以保障星相机正常工作(对目标卫星和背景恒星成像)。以判断地球是否出现在星相机视场中为例进行说明。应当注意,地球较暗一侧也会遮挡视场,导致星相机不能正常对背景恒星成像。假设观察卫星上的照相观测星相机始终指向目标卫星,观察卫星、目标卫星和地球的几何关系如图 7 - 9 所示。

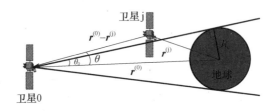

图 7 - 9　地球遮挡示意图

根据图 7 - 9 中所示的几何关系,星相机的视场不被地球遮挡的条件为

$$\theta > \theta_0 \tag{7 - 14}$$

式中:$r^{(j)}$ 和 $r^{(0)}$ 分别为目标卫星和观察卫星的位置矢量;θ 为观察卫星到地心的位置矢量与观察卫星到目标卫星的位置矢量之间的夹角;θ_0 为相应夹角的阈值。

θ 与 θ_0 的表达式分别为

$$\theta = \arccos\left[\frac{(r^{(0)} - r^{(j)}) \cdot r^{(0)}}{|r^{(0)} - r^{(j)}| |r^{(0)}|}\right]; \theta_0 = \arcsin\left[\frac{R_e}{|r^{(0)}|}\right]$$

太阳和月亮进视场的情况可采用类似方法进行分析。

下面以由 3 颗卫星组成的低轨区域星座为例研究目标卫星的可见性,低轨区域星座包括 1 颗主星和 2 颗副星,主星对 2 颗副星进行照相观测。

(1)判断目标卫星的视星等小于星相机的极限星等。在假设目标卫星反光表面积为 2.5m² ,反射特性类似漫反射且反射率为 0.5 时,2 颗目标卫星相对于观察卫星的星等随轨道位置变化情况如图 7 - 10 所示。图中黑线表示目标卫星视星等变化情况,红线表示星相机探测灵敏度 +6 星等。在星相机探测灵敏度优于 +6 星等的情况下,多数时间下目标卫星的亮度能够满足探测要求。

(2)分析目标卫星是否被太阳照亮,即判断目标卫星是否在地球阴影区,具体情况如图 7 - 11 所示。图中黑线表示目标卫星位置矢量和太阳中心位置

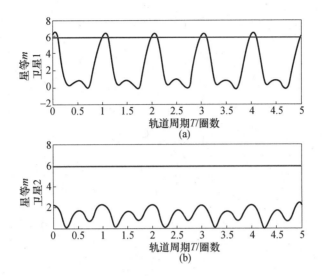

图 7 - 10　目标卫星视星等变化情况

矢量的夹角 ψ，红线表示由地球阴影区定义的角度 $90° + \beta$。根据上述判断条件，目标卫星的多数轨道弧段不通过地球阴影区，因此，目标卫星多数情况下能被太阳照亮。

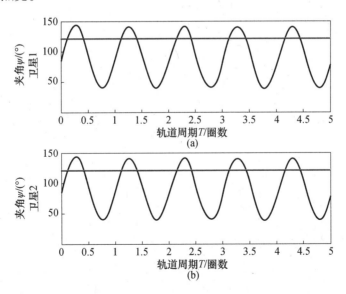

图 7 - 11　目标卫星受太阳照射情况

（3）判断地球是否出现在星相机的视场中，图7－12描述了星相机视场是否被地球遮挡的问题，图中黑线表示观察卫星到地心的位置矢量与观察卫星到目标卫星的位置矢量之间的夹角θ，红线表示相应角度的阈值θ_0。根据前述判断条件，通过图7－12可知，地球不会出现在照相观测星相机的视场中。通过分析可知，对于所研究的低轨区域星座，星相机探测灵敏度优于＋6.0星等时，观察卫星多数情况下能够实现对目标卫星的探测。

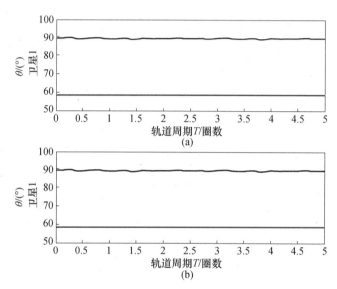

图7－12　星相机视场受地球遮挡情况

前面分析了目标卫星相对于观察卫星的可见性情况，目标卫星可见是实现照相观测的前提。应当说明，受地球遮挡和信号传播有效距离的影响，对于星座卫星而言，星间链路伪距测量信号也不是随时可用的，应用过程中需要针对典型星座构型对伪距测量信号的可用性进行分析。通常考虑卫星间微波测距的极限为40000km，地球遮挡球面取为距离海平面1000km高度处，若卫星间的连线没有穿过地球遮挡球面，并且星间距离在微波测距极限以内，则认为卫星间可相互测量，或者说星间链路伪距观测量是有效的。对于低轨区域星座而言，星间距离较近（通常为数百千米），多数情况下星间链路伪距测量信号是可用的，为基于星间链路的星座自主导航系统的实现提供了信号基础。

⌗7.2.4 自主时间同步

前面介绍了利用双向伪距观测实现星座自主导航和自主时间同步处理过程解耦的基本思路,可以采用两个独立的滤波器分别处理两类观测量。本节对星座自主时间同步方法进行阐述,给出了自主时间同步模型,包括状态变量的选取,以及相应状态方程和观测方程的建立,在此基础上设计了适用于自主时间同步的 KF 算法,其主要任务是计算星座卫星钟差,保持星载时钟输出信息的一致性,并通过数学仿真分析了时间同步算法的性能。

1. 星座自主时间同步算法

时间同步也称"对钟",指的是对分布在不同位置的时钟进行对准。对于高稳定度、高准确度的时钟系统而言,时间同步实际上包含两个层面的内容,即物理同步和数学同步。由于原子钟存在频率偏差和漂移,导致时钟偏差随时间增长,当卫星时钟与系统时钟的偏差超过指定门限时,需要对卫星时钟进行定时校频操作(调相调频),将卫星时钟相对于系统时钟的偏差控制在要求的范围内。在物理同步不能满足精度需求的情况下,需要对卫星时钟进行数学同步,即对卫星时钟进行数学校正。物理同步配合数学同步,能够保证卫星时钟与系统时钟之间保持较高的同步精度。通常所说的时间同步技术主要指数学同步,包括时间基准的建立与维持方法、时间同步测量方法、钟差估计方法以及钟差预报方法。

传统星座系统的时间同步主要依赖全球布设的地面站系统来完成,多个地面监测站协同进行星地测距和双向对比,然后综合解算获得卫星时钟相对于地面基准时钟的时间差,这些钟差信息和轨道信息一并经由注入站上传到卫星。如具有星间链路的"铱"星(Iridium)系统有 11 个全球分布的地面站,不具有星间链路的全球星(Globalstar)系统需要 300 多个地面站。然而,由于我国地面站的分布区域有限,地面站只能在卫星过境的短时间内观测星载时钟偏差。为了实现高精度同步,对时钟硬件性能和时钟偏差预报模型提出较高要求,从而导致星座系统总成本和工程实现的困难程度提升。为了克服上述困难,并提高星座系统自主运行能力,有必要研究星座自主时间同步方法。

星座自主时间同步技术是随着自主导航技术的诞生而逐步发展的。在卫星上装载了星间相对测量设备之后,卫星可根据星间双向伪距观测量和数据通信获得的先验信息,由星载计算机通过滤波器估计卫星时钟参数。在失去地面支持的情况下,基于星载原子钟能够建立一个独立的时间系统,维持星座卫星之间的时间同步。本节针对区域星座自主导航任务需求,给出一种基于相对钟差估计的星座自主时间同步方法,通过星间链路双向伪距测量实现距离和钟差的解耦,依靠星间链路伪距测量自主运算,利用状态估计算法确定各个卫星的钟差,从而保障了星座中星载时钟输出信息的一致性。

目前,星载时钟大多采用性能稳定的原子钟。原子钟在实际工作中受到钟差的影响,其中系统变化部分可用确定性函数来描述,随机变化部分通常从统计意义上进行分析。星座卫星之间要实现时间同步,需要对原子钟的钟差、频率偏差和频率漂移率等建立系统模型,利用时间同步观测数据进行钟差参数的实时估计。本节以各卫星的绝对时钟参数为状态变量,采用集中式数据处理方式,先根据星载原子钟的物理特性建立状态方程,然后根据星间链路伪距测量数据建立观测方程,最后基于状态方程和观测方程设计用于时间同步的 KF 算法。

对于卫星上广泛采用的铷钟,时钟微分方程为

$$\frac{\mathrm{d}\boldsymbol{\chi}(t)}{\mathrm{d}t} = \boldsymbol{A}\boldsymbol{\chi}(t) + \boldsymbol{n}(t) \qquad (7-15)$$

其中

$$\boldsymbol{\chi}(t) = \begin{bmatrix} x(t) \\ y(t) \\ a(t) \end{bmatrix}, \boldsymbol{A} = \begin{bmatrix} 0 & 1 & 0 \\ 0 & 0 & 1 \\ 0 & 0 & 0 \end{bmatrix}, \boldsymbol{n}(t) = \begin{bmatrix} n_1(t) \\ n_2(t) \\ n_3(t) \end{bmatrix}$$

式中:$\boldsymbol{\chi}(t)$ 为时钟的状态变量;分量 $x(t)$、$y(t)$、$a(t)$ 分别为卫星钟差、频率偏差和频率漂移率;$n_1(t)$、$n_2(t)$、$n_3(t)$ 为相互独立的白噪声,分别代表频率白噪声、调频随机游走噪声以及调频随机奔跑噪声;$\boldsymbol{n}(t)$ 的自相关函数满足

$$\boldsymbol{R}_n(\tau) = E[\boldsymbol{n}(t)\boldsymbol{n}^{\mathrm{T}}(t+\tau)] = \boldsymbol{q}\delta(\tau) \qquad (7-16)$$

式中:$\boldsymbol{q} = \mathrm{diag}(q_1, q_2, q_3)$。

离散化的状态方程为

$$\boldsymbol{\chi}_k = \boldsymbol{\Phi}_{k,k-1}\boldsymbol{\chi}_{k-1} + \boldsymbol{w}_{k-1} \qquad (7-17)$$

式中:$\boldsymbol{\Phi}_{k,k-1}$ 为状态转移矩阵;$\boldsymbol{w}_{k-1}$ 为由 $\boldsymbol{n}(t)$ 引起的过程噪声矢量,且其方差阵 $\boldsymbol{Q}_{k-1}$ 不随时间发生变化,是与时间间隔 $\tau (\tau = t_k - t_{k-1})$ 有关的常量。$\boldsymbol{\Phi}_{k,k-1}$ 和

Q_{k-1} 的表达式

$$\Phi_{k,k-1} = I + A\tau + \frac{1}{2}A^2\tau^2 = \begin{bmatrix} 1 & \tau & \tau^2/2 \\ 0 & 1 & \tau \\ 0 & 0 & 1 \end{bmatrix}$$

$$\begin{aligned} Q_{k-1} &= E[w_{k-1}w_{k-1}^T] \\ &= \int_{t_{k-1}}^{t_k}\int_{t_{k-1}}^{t_k} \{\Phi(t_k,t_k-t_1)E[n(t_1)(n(t_2))^T](\Phi(t_k,t_k-t_2))^T\}dt_1 dt_2 \\ &= \int_{t_{k-1}}^{t_k}\int_{t_{k-1}}^{t_k} \{\Phi(t_k,t_k-t_1)R_n(t_2-t_1)(\Phi(t_k,t_k-t_2))^T\}dt_1 dt_2 \\ &= \int_{t_{k-1}}^{t_k}\int_{t_{k-1}}^{t_k} \{\Phi(t_k,t_k-t_1)q(\Phi(t_k,t_k-t_2))^T\}dt_1 dt_2 \\ &= \begin{bmatrix} q_1\tau + q_2\tau^3/3 + q_3\tau^5/20 & q_2\tau^2/2 + q_3\tau^4/8 & q_3\tau^3/6 \\ q_2\tau^2/2 + q_3\tau^4/8 & q_2\tau + q_3\tau^3/3 & q_3\tau^2/2 \\ q_3\tau^3/6 & q_3\tau^2/2 & q_3\tau \end{bmatrix} \end{aligned}$$

以由 3 颗卫星构成的低轨区域星座为例进行研究,工作模式为组网工作,分为一颗主星和两颗副星,两颗副星在同一个轨道面上。两颗副星分别和主星建立星间链路,可以实现伪距测量和星间通信,副星之间不存在星间链路。集中式估计的状态矢量包括所有卫星的时钟参数(钟差、频率偏差和频率漂移率),即

$$X = \begin{bmatrix} \chi^0 \\ \chi^1 \\ \chi^2 \end{bmatrix} \tag{7-18}$$

式中:χ^0 为主星的时钟参数;χ^1 为副星 1 的时钟参数;χ^2 为副星 2 的时钟参数。相应的离散化状态方程可依此推导得到。

由于星座中主星和两颗副星间存在星间链路,对于某一参考历元 t_k 时刻的时间同步观测量为

$$Z_k = \begin{bmatrix} \dfrac{\rho_k^{10} - \rho_k^{01}}{2c} \\ \dfrac{\rho_k^{20} - \rho_k^{02}}{2c} \end{bmatrix} = \begin{bmatrix} x_k^0 - x_k^1 \\ x_k^0 - x_k^2 \end{bmatrix} + \begin{bmatrix} \dfrac{\varepsilon_k^{10} - \varepsilon_k^{01}}{2c} \\ \dfrac{\varepsilon_k^{20} - \varepsilon_k^{02}}{2c} \end{bmatrix} \tag{7-19}$$

式中：ρ_k^{01} 为从主星发射信号到副星 1 接收得到的伪距；ε_k^{01} 为伪距测量噪声；ρ_k^{10} 为从副星 1 发射信号到主星接收得到的伪距；ε_k^{10} 为伪距测量噪声；ρ_k^{02} 为从主星发射信号到副星 2 接收得到的伪距；ε_k^{02} 为伪距测量噪声；ρ_k^{20} 为从副星 2 发射信号到主星接收得到的伪距；ε_k^{20} 为伪距测量噪声；x_k^0、x_k^1、x_k^2 分别为主星、副星 1 及副星 2 的钟差；c 为光速。可以看出，时间同步观测量和卫星位置无关，且只包含星载时钟的相对钟差信息，不包含绝对钟差信息。

根据状态变量的选取，对应的时间同步观测方程为

$$Z_k = H_k X_k + v_k \tag{7-20}$$

式中：$H_k = \begin{bmatrix} 1 & 0 & 0 & -1 & 0 & 0 & 0 & 0 & 0 \\ 1 & 0 & 0 & 0 & 0 & 0 & -1 & 0 & 0 \end{bmatrix}$；$v_k$ 为测量噪声，测量噪声方差阵为

$$R_k = E[v_k v_k^T] = \begin{bmatrix} \dfrac{\sigma_\rho^2}{2c^2} & 0 \\ 0 & \dfrac{\sigma_\rho^2}{2c^2} \end{bmatrix}$$

其中，σ_ρ^2 为星间等效伪距测量噪声方差。此时，问题转化为随机线性定常系统的状态估计问题。根据由时钟系统状态方程和时间同步观测方程组成的系统模型，可以设计出最优状态估计方法，如采用 KF 算法对时钟参数进行估计。

由于缺少地面基准，用于自主时间同步计算的虚拟观测值仅包含星座卫星的相对钟差信息，不包含绝对钟差信息，卫星之间的同步关系由相对钟差估计的准确性决定。如果需要实现星座系统与地面基准时间同步，那么，对于所研究的低轨区域星座，可选定主星为基准星，其时间系统维持依靠地面进行，以副星和主星之间的相对钟差为状态变量，利用星载 KF 进行实时估计，进而实现整个星座的时间同步。副星 1 与主星的相对钟差估计在副星 1 的星载计算机上进行，副星 2 与主星的相对钟差估计在副星 2 的星载计算机上进行。在时间同步过程中，主星通过星间链路将其钟差信息（由地面系统给出）传递给副星，副星利用滤波解算出的相对钟差估计值和接收到的主星钟差信息计算得到自身相对于地面基准的钟差。

2.性能评价指标

星载原子钟给出的时间不是一个均匀的时间刻度,而是随着时间的增长而逐渐偏离地面基准时间。图 7 - 13 给出了低轨区域星座中 3 颗卫星 30 天的时钟误差曲线。不难看出,不进行时间同步的情况下,钟差随时间增长而显著增大。因此,有必要通过星间测量和滤波处理实时估计卫星钟差,进行自主时间同步。

在缺少地面基准时间的情况下,基于星间链路的自主时间同步在星座卫星之间进行。定义星座系统时钟为卫星的平均时钟,即

$$CLOCK_{constellation} = \frac{1}{3} \sum_{i=0}^{2} CLOCK_i \qquad (7-21)$$

相应地,星座系统时钟的钟差定义为星座中各个卫星钟差 x_i 的平均值,即

$$\bar{x} = \frac{1}{3} \sum_{i=0}^{2} x_i \qquad (7-22)$$

星座系统钟差曲线如图 7 - 14 所示。

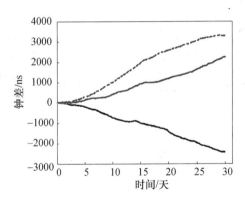

图 7 - 13　低轨区域星座 30 天卫星钟差

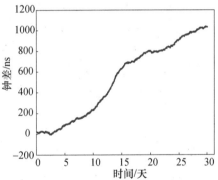

图 7 - 14　星座系统时钟的钟差

星座中各卫星相对于星座系统时钟的偏差曲线如图 7 - 15 所示。若不对钟差进行修正,则 30 天后卫星时钟将偏离星座系统时钟近 4000ns,由此产生的等效测距系统误差约为 1.2km,这一数值对基于单向伪距测量的星座自主导航系统具有较大影响。

卫星 $i(i=0,1,2)$ 时钟相对于星座系统时钟的钟差为

$$x_i - \bar{x} = x_i - \frac{1}{3} \sum_{i=0}^{2} x_i \qquad (7-23)$$

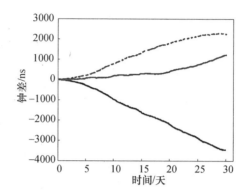

图 7 - 15　卫星相对于星座系统时钟的钟差

通过时间同步得到卫星 i 时钟相对于星座系统时钟的钟差估计值为

$$\hat{x}_i - \hat{\bar{x}} = \hat{x}_i - \frac{1}{3}\sum_{i=0}^{2}\hat{x}_i \qquad (7-24)$$

卫星 i 的时间同步误差定义为

$$\mathrm{CERR}_i = (\hat{x}_i - \hat{\bar{x}}) - (x_i - \bar{x}) = (\hat{x}_i - x_i) - (\hat{\bar{x}} - \bar{x}) \qquad (7-25)$$

式中：$(\hat{x}_i - x_i)$ 为卫星 i 钟差的漂移；$(\hat{\bar{x}} - \bar{x})$ 为星座系统时钟钟差的整体漂移。星座时间同步的均方根(RMS)误差定义为

$$\mathrm{CERR} = \sqrt{\frac{1}{3}\sum_{i=0}^{2}\mathrm{CERR}_i^2} \qquad (7-26)$$

在后面的时间同步算法仿真研究中，采用上式评价自主时间同步精度。

3. 仿真分析

本节对基于绝对钟差估计的星座自主时间同步算法进行数学仿真分析，验证该方法的可行性。仿真条件如下：①真实时钟通过时钟微分方程积分进行模拟，每颗卫星搭载的原子钟初始钟差为 20ns，初始频率偏差和初始频率漂移率均为 0，时钟噪声系数分别取为 $q_1 = 1.11 \times 10^{-22}\,\mathrm{s}^2/\mathrm{s}$；$q_2 = 2.22 \times 10^{-32}\,\mathrm{s}^2/\mathrm{s}^3$；$q_3 = 6.66 \times 10^{-45}\,\mathrm{s}^2/\mathrm{s}^5$。②每颗卫星的时钟状态初值为 $\boldsymbol{\chi}_0 = [25\mathrm{ns}, 2 \times 10^{-12}\mathrm{Hz}, 3 \times 10^{-18}\mathrm{s}/\mathrm{s}^2]^\mathrm{T}$，时钟状态的先验方差为 $\boldsymbol{P}_0 = 2 \times \mathrm{diag}[(25)^2, (2 \times 10^{-12})^2, (3 \times 10^{-18})^2]$。③星间等效伪距测量误差为 1m。④仿真时间为 30 天，滤波周期为 60s。

低轨区域星座中主星和两颗副星的时间同步误差曲线如图 7 - 16 ~

图 7 - 18 所示。基于绝对时钟估计的星座自主时间同步方法是可行的,时间同步误差稳定,不随时间积累。另外,主星的时间同步精度高于副星,原因在于主星和副星之间存在星间链路,主星能获得两组时间同步观测数据,而两颗副星之间不存在星间链路,副星只能获得一组时间同步观测数据;经统计,主星、副星 1、副星 2 的时间同步精度分别为 1.4576ns、1.8598ns、1.8629ns。另外,星座系统时钟的钟差估计值如图 7 - 19 所示。在缺少外部基准的情况下,由于时间同步观测量中只包含两卫星的时钟相对钟差信息,不包含绝对钟差信息,因此,星座系统时钟的钟差是不可观的,会随着时间增长发生整体漂移。

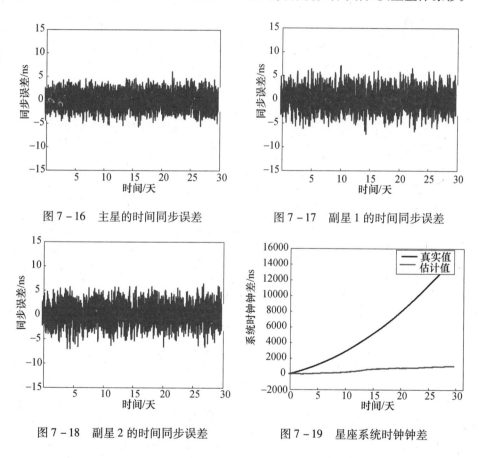

图 7 - 16　主星的时间同步误差　　　　　图 7 - 17　副星 1 的时间同步误差

图 7 - 18　副星 2 的时间同步误差　　　　图 7 - 19　星座系统时钟钟差

下面分析测量精度(星间伪距测量误差)对时间同步精度的影响,对星间伪距测量误差分别为 0.1m、0.5m、2m、5m、10m、100m 的情况进行仿真,时间同步精度统计结果如表7-1所列。

表7-1 星座自主时间同步结果

观测精度/m	时间同步精度/ns			
	主星	副星1	副星2	星座平均
0.1	0.3467	0.4881	0.4857	0.3900
0.5	1.0037	1.2845	1.2819	1.0542
1	1.4576	1.8598	1.8629	1.5336
2	2.0626	2.7151	2.6746	2.2062
5	3.2622	4.3122	4.2201	3.5076
10	4.6936	6.0094	5.9369	4.9845
100	16.6003	16.9261	17.4841	14.8105

仿真结果表明,不同测量精度下时间同步误差曲线可迅速收敛到稳定值,利用星间链路伪距测量可有效确定星座卫星之间的相对钟差。随着测量精度的下降,时间同步精度明显降低,说明星间伪距测量精度对时间同步精度具有较大影响,高精度的伪距观测是实现高精度时间同步的保证。另外,由于主星获得的时间同步观测数据比副星多,因此,主星的时间同步精度比副星高。利用星间链路伪距测量进行自主时间同步时,在缺少地面基准的情况下,存在着整体时钟误差不可观测的问题,星座系统时钟的绝对钟差随着时间增长而发生漂移,但这并不影响星座卫星之间的时间保持一致,也不会影响基于星间链路的单向伪距测量精度。如果在星座自主时间同步的基础上,引入地面基准对星座中的某颗卫星的时钟进行校准,则可以实现星座系统时间与地面基准时间的同步。

7.3 自主导航系统方案

基于紫外敏感器的单星自主导航方法可以实现星座卫星中等精度的自主导航,但受紫外敏感器地心方向测量精度的限制,不能满足高精度自主导航要求。基于星间链路伪距测量的星座自主导航方法在一段时间内能够实现高精度导航,但星座卫星的绝对定位误差随时间增长而逐步积累,不能满足星座长期自主导航的要求。为了解决上述问题,本节针对低轨区域星座,研究基于

"紫外敏感器 + 星间相对测量"的组合导航方法。

⊿7.3.1　低轨区域星座描述

以由三颗卫星组成的低轨区域星座(轨道参数与"白云"星座相同)为例开展星座自主导航研究,假定星座卫星运行于倾角为 63.41°的轨道,平均轨道高度为 1100km。三颗卫星的轨道半长轴相同,偏心率相同,倾角相同,工作模式为组网工作,分为一颗主星和两颗副星。两颗副星分别和主星建立星间链路,两颗副星之间无链路。图 7 – 20 为低轨区域星座示意图。

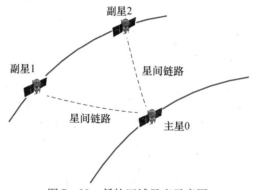

图 7 – 20　低轨区域星座示意图

两颗副星在同一个轨道面(沿飞行方向副星 2 在前,副星 1 在后,副星 1与副星 2 之间有百千米量级的距离)运行,主星在异轨平面运行,两个轨道面的升交点赤经相差 0.85°。星座卫星初始轨道参数如表 7 – 2 所列。

表 7 – 2　星座卫星初始轨道参数

项目	主星 0	副星 1	副星 2
轨道半长轴/km	7478.14	7478.14	7478.14
偏心率	0	0	0
轨道倾角/(°)	63.41	63.41	63.41
近地点幅角/(°)	0	0	0
升交点赤经/(°)	0.85	0	0
真近点角/(°)	0	0	0.76

在低轨区域星座长期运行过程中,为了便于建立星间链路,需要考虑星间链路天线的视场范围和跟踪能力,通过构型保持控制,使得主星位于每一颗副

星的天线侧摆角度 ±60° 范围内,俯仰角 ±10° 范围内;主星和每一颗副星之间的距离为 30 ~ 150km,两颗副星之间的距离为 30 ~ 150km。侧摆角和俯仰角示意图如图 7 - 21 所示。

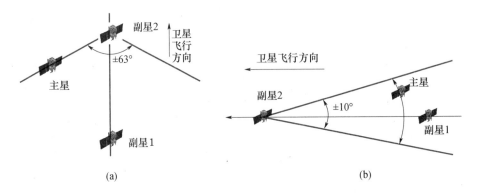

图 7 - 21　星间角度示意图

(a) 侧摆角范围示意图;(b) 俯仰角范围示意图。

7.3.2　总体框架设计

星座自主导航的数据处理方式主要有集中式处理和分布式处理两种。采用集中式处理方式时,星座中所有卫星将观测量通过星间链路传送至主星,在一个滤波器内融合所有的观测数据,估计出所有卫星的状态。这种数据处理方式的优点是精度高,但计算量随着星座卫星的数目增加而增长。采用分布式处理方式时,星座中每颗卫星视为单独个体,每颗卫星利用与自身有关的信息单独进行数据处理,分别确定星座中各个卫星的状态;这种处理方式计算量小,对个别卫星失效具备鲁棒性,但精度较集中式处理方式差,要求每颗卫星都具有数据处理能力,并且需要频繁地进行星间通信。本章采用集中式处理方式。

星座卫星测量信息处理主要包括自主时间同步和自主导航解算两部分,信息处理流程图如图 7 - 22 所示,其中菱形表示数据模块,矩形表示具体功能模块,带箭头的直线表示数据流。

星座卫星之间通过星间链路获得双向伪距测量数据,通过测量数据预处理,解耦得到含轨道参数的观测量和含时钟参数的观测量,然后采用两个并行滤波器分别处理两类观测量。仅利用星间链路伪距测量进行星座自主导航

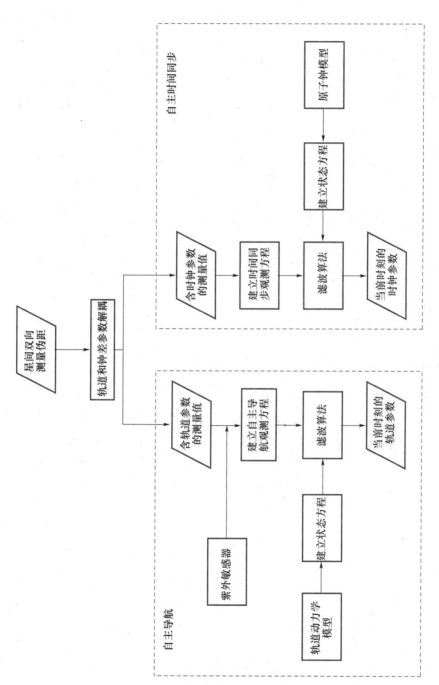

图7-22　信息处理流程图

时,存在绝对定位误差随时间增长而逐步积累的问题。特别是对于低轨道星座,由于大气阻力等因素的影响,轨道的长期预报精度有限,定位误差随时间增长的问题更为突出。在星座中引入基于紫外敏感器的自主导航方式,用于提供星座的绝对位置信息,有助于解决该问题。

7.3.3 基于紫外敏感器和星间链路的导航方案

本节给出了融合紫外敏感器和星间链路伪距测量信息进行组合导航的方案,实现方式为:在主星上配置紫外敏感器,副星通过星间链路建立与主星之间的约束,采用 EKF 算法融合紫外敏感器和星间链路伪距观测信息,确定星座中所有卫星的位置和速度。所研究的星座自主导航系统示意图如图 7 - 23 所示。

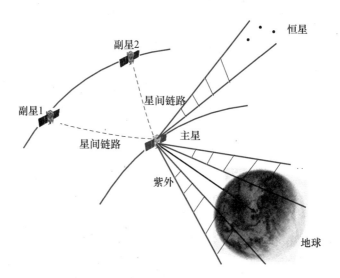

图 7 - 23　基于紫外敏感器和星间链路的星座自主导航系统示意图

通过导航敏感器获得的观测量中不可避免会存在测量噪声,为了克服测量噪声对导航精度的影响,需要采用滤波器对系统状态变量进行在线估计。

采用最优滤波算法在一定程度上能消弱测量噪声的影响,提高导航精度。常用的 EKF 算法是基于状态空间模型设计的。为了设计导航滤波算法,需要给出用于进行估计的状态变量,并基于状态变量建立状态方程和测量方程。对于星座自主导航系统,状态变量选为三颗卫星的位置矢量和速度矢量在地

心惯性坐标系中的三个分量,即

$$\boldsymbol{x} = \begin{bmatrix} \boldsymbol{x}_0^{\mathrm{T}} & \boldsymbol{x}_1^{\mathrm{T}} & \boldsymbol{x}_2^{\mathrm{T}} \end{bmatrix}^{\mathrm{T}}, \boldsymbol{x}_i = \begin{bmatrix} x_i, y_i, z_i, v_{x,i}, v_{y,i}, v_{z,i} \end{bmatrix}^{\mathrm{T}}$$

式中:下标 $i = 0, 1, 2$ 分别代表星座中的主星、副星 1 和副星 2。卫星轨道动力学模型中除中心引力外,仅考虑 J_2 项摄动。根据各颗卫星轨道动力学模型建立用于设计导航滤波器的状态方程,即

$$\dot{\boldsymbol{x}}(t) = \boldsymbol{\varphi}(x(t), t) + \boldsymbol{w}(t) = \begin{bmatrix} \boldsymbol{f}(\boldsymbol{x}_0(t), t) \\ \boldsymbol{f}(\boldsymbol{x}_1(t), t) \\ \boldsymbol{f}(\boldsymbol{x}_2(t), t) \end{bmatrix} + \begin{bmatrix} \boldsymbol{w}_0(t) \\ \boldsymbol{w}_1(t) \\ \boldsymbol{w}_2(t) \end{bmatrix} \qquad (7-27)$$

各颗卫星轨道动力学模型的形式见第 2 章。星座自主导航系统的观测量包括:主星的地心方向矢量 $\boldsymbol{u}_0$ 和地球视半径 α_0,主星和两颗副星间的星间链路伪距测量 ρ_{01}、ρ_{02},即

$$\boldsymbol{z}_k = \begin{bmatrix} \boldsymbol{u}_0^{\mathrm{T}} & \alpha_0 & \rho_{01} & \rho_{02} \end{bmatrix}^{\mathrm{T}} \qquad (7-28)$$

其中 ρ_{01}、ρ_{02} 定义如下:

$$\begin{cases} \rho_{01} = |\boldsymbol{r}_0 - \boldsymbol{r}_1| + v_\rho \\ \rho_{02} = |\boldsymbol{r}_0 - \boldsymbol{r}_2| + v_\rho \end{cases}$$

式中:v_ρ 为伪距测量噪声,假设 v_ρ 是均值为 0,方差为 σ_ρ^2 的高斯白噪声。

基于紫外敏感器和星间链路的自主导航方案可归纳为:选择星座卫星的位置和速度矢量作为状态变量,根据星座卫星的轨道动力学模型建立状态方程,并将地心方向矢量、地球视半径,以及星间链路伪距测量的数学描述作为观测方程,设计 EKF 算法,处理紫外敏感器和星间链路在一个时间序列上的测量值,通过递推计算得到星座卫星在惯性系中的位置矢量和速度矢量的估计值。

7.3.4　基于紫外敏感器和星间位置测量的导航方案

为了进一步改善导航性能,可以引入高精度的星间方向测量信息,采用基于星间相对位置测量的星座自主导航方法。利用高精度的星间方向测量信息和星间链路伪距测量信息能够准确确定星座卫星的位置和速度。前面已经说明,照相观测星相机具有比星敏感器更高的测量精度,但星座卫星不是随时能被星相机探测到,在目标卫星不能被星相机探测到的轨道弧段上,无法获得星间方向测量信息。并且,仅利用航天器轨道动力学和星间相对观测量进行滤

波修正时,由于观测量不能直接反映卫星绝对位置信息,在初始误差较大的情况下,存在滤波器收敛较慢的问题。基于紫外敏感器的自主导航方式能够持续可靠地为星座卫星提供中等精度的绝对位置信息,有助于提高导航滤波器的收敛速度,同时,改善星座自主导航系统的可靠性。本节给出了基于紫外敏感器和星间相对位置测量的组合自主导航方案,实现方式为:在星座卫星上配置紫外敏感器、星间链路设备和照相观测星相机,利用紫外敏感器和星间相对位置测量(包括星间方向测量和星间链路伪距测量)进行星座自主导航。

与基于紫外敏感器和星间链路的导航方式类似,选择星座中三颗卫星的位置和速度矢量在地心惯性坐标系中的分量为状态变量,根据各颗卫星轨道动力学模型建立状态方程:

$$\dot{x}(t) = \varphi(x(t), t) + w(t) = \begin{bmatrix} f(x_0(t), t) \\ f(x_1(t), t) \\ f(x_2(t), t) \end{bmatrix} + \begin{bmatrix} w_0(t) \\ w_1(t) \\ w_2(t) \end{bmatrix} \quad (7-29)$$

在低轨区域星座上配置两套照相观测星相机,用于测量副星与主星之间的星间方向矢量,在主星上配置紫外敏感器,用于测量地心方向矢量和地球视半径。基于星间相对测量的星座自主导航系统的观测量包括:副星 1 到主星的相对方向矢量 L_{01}、副星 2 到主星的相对方向矢量 L_{02} 以及主星和副星间的星间链路伪距测量 ρ_{01}、ρ_{02},其中 L_{01} 和 L_{02} 的定义如下:

$$L_{01} = \frac{r_1 - r_0}{|r_1 - r_0|} + v_L \quad (7-30)$$

$$L_{02} = \frac{r_2 - r_0}{|r_2 - r_0|} + v_L \quad (7-31)$$

式中:v_L 为照相观测星相机的测量噪声,其均值为零,标准差为 σ_L。离散形式的观测方程可简写为

$$z_k = \begin{bmatrix} L_{01} \\ L_{02} \\ \rho_{01} \\ \rho_{02} \end{bmatrix} = h(x_k) + v_k = \begin{bmatrix} \dfrac{r_1 - r_0}{|r_1 - r_0|} \\ \dfrac{r_2 - r_0}{|r_2 - r_0|} \\ |r_0 - r_1| \\ |r_0 - r_2| \end{bmatrix} + \begin{bmatrix} v_L \\ v_L \\ v_\rho \\ v_\rho \end{bmatrix} \quad (7-32)$$

式中：v_k 为测量噪声，与系统状态 $x(t)$ 和系统噪声 $w(t)$ 无关，且均值和方差阵分别为

$$
\mathrm{E}(v_k) = 0, \mathrm{E}(v_k v_k^{\mathrm{T}}) = R_k = \begin{bmatrix} \sigma_L & & & \\ & \sigma_L^2 & & \\ & & \sigma_\rho^2 & \\ & & & \sigma_\rho^2 \end{bmatrix}
$$

基于紫外敏感器和星间相对位置测量的导航方案可归纳为：选择星座卫星的位置和速度矢量作为状态变量，根据星座卫星的轨道动力学模型建立状态方程，并将地心方向矢量、地球视半径、星间相对视线矢量，以及星间链路伪距测量的数学描述作为观测方程，设计 EKF 算法，处理紫外敏感器、照相观测星相机和星间链路在一个时间序列上给出的测量值，通过递推计算得到星座卫星在惯性系的位置和速度矢量的估计值。

▶7.4 仿真实例

星座自主导航系统的基本任务是确定星座卫星的位置和速度。本节结合 CRLB(Cramer – Rao 下界)计算和数学仿真对基于紫外敏感器和星间相对测量的星座自主导航系统性能进行分析。通过高精度航天器轨道仿真器生成卫星参考轨道数据，采用 EKF 算法结合卫星轨道动力学模型，对导航敏感器测量数据进行处理，给出星座卫星的位置和速度矢量的估计值，并将状态估计结果与参考轨道数据进行对比，通过统计计算得到定位误差，作为评价导航性能的依据。

✍7.4.1 基于紫外敏感器和星间链路的导航性能分析

对基于紫外敏感器和星间链路的星座自主导航系统进行数学仿真分析，实际卫星轨道动力学用 STK(Satellite Tool Kit)软件中的高精度轨道预报器模拟；每颗卫星的三轴位置分量的初始误差为 10km，三轴速度分量的初始误差为 10m/s；地心方向矢量和地球视半径测量误差均为 0.02°，星间链路伪距测量误差为 5m；导航滤波周期为 1s。通过 EKF 算法处理紫外敏感器和星间链路伪距测量信息，导航滤波器中的简化动力学模型考虑地球中心引力和 J_2 项摄动。

首先，通过 CRLB 计算分析系统导航性能，CRLB 的计算方法见第 3 章。

仅利用星间链路伪距测量进行星座自主导航时的 CRLB 如图 7-24 所示。可以看出,仅利用伪距测量得到的导航精度较低,且导航误差随时间增长逐步积累,这是因为星座缺少绝对的位置基准,仅通过星间测距信息不能对星座的整体旋转形成有效的几何约束。

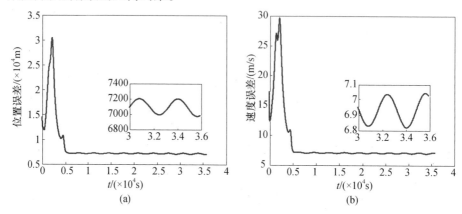

图 7-24   仅利用星间链路测量的主星位置估计和速度估计的 CRLB

接下来,通过数学仿真考察自主导航性能,采用 EKF 算法处理观测量信息,对星座卫星的位置和速度进行估计。仅利用星间链路伪距测量进行星座自主导航时的仿真误差曲线如图 7-25 所示。从图中可以看出,仅利用伪距测量得到的导航精度较低,且导航误差随着时间的增长而逐步积累。

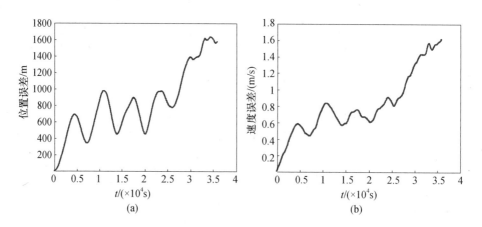

图 7-25   仅利用星间链路测量的导航误差

基于紫外敏感器和星间链路的自主导航系统的 CRLB 如图 7 - 26 所示,可以看出,三颗卫星理论上能够达到 55m 和 5.2cm/s 的导航精度。主星位置估计误差的 CRLB 能在很短的时间内收敛到较小值,而两颗副星位置估计误差的 CRLB 在仿真开始 1000s 后逐渐收敛到较小值,这是因为在主星上配置了紫外敏感器,通过紫外敏感器能够获得主星的绝对位置信息,而副星上未配置紫外敏感器,副星需在动力学模型约束的基础上,通过副星与主星之间的星间链路伪距测量,经过一段时间的滤波修正才能完成精确位置估计,因此收敛速度相对较慢。

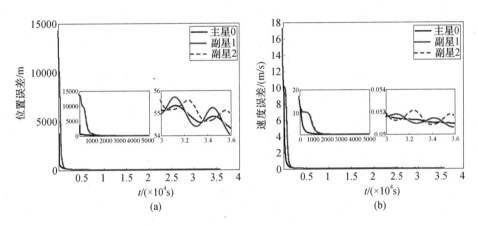

图 7 - 26　"单个紫外敏感器 + 星间链路"系统的位置估计和速度估计的 CRLB

通过数学仿真对基于紫外敏感器和星间链路的自主导航系统性能进行分析。通过 EKF 算法得到的星座中三颗卫星的导航误差曲线如图 7 - 27 所示。从图中可以看出,采用 EKF 算法可精确估计所有卫星的位置和速度,两颗副星的收敛速度比主星的收敛速度慢。

根据以上仿真结果,仅采用星间测距进行自主导航,由于星座的方向变化不能测定,星座的轨道误差随时间的增长逐渐增大。在系统中引入紫外敏感器后,星座在惯性空间的绝对位置可被确定,星座的位置估计误差在自主运行过程中无明显增长趋势,且能够保持较高的精度。因此,基于紫外敏感器和星间链路的组合导航方法可以解决仅利用星间测距信息进行自主导航时绝对定位误差随时间积累的问题,保证自主运行过程中星座位置确定的准确性和长期性。

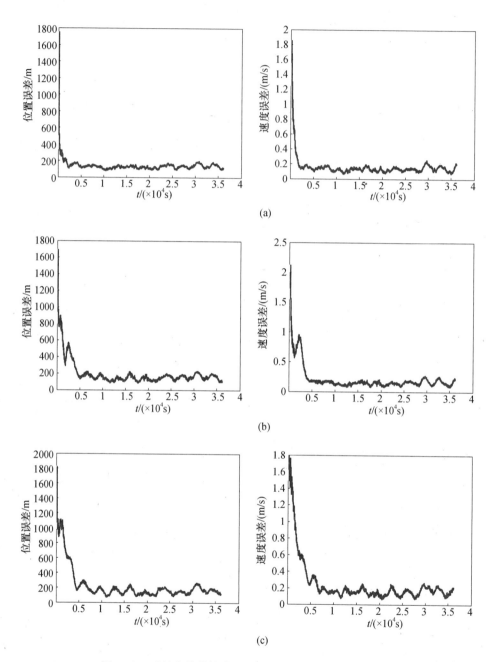

图 7 - 27 "单个紫外敏感器 + 星间链路" 系统的导航误差

（a）主星的导航误差；（b）副星 1 的导航误差；（c）副星 2 的导航误差。

　　应当说明,以上仿真结果反映出观测量对两颗副星的定位约束较弱的问题。为了加强观测量对副星的定位约束,可以在星座的三颗卫星上都配置紫外敏感器,利用紫外敏感器进行单星自主导航,再通过星间链路测量约束星座的几何结构,提高星座整体的导航精度。图 7－28 为在星座中配置三个紫外敏感器,地心方向矢量测量误差和地球视半径测量误差都为 0.02°,星间链路伪距测量误差为 5m 时的 CRLB。

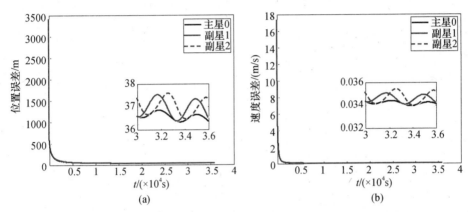

图 7－28　"多个紫外敏感器＋星间链路"系统的位置估计和速度估计的 CRLB

　　通过数学仿真得到的主星自主导航误差如图 7－29 所示(副星的导航误差类似)。通过 CRLB 计算和 EKF 数学仿真结果可以看出,在星座的三颗卫星上都配置紫外敏感器,再利用星间链路伪距测量,导航精度得到改善,此时,两颗副星的导航滤波器收敛速度较快。

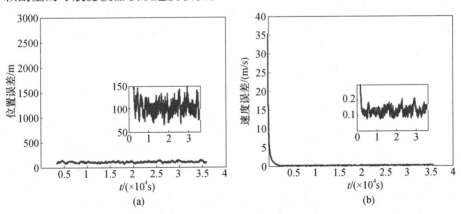

图 7－29　"多个紫外敏感器＋星间链路"系统的导航误差

下面分析基于紫外敏感器和星间链路的星座自主导航系统的精度影响因素。

星间链路伪距测量误差为 5m 时,不同地心方向矢量测量误差对应的 CRLB 如图 7-30 所示。

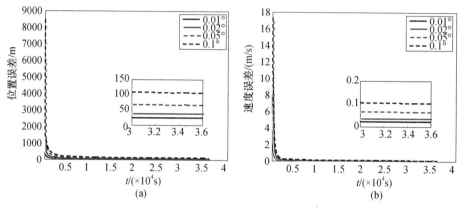

图 7-30 CRLB 随地心方向测量误差的影响

地心方向矢量测量误差取值范围为 0.01° ~ 0.1° 的情况下,通过 EKF 算法得到的低轨区域星座中的主星和 2 颗副星的位置和速度估计误差统计值如表 7-3 所列。

表 7-3 地心方向测量误差对应的导航精度

地心方向精度/(°)	主星		副星1		副星2	
	位置精度/m	速度精度/(cm/s)	位置精度/m	速度精度/(cm/s)	位置精度/m	速度精度/(cm/s)
0.01	82.385	11.937	94.672	13.133	94.984	13.182
0.02	105.574	13.298	117.419	14.191	125.058	14.835
0.05	140.879	15.321	161.207	17.182	159.853	16.444
0.1	240.536	24.191	236.736	23.654	235.000	23.481

地心方向矢量测量误差为 0.02°,不同星间链路伪距测量误差对应的 CRLB 如图 7-31 所示。

星间链路伪距测量误差取值范围为 1 ~ 50m 的情况下,通过 EKF 算法得到的低轨区域星座中的主星和 2 颗副星的位置和速度估计误差统计值如表 7-4 所列。

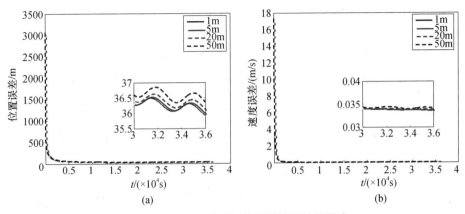

图 7-31　CRLB 随星间伪距测量误差的影响

表 7-4　星间伪距测量误差对应的导航精度

伪距测量 精度/m	主星		副星 1		副星 2	
	位置精度 /m	速度精度 /(cm/s)	位置精度 /m	速度精度 /(cm/s)	位置精度 /m	速度精度 /(cm/s)
1	105.358	13.289	117.325	14.190	124.533	14.396
5	105.574	13.298	117.419	14.191	125.058	14.835
20	106.680	13.559	118.228	14.302	125.835	14.970
50	107.523	13.822	124.013	14.340	122.281	15.223

从 CRLB 计算和数学仿真结果可以看出,基于给定的仿真条件,地心方向测量误差是影响星座自主导航精度的主要因素,这是因为,这三种观测量中地心方向的测量精度对测量几何的影响最大。另外,主星的导航精度比副星的导航精度高,原因在于主星能够获得比副星更多的星间链路伪距观测量。

☒7.4.2　基于紫外敏感器和星间位置测量的导航性能分析

通过 CRLB 计算和数学仿真对基于紫外敏感器和星间相对位置测量的星座自主导航系统的性能进行分析。仿真条件如下:实际卫星轨道动力学模型用 STK 软件中的高精度轨道预报器产生,导航滤波器中的卫星轨道动力学模型考虑中心引力项和 J_2 项摄动的影响,假设每颗卫星的三轴位置分量的初始误差为 10km,三轴速度分量的初始误差为 10m/s,星相机星间方向测量误差为 10″,星间链路伪距测量误差为 5m,紫外敏感器地心方向矢量和地球视半径测量误差均为 0.02°,滤波周期为 1s,滤波算法采用 EKF 算法。

基于星间相对位置测量的星座自主导航的 CRLB 如图 7 - 32 所示。从图中可看出,三颗卫星在理论上能达到的导航精度为 70m 和 7cm/s 左右,三颗卫星的位置估计误差的 CRLB 在仿真开始 2500s 后才收敛到较小值,这是由于基于星间相对位置测量的星座自主导航方法需在卫星轨道动力学模型的基础上,经过一段时间观测后才能实现星座自主导航。

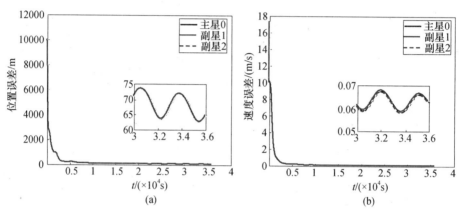

图 7 - 32　星间相对测量导航方法的位置估计和速度估计的 CRLB

图 7 - 33 为通过导航滤波器得到的基于星间相对位置测量的导航误差曲线。利用星间相对位置测量可以确定星座各卫星的位置和速度,位置精度和速度精度分别达到 158m 和 13cm/s,但导航滤波器收敛速度较慢,与 CRLB 的分析结果相一致。

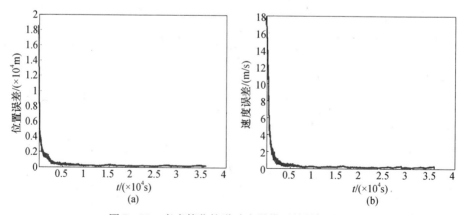

图 7 - 33　考虑简化轨道动力学模型的导航误差

接下来,分析照相观测星相机的测量精度和星间链路伪距测量精度对基于星间相对位置测量的导航精度的影响。其他条件不变,照相观测星相机的星间方向测量误差在 $1''\sim30''$ 之间变化时,对应的主星的 CRLB 随时间的变化曲线如图 7 – 34 所示。

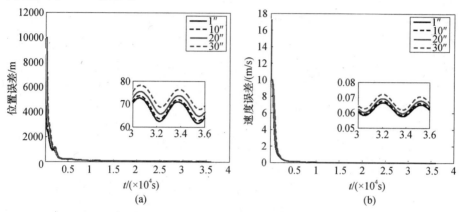

图 7 – 34　CRLB 随星间方向测量误差的变化情况

星间链路伪距测量误差在 $1\sim50m$ 之间变化时,对应的主星的 CRLB 曲线如图 7 – 35 所示。从图中可以看出,对于给定的仿真条件,照相观测星相机的星间方向测量精度和星间链路伪距测量精度对基于星间相对位置测量的星座自主导航系统的性能影响较小。当测量精度达到一定水平的情况下,再提高测量精度对改善导航精度的贡献不大。

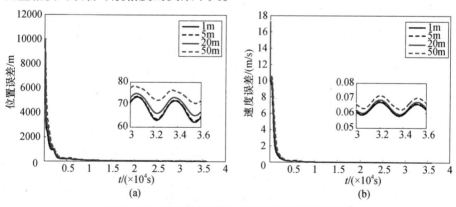

图 7 – 35　CRLB 随星间伪距测量误差的变化情况

表 7 – 5 和表 7 – 6 给出了星间链路伪距测量误差为 5m 时,不同星间方向测量误差对应的导航误差,以及星间方向测量误差为 $10''$,不同星间链路伪距

测量误差对应的导航误差。可以看出,数学仿真结果与 CRLB 分析结果相同。对于所研究的低轨区域星座而言,星相机的星间方向测量精度和星间链路伪距测量精度在一定范围内变化时,对基于星间相对位置测量的星座自主导航系统的性能影响较小。

表 7-5　星间方向测量误差对导航精度的影响

星间方向测量误差/(″)	主星		副星 1		副星 2	
	位置精度/m	速度精度/(cm/s)	位置精度/m	速度精度/(cm/s)	位置精度/m	速度精度/(cm/s)
1	142.988	12.481	143.036	12.552	142.941	12.412
10	158.151	13.753	158.223	13.951	158.101	13.576
20	164.386	14.287	164.456	14.534	164.281	14.051
30	178.579	15.661	178.705	15.966	178.481	15.373

表 7-6　星间链路伪距测量误差对导航精度的影响

伪距测量误差/m	主星		副星 1		副星 2	
	位置精度/m	速度精度/(cm/s)	位置精度/m	速度精度/(cm/s)	位置精度/m	速度精度/(cm/s)
1	156.137	13.537	156.179	13.721	156.110	13.361
5	158.151	13.753	158.223	13.951	158.101	13.576
20	162.217	14.253	162.423	14.441	161.958	14.046
50	175.977	15.347	176.706	15.570	175.405	15.156

根据上述仿真结果可以看出,在初始位置误差较大的情况下,基于星间相对位置测量的星座自主导航系统的滤波收敛时间较长。导航精度主要取决于导航敏感器测量精度和导航滤波器中轨道动力学模型的精度。但当测量精度达到一定水平的情况下,进一步提高测量精度对改善导航精度的贡献不大。

基于星间相对位置测量的星座自主导航精度依赖于卫星轨道动力学模型的精度,为了达到更高的导航精度,可以采用更精确的轨道动力学模型,减小导航滤波器中的卫星轨道动力学模型与真实模型之间的误差。下面对基于精确轨道动力学模型的自主导航系统进行数学仿真。导航滤波器中的卫星轨道动力学模型考虑地球中心引力项和 10×10 阶非球形引力摄动的影响，其他仿真条件不变，导航误差曲线如图 $7-36$ 所示。当导航滤波器中的卫星轨道动力学模型更精确时，基于星间相对测量的自主导航精度得到较大幅度的提高，通过 EKF 得到的主星的位置和速度估计精度分别达到 34.982m 和 3.054cm/s。因此，提高导航滤波器中的卫星轨道动力学模型的精度，能够有效提高自主导航精度。

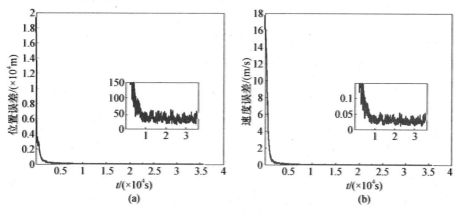

图 $7-36$　考虑精确轨道动力学模型的导航误差

表 $7-7$ 和表 $7-8$ 中给出了星间链路伪距测量误差为 5m 时，不同星间方向测量误差对应的导航误差，以及星间方向测量误差为 10″时，不同星间链路伪距测量误差对应的导航误差。可见，当导航滤波器中的卫星轨道动力学模型考虑更多摄动项时，利用星间相对位置测量进行星座自主导航时的精度受星间方向测量精度和星间链路伪距测量精度的影响较大。当提高照相观测星相机和星间伪距测量精度时，星座卫星的导航精度能够得到较大的提高。在轨道外推精度提高的情况下，提高导航敏感器测量精度对改善自主导航精度起重要作用。

表 $7-7$　星间方向测量误差对导航精度的影响

星间方向测量精度/(″)	主星		副星1		副星2	
	位置精度/m	速度精度/(cm/s)	位置精度/m	速度精度/(cm/s)	位置精度/m	速度精度/(cm/s)
1	22.716	2.063	22.777	2.107	22.583	2.024
10	34.982	3.054	35.076	3.126	34.855	2.996
20	45.595	4.036	45.760	4.119	45.470	3.973
30	56.464	5.013	56.600	5.088	56.316	4.944

表 7-8   星间链路伪距测量误差对导航精度的影响

伪距测量 精度/m	主星		副星1		副星2	
	位置精度 /m	速度精度 /(cm/s)	位置精度 /m	速度精度 /(cm/s)	位置精度 /m	速度精度 /(cm/s)
1	31.134	2.789	31.216	2.856	31.069	2.731
5	34.982	3.054	35.076	3.126	34.855	2.996
20	48.311	4.197	48.620	4.275	47.883	4.130
50	64.147	5.340	64.602	5.445	63.455	5.252

下面通过数学仿真对基于紫外敏感器和星间相对位置测量的星座组合导航性能进行分析。导航滤波器中的卫星轨道动力学模型考虑中心引力项和 10×10 阶非球形引力摄动的影响。图 7-37 为基于星间相对位置测量的导航误差曲线与基于"紫外敏感器+星间位置测量"的导航误差曲线。

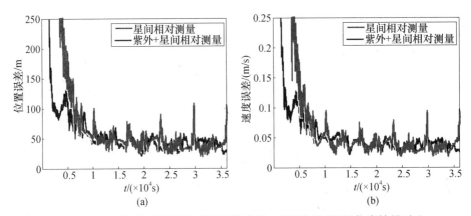

图 7-37   "星间位置测量"与"紫外敏感器+星间位置测量"仿真结果对比

对基于"紫外敏感器+星间位置测量"的导航方法与仅依赖星间相对位置测量的星座自主导航方法进行对比研究,结果表明,引入紫外敏感器的测量信息,能够有效提高导航滤波器的收敛速度。

▶7.5   小结

基于光学敏感器的天文自主导航方法受地心位置提取精度的限制,仅能提供中等精度的导航信息。为了提高星座自主导航精度,本章围绕星间测量辅助的天文导航方法展开论述,以基于紫外敏感器的天文导航方式为例进行说明。首先,阐述了基于星间链路伪距测量的星座自主导航方法,星座卫星之间通过星间链路获得双向伪距观测量,通过对测量数据的预处理,解耦得到含轨道参数的测量值和含时钟参数的测量值,然后采用两个并行滤波器分别进行处理,实现星座自主导航和时间同步。针对低轨区域星座,给出一种基于钟差估计的星座自主时间同步方法,该方法以星座卫星钟差参数为状态变量,利用星间双向伪距测量数据,通过星载滤波器估计出星座卫星的钟差参数,能够保障各个星载时钟输出信息的一致性。其次,研究了基于"紫外敏感器 + 星间链路"的星座自主导航方案,融合紫外敏感器和星间链路伪距测量信息,能够取得优于传统天文自主导航的单星定位精度。进而,论述了基于"紫外敏感器 + 星间位置测量"的导航方案,利用星间链路提供的星间距离观测量和星相机提供的星间方位测量信息,能够自主确定星座卫星的位置和速度,实现长期高精度自主导航融合星间相对位置测量和紫外导航敏感器提供的绝对位置信息,能够有效提高滤波收敛速度。

参 考 文 献

[1] Markley F L. Autonomous navigation using landmark and intersatellite data[C]. Washington: AIAA/AAS Astrodynamics Conference,1984.

[2] Psiaki M L. Autonomous orbit determination for two spacecraft from relative position measurements[J]. Journal of Guidance,control,and Dynamics,1999,22:305 – 312.

[3] Ettouati I,Mortari,D Pollock T. Space surveillance using star trackers[C]. part I:simulations,16th AAS/AIAA Space Flight Mechanics Meeting,2006:2073 – 2087.

[4] Hill K,Born G H. Autonomous orbit determination from Lunar Halo orbits using crosslink range[J]. Journal of Spacecraft and Rockets,2008,45:548 – 553.

[5] Psiaki M L. Absolute orbit and gravity determination using relative position measurements between two satellites[J]. Journal of Guidance, Control and Dynamics,2011,34(5): 1285 – 1297.

[6] Zhao X,Liu S,Han C. Performance analysis of autonomous navigation of constellation based on inter satellite range measurement[J]. Procedia Engineering,2011,15:4094 – 4098.

[7] Lin S,Liu G,Zhang R,et al. An information fusion algorithm for integrated autonomous orbit determination of navigation satellites[J]. Acta Astronautica,2013,85:33 – 40.

[8] Simandl M, Kralovec J, Tichavsky P. Filtering, predictive, and smoothing Cramer – Rao bounds for discrete – time nonlinear dynamic systems[J]. Automatica, 2001, 37: 1703 – 1716.

[9] 陈金平,尤政,焦文海. 基于星间距离和方向观测的导航卫星自主定轨研究[J]. 宇航学报,2005,26(1):43 – 46.

[10] 林益明,何善宝,郑晋军,等. 全球导航星座星间链路技术发展建议[J]. 航天器工程,2010,6:1 – 7.

[11] Truszkowski W, Hallock H L, Rouff C, et al, autonomous and autonomic systems: With applications to NASA intelligent spacecraft operations and exploration Systems[J]. Springer – Verlag London, 2009.

[12] Xu H L, Wang J L, Zhan X Q. Autonomous broadcast ephemeris improvement for GNSS using inter – satellite ranging measurements[J]. Advances in Space Research, 2012, 49: 1034 – 1044.

[13] Xiong K, Wei C L, Liu L D. Autonomous navigation for a group of satellites with star sensors and inter – satellite links[J]. Acta Astronautica, 2013, 86:10 – 23.

[14] Shang L, Liu G H, Zhang R, et al. An information fusion algorithm for integrated autonomous orbit determination of navigation satellites[J]. Acta Astronautica, 2013, 85:33 – 40.

[15] 方琳,杨旭海,孙保琪,等. 基于非同时双向星间链路的自主时间同步仿真分析[J]. 天文学报,2013,54(5):455 – 466.

[16] 王裙,熊凯,张斌,等. 一种基于紫外姿态敏感器和星间相对测量的星座组合导航方法[J]. 航天控制,2013,31(5):83 – 89.

[17] 王裙,熊凯,魏春岭. 一种基于相对钟差估计的星座自主时间同步方法[J]. 空间控制技术与应用,2013,39(4):18 – 22.

[18] 高有涛,徐波,熊欢欢. 一种提高导航卫星星座自主定轨精度的方法研究[J]. 宇航学报,2014,35(10):1165 – 1175.

[19] 熊凯,魏春岭,刘良栋. 基于星间距离测量的高精度自主导航[J]. 空间控制技术与应用,2014,40(2):41 – 46.

[20] 杜玉军,王甫红,王泽民,等. 导航卫星自主定轨星座旋转误差的地面校正算法[J]. 武汉大学学报(信息科学版),2015,40(4):534 – 539.

[21] Xiong K, Wei C, Liu L. Spacecraft autonomous navigation using multiple model adaptive estimator[J]. Aircraft Engineering and Aerospace Technology, 2015, 87(5):465 – 475.

第 8 章
系统误差建模与在轨校正技术

    航天器自主导航系统在不依赖地面支持的情况下,利用星载导航敏感器输出的数据对航天器的位置和速度进行估计,导航敏感器的测量误差是影响自主导航精度的主要因素。光学导航敏感器测量误差通常可分为随机误差和系统误差两类,其中,随机误差包括量化噪声和热噪声等,系统误差包括敏感器的测量偏差和安装误差等。与随机误差相比,导航敏感器的系统误差对自主导航精度的影响要大得多。随机误差的影响通常可以通过最优滤波算法加以消除,而系统误差会造成观测模型不准确,一般难以直接通过滤波方法消除。如果不对其进行估计和补偿,直接应用 KF 得到的状态估计结果将偏离真实状态,使得自主导航系统的定位精度下降,如对于轨道高度 700km 的近地航天器,地球敏感器地心方向 0.05° 的常值偏差会造成大约 6km 的导航定位误差。如何减小系统误差的影响是实现高精度自主导航需要解决的难点问题。

    提高航天器自主导航精度主要有两条途径:一是提高导航敏感器输出数据的精度;二是设计先进的高精度导航滤波方法。在现有导航敏感器性能水平和安装精度条件下,对导航敏感器系统误差进行建模和在轨校正是提高天文自主导航精度的重要手段。本章针对基于成像式导航敏感器的天文自主导航系统,重点讨论了敏感器系统误差的估计与补偿方法。首先介绍地心方向系统误差建模方法,然后,给出了不借助外部测量信息,仅利用航天器轨道动力学约束进行敏感器系统误差自校正的导航滤波算法,以及利用单程多普勒或 GNSS 等外部辅助测量信息进行系统误差在轨校正的方法。针对近圆轨道航天器地心方向测量系统误差可观性弱的问题,介绍了一种姿态机动辅助的系统误差自校正方法,利用航天器的姿态机动过程来改善地心方向测量系统误差的可观性。通过数学仿真对所述系统误差校正方法进行了验证,结果表明,通过系统误差在轨校正能够显著提高航天器自主导航精度。

▶8.1 系统误差模型

敏感器系统误差是影响航天器自主导航精度的主要因素,系统误差的在轨校正是提高导航精度的重要手段。要对系统误差进行校正,首先需要对其进行建模,要求模型尽可能精确地反映系统误差特性,并且形式简单、便于导航滤波器的设计。本节主要讨论敏感器系统误差的建模问题。首先,以成像式导航敏感器为例,给出了地心方向矢量测量偏差在敏感器测量坐标系中的表述方式,该模型可用于在仿真研究中模拟产生带有系统误差的观测量;进而,论述了一种地心方向系统误差的建模方法,将成像式导航敏感器的系统误差统一描述成地心方向的旋转误差,降低了状态变量的维数,便于系统误差校正滤波算法的设计和星上实现。

成像式导航敏感器的测量通常受到电荷耦合装置(CCD)成像平面坐标系不正交、标定残差、光学焦距误差等因素的影响,以上因素会造成地心方向矢量测量偏差,而地心矢量测量偏差将导致自主导航精度下降。针对成像式导航敏感器(如紫外敏感器等)的工作特点,对系统误差较真实的数学表示应该在敏感器 CCD 成像平面内进行。敏感器对地球成像,经过边缘提取和矢量拟合,得到地心在 CCD 成像平面中的坐标(x_S, y_S),然后再变换成敏感器测量坐标系中的空间矢量,如图 8 – 1 所示。

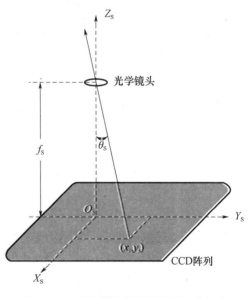

图 8 – 1 成像型敏感器测量坐标示意图

地心方向矢量在敏感器测量坐标系中可表示为

$$\boldsymbol{u}^{\mathrm{S}} = \begin{bmatrix} u_1 \\ u_2 \\ u_3 \end{bmatrix} = \frac{1}{\sqrt{x_{\mathrm{S}}^2 + y_{\mathrm{S}}^2 + f_{\mathrm{S}}^2}} \begin{bmatrix} -x_{\mathrm{S}} \\ -y_{\mathrm{S}} \\ f_{\mathrm{S}} \end{bmatrix} \tag{8-1}$$

式中:f_{S} 为敏感器的焦距。将像点坐标在敏感器测量坐标系中的测量偏差表示为 $(\Delta x, \Delta y)$,不考虑光学系统焦距误差时,地心方向矢量的测量值为

$$\hat{\boldsymbol{u}}^{\mathrm{S}} = \frac{1}{\sqrt{(x_{\mathrm{S}} + \Delta x)^2 + (y_{\mathrm{S}} + \Delta y)^2 + f_{\mathrm{S}}^2}} \begin{bmatrix} -(x_{\mathrm{S}} + \Delta x) \\ -(y_{\mathrm{S}} + \Delta y) \\ f_{\mathrm{S}} \end{bmatrix} \tag{8-2}$$

式中:$(x_{\mathrm{S}}, y_{\mathrm{S}})$ 为地球成像中心在 CCD 平面上的真实坐标;$(\Delta x, \Delta y)$ 为在敏感器测量坐标系中的系统误差。

下面介绍在自主导航系统数学仿真研究中,利用标称轨道数据计算地心方向矢量测量值的方法。地心方向矢量的真实值在敏感器测量坐标系中可表示为

$$\boldsymbol{u}^{\mathrm{S}} = \boldsymbol{C}_{\mathrm{I}}^{\mathrm{S}} \boldsymbol{u} = -\boldsymbol{C}_{\mathrm{I}}^{\mathrm{S}} \frac{\boldsymbol{r}}{|\boldsymbol{r}|} \tag{8-3}$$

式中:$\boldsymbol{u} = -\dfrac{\boldsymbol{r}}{|\boldsymbol{r}|}$ 为地心方向矢量在地心惯性坐标系中的投影;$\boldsymbol{C}_{\mathrm{I}}^{\mathrm{S}}$ 为地心惯性坐标系到敏感器测量坐标系的坐标转换矩阵,实际系统中可由姿态确定过程和敏感器的安装矩阵得到。在仿真研究过程中,可假定航天器对地三轴稳定,导航敏感器固联于星体上,则航天器轨道坐标系到敏感器测量坐标系的坐标转换矩阵 $\boldsymbol{C}_{\mathrm{O}}^{\mathrm{S}}$ 保持不变。地心惯性坐标系到质心轨道坐标系的坐标转换矩阵 $\boldsymbol{C}_{\mathrm{I}}^{\mathrm{O}}$ 根据标称轨道数据计算得到,利用坐标转换关系 $\boldsymbol{C}_{\mathrm{I}}^{\mathrm{S}} = \boldsymbol{C}_{\mathrm{O}}^{\mathrm{S}} \boldsymbol{C}_{\mathrm{I}}^{\mathrm{O}}$,可以计算出地心惯性坐标系到敏感器测量坐标系的坐标转换矩阵 $\boldsymbol{C}_{\mathrm{I}}^{\mathrm{S}}$。

根据地心方向矢量在敏感器测量坐标系中的表达式(8-1),地球成像中心在 CCD 平面上的真实坐标可按下式计算

$$\begin{cases} x_{\mathrm{S}} = -\dfrac{u_1 f_{\mathrm{S}}}{u_3} \\ y_{\mathrm{S}} = -\dfrac{u_2 f_{\mathrm{S}}}{u_3} \end{cases} \tag{8-4}$$

在计算得到坐标转换矩阵 C_1^S 的条件下,基于仿真生成的标称轨道数据,利用式(8-3)和式(8-4)可以计算出地心的真实像点坐标 (x_S, y_S),进而根据式(8-2)计算出地心方向矢量的测量值 $\hat{u}^S$。

导航敏感器存在系统误差时,地心方向矢量在地心惯性坐标系中的测量值会偏离其真实值。在惯性系中,导航敏感器的系统误差可统一描述成地心方向的旋转误差,相应的测量方程可写为

$$\hat{u} = \{I - [\boldsymbol{\Phi} \times]\} u + v_u \tag{8-5}$$

式中:$\hat{u}$ 和 u 分别为地心方向矢量在地心惯性坐标系中的真值和估计值;v_u 为敏感器测量噪声,$[\boldsymbol{\Phi} \times]$ 为由矢量 $\boldsymbol{\Phi} = [\phi_x \quad \phi_y \quad \phi_z]^T$ 构成的反对称矩阵:

$$[\boldsymbol{\Phi} \times] = \begin{bmatrix} 0 & -\phi_z & \phi_y \\ \phi_z & 0 & -\phi_x \\ -\phi_y & \phi_x & 0 \end{bmatrix}$$

矢量 $\boldsymbol{\Phi}$ 表示由三个旋转误差角构成的矢量,ϕ_x、ϕ_y、ϕ_z 均为小角度。应当说明,敏感器安装误差(如地球敏感器和星敏感器的安装误差)和星敏感器系统误差对天文导航观测量的影响同样可以表述为上述形式,也就是说,$[\boldsymbol{\Phi} \times]$ 同时包含了导航敏感器测量偏差、敏感器安装误差和星敏感器系统误差的综合影响。基于如式(8-5)所示的系统误差模型设计在轨误差校正算法,能够同时实现对多种系统误差的估计与补偿。

8.2 系统误差的可观性分析

导航敏感器系统误差在轨校正的基本思路是:将系统误差扩充为待估状态,利用航天器的轨道动力学约束,对系统误差进行实时估计并消除其对导航精度的影响。对扩维后的系统进行滤波估计是解决系统误差校正问题的一个技术途径。为了使 KF 稳定,要求扩维后的系统具有可观性。如果扩维后的系统不可观,那么得到的系统误差估计结果将是不可信的。因此,扩维后系统的可观性分析是系统误差校正方案设计的重要环节。本节利用线性时变系统的可观性分析理论,对测量带有常值偏差的航天器自主导航系统的可观性进行分析。8.3 节针对带有系统误差的自主导航系统,给出了系统误差自校正滤波算法。

可观性分析在航天器自主导航系统模型的基础上进行。为了简化分析，航天器轨道动力学模型考虑二体运动情况，选择航天器位置矢量 r，速度矢量 v 为系统的状态变量，系统状态方程为

$$\dot{X}(t) = f(X(t)) = \begin{bmatrix} v \\ -\dfrac{\mu}{r^3}r \end{bmatrix} \qquad (8-6)$$

式中：$X(t) = [r^T \ v^T]^T$，$r = [x \ y \ z]^T$，$r = |r|$，$v = [v_x \ v_y \ v_z]^T$；μ 为地心引力常数。将式(8-6)在估计值 $\hat{X}(t)$ 处进行泰勒级数展开，保留一阶项，得到如下线性方程：

$$\dot{X}(t) = F(t)X(t) + u(t) \qquad (8-7)$$

其中

$$F(t) = \begin{bmatrix} \mathbf{0}_{3\times 3} & I_{3\times 3} \\ S(t) & \mathbf{0}_{3\times 3} \end{bmatrix}$$

$$u(t) = f(\hat{X}(t)) - F(t)\hat{X}(t)$$

$$S(t) = \frac{\mu}{r^5}(3r\,r^T - r^2 I)\bigg|_{\hat{r}(t)}$$

为了便于分析，采用几何解算得到的位置矢量为观测量，并认为测量误差由系统误差和观测噪声两部分组成，则观测方程可写为

$$Z(t) = r(t) + C_S^I(t)b + \eta(t) \qquad (8-8)$$

式中：$Z(t)$ 为观测量；b 为敏感器测量坐标系中的常值偏差矢量；$C_S^I(t)$ 为敏感器测量坐标系到地心惯性坐标系的坐标转换矩阵；$\eta(t)$ 为测量噪声。此时，自主导航系统的观测矩阵为

$$H(t) = [I_{3\times 3} \ \ \mathbf{0}_{3\times 3}]$$

本节讨论敏感器测量坐标系与本体固联，航天器为三轴稳定且对地定向的情况。在这种情况下，为简化问题，可认为敏感器测量坐标系与航天器质心轨道坐标系重合，$C_S^I(t)$ 代表地心惯性坐标系相对于航天器质心轨道坐标系的坐标转换矩阵。

在敏感器测量坐标系与航天器质心轨道坐标系重合的情况下，敏感器测量坐标系中的系统误差可看成为航天器质心轨道坐标系中的系统误差，用 b_x、b_y 和 b_z 分别代表 b 在航天器质心轨道坐标系三坐标轴上的分量，

即 $\boldsymbol{b} = [b_x \quad b_y \quad b_z]^T$。将系统误差 $\boldsymbol{b}$ 扩充为状态变量,并忽略状态方程中误差 $\boldsymbol{u}(t)$ 的影响,分析扩维后系统的可观性。对于敏感器观测量中存在系统误差的自主导航系统,其可观性存在以下定理。

定理 8.1 如果轨道偏心率 $e \neq 0$,则状态变量 $\boldsymbol{X}(t)$ 和系统误差 $\boldsymbol{b}$ 均可观。

证明:为了便于分析问题,将地心惯性坐标系($O_i X_i Y_i Z_i$)定义为:Y_i 轴与轨道角速度方向一致,Z_s 轴沿轨道长轴方向,X_s 轴按右手定则确定。惯性坐标系与测量坐标系的关系如图 8-2 所示。根据坐标系定义,图 8-2 中的 θ 角即为航天器的真近点角,坐标转换矩阵为

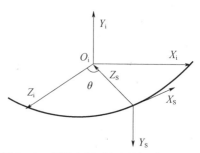

图 8-2 惯性坐标系与测量坐标系示意图

$$\boldsymbol{C}_S^I(t) = \begin{bmatrix} \cos\theta & 0 & -\sin\theta \\ 0 & -1 & 0 \\ -\sin\theta & 0 & -\cos\theta \end{bmatrix} \qquad (8-9)$$

将系统误差 $\boldsymbol{b}$ 扩充为状态变量,系统状态变为

$$\boldsymbol{W}(t) = \begin{bmatrix} \boldsymbol{X}(t) \\ \boldsymbol{b} \end{bmatrix}$$

系统矩阵为

$$\tilde{\boldsymbol{F}}(t) = \begin{bmatrix} \boldsymbol{F}(t) & \boldsymbol{0}_{6\times3} \\ \boldsymbol{0}_{3\times6} & \boldsymbol{0}_{3\times3} \end{bmatrix}$$

$$\tilde{\boldsymbol{H}}(t) = [\boldsymbol{H}(t) \quad \boldsymbol{C}_S^I(t)]$$

根据线性时变系统可观性判别定理,上述扩维系统可观测的充分条件为:对于时刻 t,如下可观性矩阵 $\boldsymbol{\Theta}(t)$ 的秩为 9,$\boldsymbol{\Theta}(t)$ 的表达式为

$$\boldsymbol{\Theta}(t) = [\boldsymbol{N}_0^T \quad \boldsymbol{N}_1^T(t) \quad \cdots \quad \boldsymbol{N}_8^T(t)]^T \qquad (8-10)$$

其中

$$\begin{cases} \boldsymbol{N}_0(t) = \tilde{\boldsymbol{H}}(t) \\ \boldsymbol{N}_1(t) = \boldsymbol{N}_0(t)\tilde{\boldsymbol{F}}(t) + \dfrac{\mathrm{d}}{\mathrm{d}t}\boldsymbol{N}_0(t) \\ \qquad\qquad \vdots \\ \boldsymbol{N}_n(t) = \boldsymbol{N}_{n-1}(t)\tilde{\boldsymbol{F}}(t) + \dfrac{\mathrm{d}}{\mathrm{d}t}\boldsymbol{N}_{n-1}(t), n = 1,2,\cdots,8 \end{cases}$$

将 $\tilde{F}(t)$、$\tilde{H}(t)$ 的表达式代入式(8-10)，取矩阵 $\boldsymbol{\Theta}(t)$ 的前 3 个行块，构成方阵 $\boldsymbol{\Theta}_3(t)$：

$$\boldsymbol{\Theta}_3(t) = \begin{bmatrix} \boldsymbol{N}_0(t) \\ \boldsymbol{N}_1(t) \\ \boldsymbol{N}_2(t) \end{bmatrix} = \begin{bmatrix} \boldsymbol{I}_{3\times3} & \boldsymbol{0}_{3\times3} & \boldsymbol{C}_{\mathrm{S}}^{\mathrm{I}}(t) \\ \boldsymbol{0}_{3\times3} & \boldsymbol{I}_{3\times3} & \dfrac{\mathrm{d}}{\mathrm{d}t}\boldsymbol{C}_{\mathrm{S}}^{\mathrm{I}}(t) \\ \boldsymbol{S}(t) & \boldsymbol{0}_{3\times3} & \dfrac{\mathrm{d}^2}{\mathrm{d}t^2}\boldsymbol{C}_{\mathrm{S}}^{\mathrm{I}}(t) \end{bmatrix}$$

如果能够证明 $\mathrm{rank}(\boldsymbol{\Theta}_3(t)) = 9$，即 $\boldsymbol{\Theta}_3(t)$ 满秩，则根据可观性判据可知系统具有可观性。考虑到初等变换不改变矩阵的秩，将矩阵 $\boldsymbol{\Theta}_3(t)$ 的第一行右乘方阵 $-\boldsymbol{S}(t)$ 并加到第 3 行块，得到

$$\widetilde{\boldsymbol{\Theta}}_3(t) = \begin{bmatrix} \boldsymbol{I}_{3\times3} & \boldsymbol{0}_{3\times3} & \boldsymbol{C}_{\mathrm{S}}^{\mathrm{I}}(t) \\ \boldsymbol{0}_{3\times3} & \boldsymbol{I}_{3\times3} & \dfrac{\mathrm{d}}{\mathrm{d}t}\boldsymbol{C}_{\mathrm{S}}^{\mathrm{I}}(t) \\ \boldsymbol{0}_{3\times3} & \boldsymbol{0}_{3\times3} & \dfrac{\mathrm{d}^2}{\mathrm{d}t^2}\boldsymbol{C}_{\mathrm{S}}^{\mathrm{I}}(t) - \boldsymbol{C}_{\mathrm{S}}^{\mathrm{I}}(t)\boldsymbol{S}(t) \end{bmatrix}$$

令

$$\boldsymbol{Q}(t) = \frac{\mathrm{d}^2}{\mathrm{d}t^2}\boldsymbol{C}_{\mathrm{S}}^{\mathrm{I}}(t) - \boldsymbol{C}_{\mathrm{S}}^{\mathrm{I}}(t)\boldsymbol{S}(t) \tag{8-11}$$

如果 $\boldsymbol{Q}(t)$ 满秩，则由矩阵理论可知 $\widetilde{\boldsymbol{\Theta}}_3(t)$ 满秩，进而得到 $\boldsymbol{\Theta}_3(t)$ 满秩，从而证明系统的可观性。

对 $\boldsymbol{C}_{\mathrm{S}}^{\mathrm{I}}(t)$ 求二阶导数，得到

$$\frac{\mathrm{d}^2}{\mathrm{d}t^2}\boldsymbol{C}_{\mathrm{S}}^{\mathrm{I}}(t) = \begin{bmatrix} -\ddot{\theta}\sin\theta - \dot{\theta}^2\cos\theta & 0 & -\ddot{\theta}\cos\theta + \dot{\theta}^2\sin\theta \\ 0 & 0 & 0 \\ 3\sin\theta\cos\theta & 0 & \ddot{\theta}\sin\theta + \dot{\theta}^2\cos\theta \end{bmatrix} \tag{8-12}$$

在图 8-2 所示地心惯性坐标系中，航天器位置坐标为 $x = r\sin\theta, y = 0$，$z = r\cos\theta$。代入 $\boldsymbol{S}(t)$ 表达式得到

$$\boldsymbol{S}(t) = \frac{\mu}{r^3} \begin{bmatrix} 3\sin^2\theta - 1 & 0 & 3\sin\theta\cos\theta \\ 0 & -1 & 0 \\ 3\sin\theta\cos\theta & 0 & 3\cos^2\theta - 1 \end{bmatrix} \tag{8-13}$$

经整理计算得到

$$Q(t) = \begin{bmatrix} -\ddot{\theta}\sin\theta + \left(-\dot{\theta}^2 + \dfrac{\mu}{r^3} \right)\cos\theta & 0 & -\ddot{\theta}\cos\theta + \left(\dot{\theta}^2 - \dfrac{\mu}{r^3} \right)\sin\theta \\ 0 & -\dfrac{\mu}{r^3} & 0 \\ -\ddot{\theta}\cos\theta + \left(\dot{\theta}^2 + 2\dfrac{\mu}{r^3} \right)\sin\theta & 0 & \ddot{\theta}\sin\theta + \left(\dot{\theta}^2 + \dfrac{\mu}{r^3} \right)\cos\theta \end{bmatrix}$$

$$(8-14)$$

由航天器轨道动力学，模型有

$$\dot{\theta} = \frac{h}{r^2} \tag{8-15}$$

$$r = \frac{h^2}{\mu(1 + e\cos\theta)} \tag{8-16}$$

$$h^2 = \mu a(1 - e^2) \tag{8-17}$$

式中：h 为航天器的动量矩幅值；a、e 分别为轨道半长轴和偏心率，对于二体轨道，h、a 和 e 均为常值。由式（8-15）~式（8-17），可得

$$\dot{\theta} = \sqrt{1 + e\cos\theta}\sqrt{\frac{\mu}{r^3}}$$

$$\ddot{\theta} = -2\frac{\mu}{r^3}e\sin\theta$$

将以上两式代入式（8-14），整理得

$$Q(t) = \frac{\mu}{r^3}\begin{bmatrix} 2e\sin^2\theta - e\cos^2\theta & 0 & 3e\sin\theta\cos\theta \\ 0 & -1 & 0 \\ 2e\sin\theta\cos\theta + (3 + e\cos\theta)\sin\theta & 0 & -2e\sin^2\theta + (3 + e\cos\theta)\cos\theta \end{bmatrix}$$

对 $Q(t)$ 求行列式：

$$|Q(t)| = \frac{\mu^3}{r^9}e(4e - 3e\cos^2\theta + 3\cos\theta) \tag{8-18}$$

分析式（8-18）可知，只有 θ 和 e 影响 $|Q(t)|$ 的取值，进而影响可观性矩阵 $\Theta(t)$。考虑到 θ 是时变的，除个别时刻外它的取值不会使 $|Q(t)|$ 为 0。同时，应当注意，当 $e = 0$ 时，$|Q(t)|$ 恒为 0。由定理 8.1 假设条件可知 $e \neq 0$，故 $|Q(t)|$ 除个别时刻外均不为 0，因此，除个别时刻外 $\Theta_3(t)$ 满秩。$\Theta_3(t)$ 在个别时刻不满秩，并不影响系统在所考察的时间区间内的可观性，故系统可观。

定理 8.1 针对轨道偏心率 $e \neq 0$ 的情况,证明了扩维系统的可观性。对于 $e = 0$ 的情况,还需要作进一步的分析。接下来,针对任意轨道考察扩维系统的可观性,分析结果归纳为如下定理。

定理 8.2　对于任意轨道,如果系统误差在 x 轴的分量 $b_x = 0$,则系统误差分量 b_y 和 b_z 均可观。

证明:如果 $b_x = 0$,系统的测量方程可写为

$$Z(t) = r(t) + \tilde{C}(t) \begin{bmatrix} b_y \\ b_z \end{bmatrix} + \eta(t) \qquad (8-19)$$

其中

$$\tilde{C}(t) = \begin{bmatrix} 0 & -\sin\theta \\ -1 & 0 \\ 0 & -\cos\theta \end{bmatrix} \qquad (8-20)$$

类似定理 8.1 的证明,系统的可观性判别矩阵可写为

$$\Gamma(t) = \begin{bmatrix} I_{3\times3} & 0_{3\times3} & \tilde{C}(t) \\ 0_{3\times3} & I_{3\times3} & \dfrac{\mathrm{d}}{\mathrm{d}t}\tilde{C}(t) \\ S(t) & 0_{3\times3} & \dfrac{\mathrm{d}^2}{\mathrm{d}t^2}\tilde{C}(t) \end{bmatrix}$$

如果能够证明 $\mathrm{rank}(\Gamma(t)) = 8$,即 $\Gamma(t)$ 列满秩,则系统可观。取矩阵 $\Gamma(t)$ 的前 8 行,构成方阵 $\bar{\Gamma}(t)$:

$$\bar{\Gamma}(t) = \begin{bmatrix} I_{3\times3} & 0_{3\times3} & \tilde{C}(t) \\ 0_{3\times3} & I_{3\times3} & \dfrac{\mathrm{d}}{\mathrm{d}t}\tilde{C}(t) \\ S_1(t) & 0_{2\times3} & \dfrac{\mathrm{d}^2}{\mathrm{d}t^2}\tilde{C}_1(t) \end{bmatrix}$$

式中:$S_1(t)$ 和 $\tilde{C}_1(t)$ 分别为矩阵 $S(t)$ 和 $\tilde{C}(t)$ 的前两行,即

$$S_1(t) = \frac{\mu}{r^3} \begin{bmatrix} 3\sin^2\theta - 1 & 0 & 3\sin\theta\cos\theta \\ 0 & -1 & 0 \end{bmatrix} \qquad (8-21)$$

$$\tilde{C}_1(t) = \begin{bmatrix} 0 & -\sin\theta \\ -1 & 0 \end{bmatrix}$$

对 $\tilde{C}_1(t)$ 求二阶导数,得到

$$\frac{\mathrm{d}^2}{\mathrm{d}t^2}\tilde{C}_1(t) = \begin{bmatrix} 0 & -\ddot{\theta}\cos\theta + \dot{\theta}^2\sin\theta \\ 0 & 0 \end{bmatrix} \qquad (8-22)$$

对 $\tilde{\Gamma}(t)$ 求行列式,得到

$$|\tilde{\Gamma}(t)| = \left| \frac{\mathrm{d}^2}{\mathrm{d}t^2}\tilde{C}_1(t) - S_1(t)\tilde{C}(t) \right| \qquad (8-23)$$

将式(8-20)~式(8-22)代入式(8-23),经计算整理得

$$|\tilde{\Gamma}(t)| = \frac{3\mu^2\sin\theta}{r^6}(1 + e\cos\theta) \qquad (8-24)$$

将式(8-16)代入式(8-24),可得

$$|\tilde{\Gamma}(t)| = \frac{3\mu^2}{r^5 h^2}\sin\theta$$

式中:μ、h 为常值,故在一个轨道周期内除个别时刻外 $|\tilde{\Gamma}(t)|$ 均不为 0,因此 $\tilde{\Gamma}(t)$ 满秩,即 $\mathrm{rank}(\tilde{\Gamma}(t)) = 8$。考虑到 $\tilde{\Gamma}(t)$ 为 $\Gamma(t)$ 的子式,且矩阵 $\Gamma(t)$ 有 8 列,故 $\mathrm{rank}(\Gamma(t)) = 8$。

根据定理 8.1 和定理 8.2 可以看出,对于任意轨道,系统误差 b_y 和 b_z 是可观的,其可观性不受轨道偏心率 e 的影响。偏心率 $e \neq 0$ 是系统误差可观的一个充分条件,e 的取值影响 b_x 的可观性。仿真研究结果表明,系统误差 b_y 和 b_z 的估计精度不受 e 取值的影响,即无论 e 如何取值,系统误差 b_y 和 b_z 都可以准确地得到估计;而 b_x 的估计精度随 e 取值的增大而提高。仿真研究得到了与理论分析相一致的结论,即系统误差 b_y 和 b_z 均可观,b_x 的可观性受 e 取值的影响。

▶8.3 系统误差的校正方法

本节针对航天器天文自主导航系统,阐明了导航敏感器系统误差校正的具体方法,包括系统误差自校正方法、基于单程多普勒测量的系统误差校正方法,以及基于有限 GNSS 信号的系统误差校正方法,给出了误差校正滤波器设计所需的状态方程和观测方程。

✍8.3.1　系统误差自校正

系统误差自校正指的是当导航敏感器观测量中存在系统误差时,不依赖外部辅助信息,仅利用导航敏感器观测量和系统模型,实现对系统误差的估计和补偿。前面的可观性研究表明,对航天器天文自主导航系统而言,敏感器观测量中的部分系统误差对于任意轨道是可以自校正的,而另外一部分系统误差在 $e \neq 0$ 时可自校正。本节设计了系统误差自校正导航滤波器,用于实现系统误差的估计与补偿,实现方式是将系统误差 $\boldsymbol{\Delta} = [\Delta x, \Delta y]^{\mathrm{T}}$ 扩充为状态,与航天器的位置和速度一起进行估计。仅考虑系统误差的常值部分,用于描述系统误差的状态方程可写为

$$\dot{\boldsymbol{\Delta}} = 0 \qquad\qquad (8-25)$$

自主导航系统的状态方程基于航天器轨道动力学建立,测量数据为地心方向和地心距离,测量方程可以写成:

$$z_k = h[\boldsymbol{x}_k] + \boldsymbol{v}_k = \begin{bmatrix} \hat{\boldsymbol{u}}^{\mathrm{S}} \\ r \end{bmatrix} + \boldsymbol{v}_k \qquad\qquad (8-26)$$

式中:$\boldsymbol{v}_k$ 为测量噪声,与系统状态$\boldsymbol{x}_k$和系统噪声$\boldsymbol{w}_k$ 无关,其均值和方差分别为

$$\mathrm{E}[\boldsymbol{v}_k] = 0, \qquad \mathrm{E}[\boldsymbol{v}_k \boldsymbol{v}_k^{\mathrm{T}}] = \boldsymbol{R}_k$$

测量函数对扩维后系统状态变量的偏导数矩阵形式为

$$\frac{\partial \boldsymbol{h}(\boldsymbol{x},t)}{\partial \boldsymbol{x}} = \begin{bmatrix} \dfrac{\partial \hat{\boldsymbol{u}}^{\mathrm{S}}}{\partial \boldsymbol{r}} & 0_{3 \times 3} & \dfrac{\partial \hat{\boldsymbol{u}}^{\mathrm{S}}}{\partial \boldsymbol{\Delta}} \\ \dfrac{\partial r}{\partial \boldsymbol{r}} & \dfrac{\partial r}{\partial \dot{\boldsymbol{r}}} & 0_{1 \times 2} \end{bmatrix}$$

其中,地心距离 r 对航天器位置和速度矢量的偏导数见第 6 章;观测量$\hat{\boldsymbol{u}}^{\mathrm{S}}$ 对扩维后系统状态变量 $\boldsymbol{r}$ 和 $\boldsymbol{\Delta}$ 的偏导数推导要复杂一些。

令 $\boldsymbol{d} = [-(x_{\mathrm{S}} + \Delta x), -(y_{\mathrm{S}} + \Delta y), f_{\mathrm{S}}]^{\mathrm{T}}$,将$\hat{\boldsymbol{u}}^{\mathrm{S}}$ 简写成

$$\hat{\boldsymbol{u}}^{\mathrm{S}} = \frac{\boldsymbol{d}}{|\boldsymbol{d}|} \qquad\qquad (8-27)$$

则

$$\frac{\partial \hat{\boldsymbol{u}}^{\mathrm{S}}}{\partial \boldsymbol{r}} = \frac{\partial \hat{\boldsymbol{u}}^{\mathrm{S}}}{\partial \boldsymbol{d}} \cdot \frac{\partial \boldsymbol{d}}{\partial [x_{\mathrm{S}}, y_{\mathrm{S}}]^{\mathrm{T}}} \cdot \frac{\partial [x_{\mathrm{S}}, y_{\mathrm{S}}]^{\mathrm{T}}}{\partial \boldsymbol{r}} \qquad\qquad (8-28)$$

$$\frac{\partial \hat{\boldsymbol{u}}^{\mathrm{S}}}{\partial \boldsymbol{\Delta}} = \frac{\partial \hat{\boldsymbol{u}}^{\mathrm{S}}}{\partial \boldsymbol{d}} \cdot \frac{\partial \boldsymbol{d}}{\partial \boldsymbol{\Delta}} \tag{8-29}$$

其中

$$\frac{\partial \hat{\boldsymbol{u}}^{\mathrm{S}}}{\partial \boldsymbol{d}} = \frac{\boldsymbol{I}_{3\times 3}}{|\boldsymbol{d}|} - \boldsymbol{d}\frac{\boldsymbol{d}^{\mathrm{T}}}{|\boldsymbol{d}|^{3}}$$

$$\frac{\partial \boldsymbol{d}}{\partial \boldsymbol{\Delta}} = \frac{\partial \boldsymbol{d}}{\partial [x_{\mathrm{S}}, y_{\mathrm{S}}]^{\mathrm{T}}} = \begin{bmatrix} -1 & 0 \\ 0 & -1 \\ 0 & 0 \end{bmatrix}$$

$$\frac{\partial [x_{\mathrm{S}}, y_{\mathrm{S}}]^{\mathrm{T}}}{\partial \boldsymbol{r}} = \begin{bmatrix} -\dfrac{\boldsymbol{c}_1}{\boldsymbol{c}_3 \boldsymbol{r}} f_{\mathrm{S}} + \dfrac{(\boldsymbol{c}_1 \boldsymbol{r})\boldsymbol{c}_3}{(\boldsymbol{c}_3 \boldsymbol{r})^2} f_{\mathrm{S}} \\ -\dfrac{\boldsymbol{c}_2}{\boldsymbol{c}_3 \boldsymbol{r}} f_{\mathrm{S}} + \dfrac{(\boldsymbol{c}_2 \boldsymbol{r})\boldsymbol{c}_3}{(\boldsymbol{c}_3 \boldsymbol{r})^2} f_{\mathrm{S}} \end{bmatrix}$$

式中：$\boldsymbol{c}_1, \boldsymbol{c}_2, \boldsymbol{c}_3$ 为坐标转换矩阵 $\boldsymbol{C}_1^{\mathrm{S}}$ 的三个行矢量。

敏感器系统误差自校正的基本方法可归纳为：在航天器自主导航系统中，将导航敏感器系统误差扩充为状态变量，基于扩维系统的状态方程和敏感器观测方程，设计扩维 EKF 算法，进行导航滤波解算，同时对航天器位置、速度和敏感器系统误差进行估计，并利用系统误差的估计值对导航敏感器测量误差进行补偿。

从自主导航系统误差可观性分析的结果可知：对于轨道偏心率 $e \neq 0$ 的情况，地心方向测量的系统误差可以利用航天器轨道动力学信息，通过系统误差自校正进行补偿。但是，对于近圆轨道航天器（$e = 0$），地心方向测量的部分系统误差存在不可观的问题。针对该问题，可采用基于姿态机动辅助的系统误差自校正方法。考虑到导航敏感器的系统误差在轨道坐标系中的分量是与航天器姿态密切相关的，借鉴惯性导航系统中的动基座对准（或多位置对准）思想，利用航天器的姿态机动，能够改善系统的可观性。在扩维系统可观的情况下，通过设计适当的导航滤波算法，基于航天器轨道动力学信息和导航敏感器观测量，可以准确地估计得到系统误差的值，从而降低系统误差的影响，提高自主导航精度。

8.3.2　基于单程多普勒测量的误差校正

前面介绍了不依赖外部辅助测量信息的系统误差自校正方法。在外部精确测量信息可用的情况下,引入辅助测量信息对系统误差进行校正,是改善系统性能的一个有效途径。本节主要讨论利用单程(One－way)多普勒测量进行系统误差在轨校正的方法,系统误差校正的实现方式为:通过星载多普勒接收机接收地面信标站发射的两种频率的无线电信号,利用测得的双频多普勒频移,在轨实时解算出航天器的位置、速度和敏感器系统误差。采用单程多普勒测量,其主要优点是:只需在航天器上加装一个接收机,甚至利用现有的通信链路就可以实现。星载接收机只接收地面测控站(或位置已知的信标机)发射的无线电信号,不需再向地面转发,保证了一定程度的自主性。

多普勒测速、测距是地面测控的主要手段,测量精度较高,如多普勒测速精度接近 $0.1mm/s$,测距精度能够达到 $1 \sim 3m$。由于航天器相对地面测控站或信标站存在相对运动,航天器接收到的由地面站通过通信链路发送过来的载波信号中存在多普勒频移。将地面站发射信号的频率记为 f_S,航天器接收到的信号频率记为 f_r,则多普勒频移为

$$\Delta f = f_r - f_S = \frac{f_S}{c} \dot{\rho} \qquad (8-30)$$

式中:c 为电磁波的传播速度;$\dot{\rho}$ 为相对距离变化率(可看成相对速度在视线方向上的投影),其表达式为

$$\dot{\rho} = \frac{(\boldsymbol{r} - \boldsymbol{r}_G)^\mathrm{T} (\dot{\boldsymbol{r}} - \dot{\boldsymbol{r}}_G)}{|\boldsymbol{r} - \boldsymbol{r}_G|} \qquad (8-31)$$

式中:$\boldsymbol{r}_G$ 和 $\dot{\boldsymbol{r}}_G$ 分别为地面测控站在地心惯性坐标系中的位置矢量和速度矢量。获取多普勒频移的基本方法是测量星载接收机的基准频率与接收频率的差频。通过测定的多普勒频移 Δf,可求得航天器相对地面站的距离变化率 $\dot{\rho}$。考虑到接收机时钟误差、多普勒偏差等各种因素的影响,实际得到的是带有测量误差的伪距变化率。

航天器自主导航通常以地心惯性坐标系为参考坐标系,而地面测控站的位置通常由大地坐标(大地经度 L、大地纬度 B 和大地高 h)给出,其在地球固联坐标系中的坐标为

$$\boldsymbol{r}_G^E = \begin{bmatrix} G_1 \cos B \cos L \\ G_1 \cos B \sin L \\ G_2 \sin B \end{bmatrix} = \begin{bmatrix} R_x \\ R_y \\ R_z \end{bmatrix} \qquad (8-32)$$

其中

$$
\begin{cases}
G_1 = \dfrac{a_E}{\sqrt{1-(2f_E-f_E^2)\sin^2 B}} + h \\[4mm]
G_2 = \dfrac{(1-f_E^2)a_E}{\sqrt{1-(2f_E-f_E^2)\sin^2 B}} + h
\end{cases}
$$

式中：$f_E = 1/298.257$ 为地球扁率。通过坐标转换可将地面测控站的位置由地球固联坐标系转到地心惯性坐标系，相关方法见第 2 章中对参考坐标系的描述。

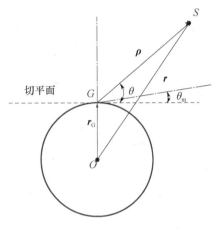

图 8-3 航天器的观测仰角

当采用单程多普勒测量进行辅助导航时，需要判定航天器何时可见。航天器是否可见主要取决于航天器的仰角，为了减小大气噪声、地表反射等因素的影响，只有当航天器仰角 θ 大于用户设定的阈值时，才认为航天器可见，如图 8-3 所示。

图中：θ 为航天器 S 对观测站的仰角；θ_m 为遮拦角，$\boldsymbol{\rho} = \boldsymbol{r} - \boldsymbol{r}_G$ 为相对位置矢量。根据图 8-3 所示的几何关系，得

$$
\cos\left(\theta + \frac{\pi}{2}\right) = -\frac{\langle \boldsymbol{r}_G \cdot \boldsymbol{\rho} \rangle}{|\boldsymbol{r}_G||\boldsymbol{\rho}|} = -\frac{\langle \boldsymbol{r}_G \cdot (\boldsymbol{r} - \boldsymbol{r}_G) \rangle}{|\boldsymbol{r}_G||\boldsymbol{r} - \boldsymbol{r}_G|} \tag{8-33}
$$

通过式(8-33)可以计算得到 θ 的取值，从而判断航天器是否可见。在自主导航滤波计算过程中，需要考虑航天器相对地面站是否可见，从而决定是否引入多普勒测速数据进行测量更新。

在基于单程多普勒测量的误差校正系统中，状态变量包括航天器的位置、速度和导航敏感器系统误差，以航天器轨道动力学模型和系统误差变化的数学描述作为系统状态方程。当地面站不可见（多普勒测量不可用）时，误差校正系统的测量方程与系统误差自校正系统相同，观测量为地心方向和地心距离；当多普勒测量可用时，观测量包括地心方向、地心距离和多普勒测量 $\dot{\rho}$（航天器相对地面测控站距离的变化率）。对应多普勒测量的观测方程可写为

$$z_k = h(\boldsymbol{x}_k) + \boldsymbol{v}_k = \dot{\boldsymbol{\rho}}_k + \boldsymbol{v}_k \tag{8-34}$$

式中：$\boldsymbol{v}_k$ 为测量噪声，与系统噪声 $\boldsymbol{w}_k$ 和状态变量 $\boldsymbol{x}_k$ 无关。

基于单程多普勒测量的系统误差校正方法可归纳为：将导航敏感器系统误差扩充为状态变量，针对扩维后的系统设计扩维 EKF 算法，融合导航敏感器测量信息和单程多普勒测量信息，同时对航天器位置矢量、速度矢量和导航敏感器系统误差进行估计，从而实现对敏感器系统误差的在轨校正和高精度导航定位。

8.3.3　基于有限 GNSS 信号的误差校正

成像式导航敏感器的系统误差会对航天器天文自主导航精度产生一定影响。如果 GNSS 提供的位置信息可用，也可以用来对敏感器系统误差进行在轨校正。在应用成像式导航敏感器实施天文自主导航的基础上，融合 GNSS 测量信息，实现对导航敏感器系统误差的精确校正，能够有效改善自主导航系统性能。系统误差校正完成后，自主导航系统可基于成像式导航敏感器的测量信息和高精度轨道外推，在不依赖 GNSS 信号的情况下维持较高的定位精度。

全球导航卫星系统是一种以人造卫星星座为信标的无线电导航系统，包括美国的全球定位系统（GPS）、俄罗斯的全球导航星系统（GLONASS）、欧洲的伽利略（GALILEO）导航卫星星座系统和中国的北斗卫星导航系统等。GNSS 以在空间中运行的航天器为基站，为地面载体和运行在近地轨道的航天器提供高精度的定位、测速和授时服务，其基本原理是根据载体相对于多个 GNSS 卫星的伪距信息以及相应 GNSS 卫星的精确星历数据解算载体的位置矢量，如图 8-4 所示。

图 8-4　伪距测量和 GNSS 定位原理

通过来自 4 颗 GNSS 卫星的伪距信息以及导航卫星发布的自身位置信息，可以单点实时解算出用户的三维位置和接收机钟差。

近十几年来，利用 GNSS 进行航天器轨道确定的技术有了较大发展。GNSS 定位设备具有体积小、重量轻、精度高、价格便宜等优点。GNSS 卫星覆盖率高，对于低轨航天器（1500km 以下），平均可观测到的 GNSS 卫星数与地面上的情况相当，一般总能保证观测到 4 颗以上导航卫星。在这种情况下，利用 GNSS 能够在近地轨道的任一位置对航天器进行单点定位。GNSS 不仅能给出航天器的位置、速度和姿态信息，还能用来提供授时服务。

近年来，利用星载 GNSS 接收机对中低轨道航天器进行定位的技术日趋成熟。对于高轨航天器，由于其轨道高度高于 GNSS 卫星，对 GNSS 接收机的灵敏度提出了较高的要求。国内外已有多例高轨星载 GNSS 接收机在轨飞行的试验，并已取得部分成果，表明基于 GNSS 的高轨航天器自主导航是可行的。应当注意，尽管接收机可跟踪捕获到地球同步轨道（GEO）上的微弱 GNSS 卫星信号，但此时可利用的卫星数目相对较少。轨道高度对 GNSS 信号接收的影响如图 8-5 所示。

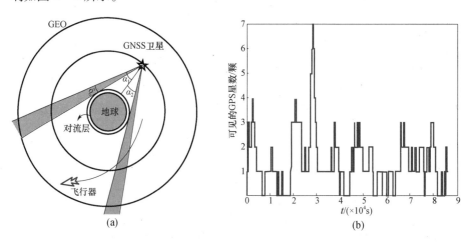

图 8-5　轨道高度对 GNSS 信号接收的影响及可见卫星数

由于 GNSS 卫星的发射天线指向地球，而高轨航天器的轨道高度高于 GNSS 卫星星座，所以高轨航天器只能接收地球另一面的 GNSS 卫星信号。由于地球遮挡，大部分 GNSS 卫星发射信号无法到达高轨航天器，这就降低了可用 GNSS 卫星的数量。

在基于成像式导航敏感器的航天器天文自主导航系统中引入 GNSS 信号作为辅助测量信息,有助于实现成像式导航敏感器系统误差的在轨校正。基于 GNSS 导航信息的成像式导航敏感器系统误差在轨校正基本方法为:将成像式导航敏感器测量偏差扩充为状态变量,将航天器的轨道动力学方程和测量偏差变化的数学描述作为系统方程,将成像式导航敏感器和 GNSS 接收机测量模型作为观测方程,运用航天器轨道动力学约束和可用 GNSS 测量信息,将导航敏感器测量偏差和航天器位置、速度等状态变量一起进行估计;进而,利用估计得到的系统偏差对导航敏感器的输出进行校正,从而提高系统全自主运行段(无辅助导航信息可用时)的导航性能。

基于 GNSS 的天文自主导航敏感器系统误差校正系统的状态方程与系统误差自校正系统相同,观测量中除地心方向和地心距离之外,还包括 GNSS 测量信息。对于低轨航天器而言,能够同时观测到 4 颗卫星并实现单点定位,因此,可以直接将通过 GNSS 得到的航天器位置信息作为观测量。对于高轨航天器而言,在不能同时收到 4 颗 GNSS 卫星信号的情况下,将可见的 GNSS 卫星视为有限信标,采用 GNSS 卫星的伪距测量信息进行组合导航和误差校正。以2 颗 GNSS 卫星可见的情况为例,对应伪距观测量的观测方程可写为

$$z_k = h(\boldsymbol{x}_k) + \boldsymbol{v}_k \qquad (8-35)$$

其中,$h(\boldsymbol{x}_k)$ 的表达式为

$$h(\boldsymbol{x}_k) = \left[\begin{array}{c} |\boldsymbol{r} - \boldsymbol{r}_{\mathrm{gps}}^{(1)}| \\ |\boldsymbol{r} - \boldsymbol{r}_{\mathrm{gps}}^{(2)}| \end{array}\right]$$

式中:$\boldsymbol{r}_{\mathrm{gps}}^{(1)}$ 和 $\boldsymbol{r}_{\mathrm{gps}}^{(2)}$ 为 2 颗 GNSS 卫星在地心惯性坐标系的位置矢量;$\boldsymbol{r}$ 为航天器位置矢量;$\boldsymbol{v}_k$ 为与系统噪声和状态变量无关的测量噪声。采用扩维 EKF 算法融合光学导航敏感器测量信息和可见 GNSS 卫星伪距测量信息,同时估计航天器位置和速度矢量,以及光学导航敏感器系统误差,实现对系统误差的在轨校正和高精度导航定位。

▶ 8.4 仿真实例

本节以紫外敏感器系统误差在轨校正为例开展仿真研究,说明系统误差校正对于提高导航精度的作用。通过数学仿真验证导航敏感器系统误差自校

正、基于单程多普勒测量的系统误差校正,以及基于有限 GNSS 信号的系统误差校正方法的有效性,并对基于 EKF 的导航滤波器和基于 AUKF 的导航滤波器进行了对比研究。

8.4.1 系统误差自校正

紫外敏感器系统误差自校正方法的数学仿真条件为:以轨道高度为705km 的太阳同步轨道卫星为例进行研究,地心方向矢量的测量噪声均方根为 0.02°,航天器初始位置误差为 5km,初始速度误差为 30m/s,滤波周期为1s,假设紫外敏感器 CCD 平面坐标系原点沿 CCD 行扫描方向和列扫描方向均有一个像素(13μm)的系统误差。

首先,分析不对系统误差进行校正的情况。通过 EKF 算法,结合航天器轨道动力学模型,处理紫外敏感器的观测量,对卫星的位置、速度进行估计。沿惯性坐标系三个轴向的卫星位置估计误差曲线如图 8-6 所示,航天器自主导航系统的定位误差接近 10km。从图中可以看出,紫外敏感器系统误差对导航精度的影响非常明显。为了提高导航精度,需要对紫外敏感器系统误差进行精确估计与补偿。

将紫外敏感器系统误差$(\Delta x, \Delta y)$扩充为状态,基于扩维 EKF 设计自校正滤波器,对系统误差进行在轨估计与补偿,仿真两个轨道周期,得到紫外敏感器系统的误差曲线如图 8-7 所示。

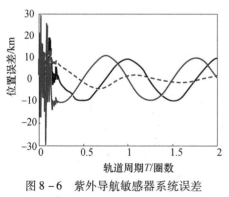
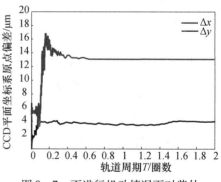

图 8-6　紫外导航敏感器系统误差　　　图 8-7　不进行机动情况下对紫外
　　　对导航精度的影响　　　　　　　　　　敏感器系统的误差曲线

从仿真结果可见,利用系统误差自校正滤波算法,紫外敏感器的部分系统误差可以估计出来,但另外一部分系统误差的估计效果较差。滤波进行两个轨道周期后,自主导航精度为位置误差 $\Delta r = 5.3\mathrm{km}$,速度误差 $\Delta v = 5.6\mathrm{m/s}$。

下面采用基于姿态机动辅助的紫外敏感器系统误差自校正方法。数学仿真进行一个轨道周期后,令航天器以 $0.1\mathrm{rad/s}$ 的角速度进行 $90°$ 偏航机动。在这种情况下,对紫外敏感器系统的误差曲线如图 8 - 8 所示。

不难看出,与不进行偏航机动的情况相比较,航天器偏航机动明显改善了紫外敏感器系统误差的估计效果,估计结果接近系统误差真值($13\mu\mathrm{m}$)。经过系统误差校正,基于紫外敏感器的航天器自主导航精度有明显提高,航天器位置的误差曲线如图 8 - 9 所示。

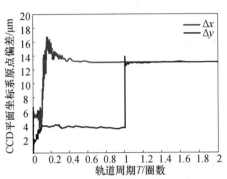

图 8 - 8　偏航机动情况下对紫外导航　　图 8 - 9　偏航机动下偏差自校正后的
敏感器系统的误差曲线　　　　　　　　　　导航误差曲线

仿真进行两个轨道周期后,基于紫外敏感器的航天器自主导航精度为位置误差 $\Delta r = 57.7\mathrm{m}$,速度误差 $\Delta v = 2.66\mathrm{cm/s}$。从仿真结果可以看出,采用系统误差自校正滤波算法,辅以适当的姿态机动策略,能够显著减小导航敏感器系统误差的影响,对提高航天器自主导航精度效果明显。采用本章所给出的系统误差自校正滤波方法,可将基于紫外敏感器的低轨航天器自主导航精度减小至百米量级。

8.4.2　基于单程多普勒测量的误差校正

以轨道高度为 $705\mathrm{km}$ 的太阳同步轨道卫星为例,对基于单程多普勒测量的紫外敏感器系统误差校正方法进行数学仿真研究。数学仿真条件为:设紫外敏感器 CCD 平面坐标系原点沿 CCD 行扫描方向和列扫描方向均有一个像素的偏差($13\mu\mathrm{m}$);地心方向矢量的测量噪声为 $0.02°$,地心距测量误差 $500\mathrm{m}$;

地面站的大地坐标为(116°,39°),单程多普勒测速的误差为0.05m/s。

低轨航天器对于某一地面站的测控弧段相对较短,航天器在相邻两个轨道周期内对地面站的可见弧段如图8-10所示,一个轨道周期内,可见弧段约10min。单程多普勒测量仅在地面站可见的轨道弧段进行。

采用单程多普勒测量,结合轨道动力学模型,通过扩维EKF算法对紫外敏感器系统误差$(\Delta x, \Delta y)$进行在轨校正,相应的误差曲线如图8-11所示。

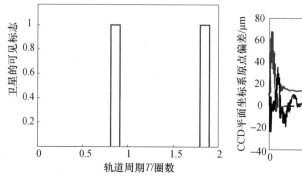

图8-10　航天器相对地面站的可见弧段　　　图8-11　基于单程多普勒测量的紫外
　　　　　　　　　　　　　　　　　　　　　　　　　　导航敏感器系统的误差曲线

从图8-11中不难看出,引入单程多普勒测量信息能够实现对紫外敏感器系统误差的校正,通过扩维EKF得到的系统误差估计值接近于真值。单程多普勒测量辅助的紫外自主导航误差曲线如图8-12所示。

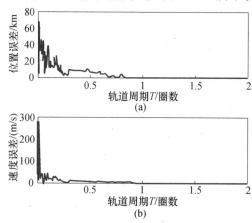

图8-12　单程多普勒测量辅助的紫外自主导航误差曲线

仿真进行两个轨道周期后,基于紫外敏感器和单程多普勒测量信息的自主导航精度为位置误差 $\Delta r = 16.84\text{m}$,速度误差 $\Delta v = 1.96\text{cm/s}$。仿真结果表明,融合单程多普勒测量信息能够给出紫外敏感器系统误差的准确估计,相对于仅依赖紫外敏感器的天文自主导航方式,通过"单程多普勒 + 紫外"组合导航能够获得更高的定位精度。

8.4.3 基于有限 GNSS 信号的误差校正

以轨道高度为705km 的太阳同步轨道卫星为例,对采用 GNSS 辅助测量的紫外敏感器系统误差校正方法进行数学仿真验证。设紫外敏感器 CCD 平面坐标系原点沿 CCD 行扫描方向和列扫描方向均有一个像素的偏差 $(13\mu\text{m})$;地心方向测量噪声为 $0.02°$,地心距测量误差为 500m。

采用 GNSS 辅助测量对紫外敏感器系统误差 $(\Delta x, \Delta y)$ 进行在轨校正,假定 GNSS 测量信息在半个轨道周期之后可用。采用扩维 EKF 算法对紫外敏感器系统误差进行估计,误差曲线如图 8 – 13 所示。

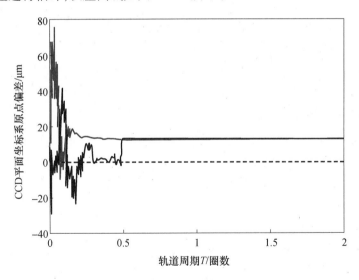

图 8 – 13 基于 GNSS 测量的紫外导航敏感器系统误差曲线

从图 8 – 13 中不难看出,引入 GNSS 测量信息能够实现对紫外敏感器系统误差的校正,通过扩维 EKF 得到的系统误差估计值接近于真值。GNSS 测量辅助的紫外自主导航误差曲线如图 8 – 14 所示。

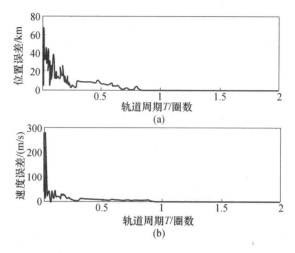

图 8-14　GNSS 测量辅助的紫外自主导航误差曲线

仿真进行两个轨道周期后,基于紫外敏感器和 GNSS 测量信息的自主导航精度为位置误差 $\Delta r = 2.3\text{m}$,速度误差 $\Delta v = 0.24\text{cm/s}$。仿真结果表明,引入 GNSS 提供的测量信息能够实现对紫外敏感器系统误差的准确估计,并获得更高的自主导航精度。

针对高轨航天器,通过数学仿真验证基于有限 GNSS 信号的高轨紫外敏感器系统误差校正方法的有效性。地心方向测量对航天器位置的几何约束随着航天器轨道高度的增加而减弱,因此,对于导航敏感器精度相同的情况,高轨卫星的天文自主导航精度通常低于低轨卫星。假设航天器运行在地球同步轨道,轨道半长轴 $a = 42378$ km,偏心率 $e = 0$,轨道倾角 $i = 0°$。在仿真生成航天器轨道数据的过程中,考虑地球非球形引力、太阳引力、月球引力和太阳光压等摄动因素。滤波器测量更新周期设为 1s,仿真时间约为 5000s。设航天器初始位置误差为 10km,紫外敏感器系统误差为 40″,其滤波初值设为 0。设紫外敏感器的测量精度为 0.02°,考虑到 GNSS 卫星的可见性问题,假定仅有 2 颗 GNSS 卫星的导航信息是可用的,此时,采用 GNSS 卫星的伪距测量信息进行导航,设 GNSS 接收机的伪距测量精度为 10m。

基于 GNSS 接收机测量信息,采用扩维 EKF 算法对紫外敏感器系统误差进行估计,得到航天器位置、速度和紫外敏感器系统误差的估计值。研究表明,在有 2 颗 GNSS 卫星伪距测量信息可用的情况下,紫外敏感器系统误差能够得到有效的估计,通过误差补偿可以改善导航系统的性能。在紫外敏感器系统误差校正前后,航天器三维位置误差曲线如图 8-15 所示。经过系统误差校正,自主导航系统的定位误差由 9.13km 减小到 110.8m(图 8-16)。

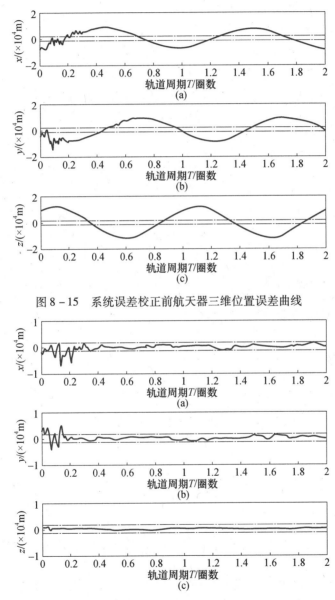

图 8-15 系统误差校正前航天器三维位置误差曲线

图 8-16 系统误差校正后航天器三维位置误差曲线

通过对比可以看出,存在紫外敏感器系统误差的情况下,将系统误差扩充为状态变量并利用 GNSS 卫星伪距测量信息对其进行估计的方法是可行的。紫外敏感器系统误差经过在轨校正之后,其残差对导航性能的影响不明显。

8.4.4 基于 AUKF 的时变误差校正

航天器天文自主导航系统的特点是轨道动力学模型较为准确,而由于观测噪声、建模误差等因素导致敏感器测量精度相对较差。随着对航天器自主导航精度的要求不断提高,高精度的非线性滤波方法在自主导航研究中具有重要意义。在前面的敏感器系统误差在轨校正数学仿真中,主要针对系统误差为常值的情况进行研究。航天器在轨运行期间,受卫星平台低频振动、高频抖动和空间热环境变化等因素的影响,导航敏感器系统误差会随时间变化。本节针对系统误差随时间变化的情况,采用第 3 章论述的自适应无迹卡尔曼滤波(AUKF)算法取代传统 EKF 算法,进行自主导航系统误差自校正。利用自适应滤波方法能够有效地估计出测量误差的统计特性(均值和方差),并根据误差统计特性的变化自适应地调节滤波增益阵,AUKF 适用于对时变系统误差进行估计的情况。

天文自主导航系统的仿真条件:航天器初始轨道参数取 $a = 6878.14\text{km}$,偏心率 $e = 0.001$,轨道倾角 $i = 95°$,升交点赤经 $\Omega = 175°$,近地点幅角 $\omega = 50°$,平近点角 $M = 90°$,在地心惯性坐标系中,航天器的三个位置分量和三个速度分量的初始误差分别为 2km 和 10m/s,滤波器采样周期为 1s。敏感器观测误差中,随机部分为 $0.01°$,周期时变系统误差为 $0.02\sin(\omega_c t)°$,其中 ω_c 为轨道平均角速度,地心距观测误差为 100m。航天器自主导航系统的导航精度统计方法为:当滤波器趋于稳态后,计算 $12000 \sim 24000\text{s}$ 时段内的位置估计误差。

分别采用 EKF 和 AUKF,结合航天器轨道动力学模型,处理导航敏感器的观测量,对航天器的位置、速度和导航敏感器测量系统误差进行估计,误差曲线如图 8 - 17 所示。

基于 AUKF 的系统误差自校正结果如图 8 - 18 所示,图中给出了敏感器系统误差的真值和估计值对比的情况。

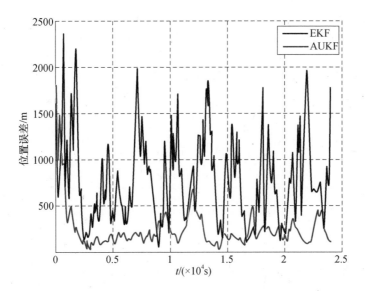

图 8 - 17　基于 EKF 和 AUKF 的自主导航系统位置误差曲线

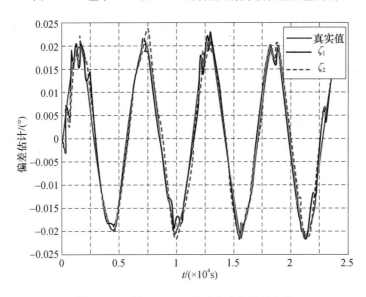

图 8 - 18　基于 AUKF 的时变系统误差曲线

通过仿真结果可以看出,当自主导航系统存在周期时变的系统误差时,AUKF 能够有效的对时变系统误差进行估计,且估计精度较高,导航滤波精度较传统 EKF 有显著提高。下面在其他仿真条件保持不变的情况下,对时变系统误差取不同的幅值,进行仿真研究,结果归纳如表 8 - 1 所列。

表 8 - 1　时变系统误差对 EKF 和 AUKF 估计精度的影响

时变系统误差 幅值/(°)	EKF		AUKF	
	位置精度/m	速度精度/(m/s)	位置精度/m	速度精度/(m/s)
0.005	900.46	1.232	391.04	0.675
0.01	1649.52	1.798	428.52	0.778
0.02	2113.03	2.017	535.89	0.899
0.05	3088.22	2.732	831.20	1.445
0.1	4302.73	4.539	1876.39	2.680

　　通过对基于 EKF 和 AUKF 的导航滤波器的对比研究可以看出,时变系统误差的幅度大小对 EKF 估计精度的影响十分显著,而对 AUKF 的影响相对较小。随着时变系统误差幅值的增大,EKF 的导航精度明显下降,而基于 AUKF 的自主导航滤波精度始终高于 EKF,这是因为 AUKF 能够自适应的调节滤波增益阵,更有效的对时变系统误差进行估计,从而减小时变系统误差对航天器位置估计精度的影响。

▶8.5　小结

　　航天器天文自主导航精度主要取决于导航敏感器的测量精度,导航敏感器系统误差对航天器自主导航精度有较大影响,系统误差的在轨校正是提升自主导航性能的重要手段。本章以基于成像式导航敏感器的航天器自主导航系统为例,论述敏感器系统误差建模与在轨校正技术,给出了导航敏感器的系统误差数学模型,分析了其对导航精度的影响。在可观性分析的基础上,给出了基于扩维 EKF 的系统误差自校正方法,说明利用航天器姿态机动可改善导航敏感器系统误差估计的效果。进而,介绍了利用单程多普勒测量和 GNSS 等外部辅助测量信息对系统误差进行在轨估计与补偿的方法。通过数学仿真验证了系统误差校正算法的有效性,研究结果表明:基于扩维 EKF 的导航滤波器能够准确有效地对导航敏感器系统误差进行在轨校正,可显著提高自主导航系统的定位精度。

参 考 文 献

[1] Stastny N B, Geller D K. Autonomous optimal navigation at Jupiter: a linear covariance analysis[J]. Journal of Spacecraft and Rockets, 2008, 45: 290 – 298.

[2] Christian J A, Lightsey E G. Review of options for autonomous cislunar navigation[J]. Journal of Spacecraft and Rockets, 2009, 46: 1023 – 1036.

[3] Zanetti R. Autonomous midcourse navigation for Lunar return[J]. Journal of Spacecraft and Rockets, 2009, 46: 865 – 873.

[4] Ning X, Wang L, Bai X, et al. Autonomous Satellite Navigation Using Starlight Refraction Angle Measurements[J]. Advances in Space Research, 2013, 51: 1761 – 1722.

[5] Christian J A. Optical Navigation Using Planet's Centroid and Apparent Diameter in Image[J]. Journal of Guidance, Control, and Dynamics, 2015, 38: 192 – 204.

[6] 张春青, 李勇, 刘良栋. 卫星自主轨道确定的自校准滤波[J]. 宇航学报, 2006, 27(2): 301 – 305.

[7] 范炜, 李勇. 一种基于 AUKF 的航天器自主导航算法[J]. 空间控制技术与应用, 2009, 35(3): 23 – 28.

[8] 李明群, 魏春岭, 袁军, 等. 卫星自主导航中的偏差分离鲁棒滤波[J]. 宇航学报, 2009, 30(3): 953 – 956.

[9] 魏春岭, 张斌, 张春青. 一种姿态机动辅助下的天文导航系统偏差自校准方法[J]. 宇航学报, 2010, 31(1): 93 – 97.

[10] 程会艳, 郝云彩, 熊凯. 自适应两级 UKF 算法及其在时变偏差估计中的应用[J]. 空间控制技术与应用, 2010, 36(3): 33 – 37.

[11] 石恒, 徐世杰. 连续小推力航天器自主导航及在轨参数标定[J]. 中国空间科学技术, 2012, 4: 62 – 70.

[12] Xiong K, Tang L, Liu L D. Compensation for periodic star sensor measurement error on the satellite[J]. Asian Journal of Control, 2013, 15(5): 1304 – 1312.

[13] Xiong K, Wang S Y, Zong H. Performance evaluation of star sensor low frequency error calibration[J]. Acta Astronautica, 2014, 98: 24 – 36.

[14] 熊凯, 魏春岭, 刘良栋. 基于多模型自适应估计的姿态敏感器误差校准[J]. 系统科学与数学, 2015, 35(7): 745 – 756.

第9章
自主导航地面试验验证技术

　　航天器自主导航系统研制难度大,飞行试验周期长,自主导航技术在正式用于航天任务之前,需要进行充分的数学仿真分析和地面试验验证。通过仿真和试验,能够对航天器自主导航系统的功能、性能和关键技术进行验证,检验方案设计和数学模型的正确性,为促进研究成果向工程应用的转化提供技术准备。

　　本章重点介绍航天器自主导航地面试验验证技术,包括天文自主导航数学仿真技术和导航敏感器硬件在回路内的地面半物理仿真技术。首先,讨论了航天器轨道仿真方法和自然天体测量特性模拟方法;然后,给出了航天器自主导航地面半物理仿真试验系统方案,以及基于导航敏感器真实测量数据的地面验证系统的实现方法;最后,针对典型任务,分析了自主导航试验系统和仿真试验情况。

▶ 9.1　自主导航仿真验证系统的总体框架

　　航天器自主导航仿真验证系统组成如图 9 - 1 所示,主要由姿态轨道仿真器、天体模拟器和自主导航系统三部分组成,其中自主导航系统由导航敏感器和导航计算机组成。

　　对于不同的航天器自主导航试验系统,姿态轨道仿真器是公用模块,导航

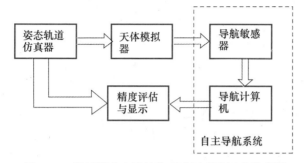

图 9-1 航天器自主导航仿真验证系统组成示意图

计算机的配置基本相同,但不同系统所采用的导航敏感器和导航软件不同,所用的天体模拟器也不相同。自主导航仿真验证系统需要解决地面模拟航天器轨道运动的技术难题。针对上述问题,利用轨道仿真器来产生航天器和目标天体的基准轨道和相应的姿态,并利用其输出数据驱动天体模拟器对目标天体成像特性进行模拟,为导航敏感器提供等效测量目标,同时为自主导航试验系统的精度评估提供基准。

将导航敏感器、天体模拟器引入回路,实现基于导航敏感器真实测量数据的地面试验验证,能够为开展自主导航理论方法研究、系统设计实现、导航性能测试以及敏感器关键技术验证提供试验验证平台;有助于促进航天器自主导航技术预先研究成果向工程转化,为进一步进行飞行试验并最终走向工程应用提供技术准备。

9.2 天文自主导航数学仿真验证技术

航天器天文自主导航数学仿真的基本方法是通过预设飞行轨道,得到航天器的真实位置和姿态信息,模拟生成导航敏感器的测量值,输入给导航滤波器进行解算,导航滤波器输出的导航结果与姿态轨道仿真器给出的真实轨道进行比较,从而评定导航性能。以基于紫外敏感器的自主导航系统为例,天文自主导航数学仿真原理如图 9-2 所示。

9.2.1 航天器轨道仿真

航天器轨道仿真是研究航天器自主导航技术的前提条件,利用 STK (Satellite Tool Kit)软件是模拟产生航天器真实轨道数据的方法之一。STK 是

系统仿真

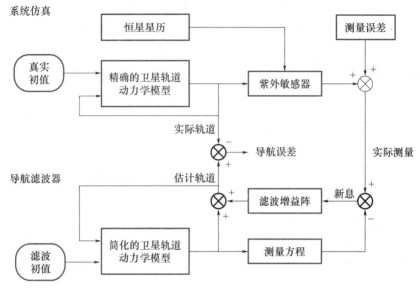

图 9-2　天文自主导航数学仿真原理图

美国开发的航天工业商品化分析软件,通过输入卫星初始轨道要素,可以方便的产生卫星飞行过程中的位置、速度和姿态等信息,从而为航天器天文自主导航数学仿真及导航精度分析提供基准。

STK 提供了两种形式的卫星轨道预报算法,即解析算法和数值算法。解析法通过求解卫星运动微分方程得到一个近似解来获得卫星星历表,或直接给出卫星在各个时刻的位置和速度信息。数值法则是通过对卫星运动方程的数值积分来实现的。STK 中提供的轨道预报模型如下。

(1) Two Body:二体模型,又称开普勒运动模型,它只考虑地球对卫星的中心引力,此时地球等效为一个质点。

(2) J_2 Perturbation:该模型考虑了因地球的非球形引力摄动中 J_2 项系数导致的卫星轨道要素的长期变化。J_2 是地球非球形因素摄动级数表达式中的一个带谐项系数,此系数代表了地球非球形所带来的最主要的效应。J_2 摄动算法包括了 J_2 系数所带来的一阶长期效应。在该模型中 J_2 系数是唯一导致卫星轨道要素发生长期变化的因素。

(3) J_4 Perturbation:该模型同样考虑地球的非球形引力摄动导致的卫星轨道要素的长期变化,与 J_2 Perturbation 不同的是它不仅考虑了 J_2 系数的一阶效应,还考虑了 J_4 系数所代表的带谐项对轨道参数的影响(不考虑代表长周期

效应的 J_3 系数）。J_4 系数代表的地球非球形引力摄动大约比 J_2 系数要小 1000 倍，所以，这两种预报模型得出的卫星轨道差别很小。

（4）HPOP（The High Precision Orbit Propagator）：高精度轨道预报模型，可以用来产生轨道高度从地球表面到月球表面甚至更远的任何圆形、椭圆、抛物线和双曲线轨道。

（5）MSGP4（The Merged Simplified General Perturbation）：MSGP4 模型是一个符合北美防空司令部标准的预报算法模型。该模型全面考虑了地球的非球形引力、日月引力等因素带来的长期和周期效应，并使用了一个简单的大气模型来考虑轨道衰减的问题。

（6）LOP（The Long – Term Orbit Propagator）：长期轨道预报模型可以获得较长时间间隔，如数月甚至几年内的高精度轨道预报数据。

利用 STK 可以产生航天器自主导航仿真所需的轨道数据，但存在的主要问题是 STK 作为商用软件封装完整，不能编辑内部代码，无法生成独立运行、可供调试的仿真程序，不能完全满足航天器自主导航仿真验证要求。根据航天器轨道动力学模型，自主开发的姿态轨道仿真器软件界面如图 9 – 3 所示。姿态轨道仿真器计算结果与 STK 的 HPOP 模型输出结果相比较，地球轨道航天器运行 1 天的位置误差小于 1m，可将姿态轨道仿真器计算结果作为航天器自主导航仿真的基准数据。

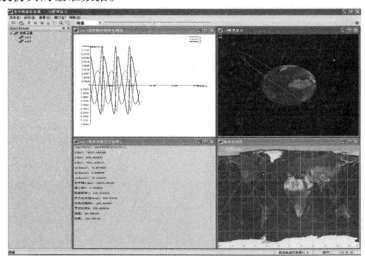

图 9 – 3　姿态轨道仿真器界面

姿态轨道仿真器中轨道动力学模型包括地球引力场模型（70×70 阶 JGM-3 模型）、日/月引力摄动模型、太阳辐射压模型、大气阻力模型、轨道机动控制推力模型等，其中日/月引力摄动中需要用到日月位置，软件中使用 JPL（Jet Propulsion Laboratory）提供的模型，读取星历数据文件后利用切比雪夫（Chebychev）多项式插值得到日月位置。下面对 JPL 星历数据的应用方法进行简单介绍。

JPL 星历数据按时间区间提供各大行星、太阳、地球、月球等天体位置的切比雪夫多项式系数和多项式阶数。假定对于天体的每个位置分量 X、Y、Z，星历数据记录共有 N 个切比雪夫系数，所需星历分量由下式计算

$$f(t_c) = \sum_{K=0}^{N-1} C_K P_K(t_c) \tag{9-1}$$

式中：t_c 为切比雪夫时间，由时间 t 按覆盖的时间区间归一化为 $-1 \sim 1$，设 t_0 和 Δt 分别是开始历元和时间区间的长度，首先将时间 $t \in [t_0, t_0 + \Delta t]$ 变换成 $t_c \in [-1, 1]$，变换公式为

$$t_c = \frac{2}{\Delta t}(t - t_0) - 1, t \in [t_0, t_0 + \Delta t] \tag{9-2}$$

C_K 为用于位置计算的切比雪夫系数，从星历数据文件中读取；P_K 为切比雪夫多项式：

$$P_K(t_c) = \cos(K \arccos t_c) \tag{9-3}$$

有迭代关系

$$\begin{cases} P_0(t_c) = 1 \\ P_1(t_c) = t_c \\ P_K(t_c) = 2t_c P_{K-1}(t_c) - P_{K-2}(t_c), \quad K \geqslant 2 \end{cases} \tag{9-4}$$

天体的速度可通过对位置求微分计算得到

$$V_K(t_c) = \frac{dP_K(t_c)}{dt} \tag{9-5}$$

9.2.2 地球敏感器测量数据仿真

天文自主导航是通过观测天体来测定航天器运动状态的技术，天体是宇宙空间中各种自然星体的总称，根据天体与航天器的距离的不同，天体可分为近天体和远天体。为了实现地球轨道航天器自主导航，需要在轨道上对地球

和恒星进行成像观测,即采用"近天体 + 远天体"测量实现航天器自主导航。如何利用数学模型真实模拟成像式导航敏感器的测量特性是保证数学仿真结果可信度的关键,目标天体作为导航敏感器的观测输入,首先需要对目标天体测量特性进行模拟。对于地球轨道航天器来说,地球是常用的目标天体,本节重点介绍成像式地球敏感器测量数据仿真技术。

1. 目标天体几何建模

在空间可视化建模过程中,当目标天体距离较远,不需要考虑星体表面起伏时,可简化采用天体椭球面表示法。为了保证精度,往往需要用绵密的网格来拟合自然天体表面,但这样做会带来多边形数量的急剧增加,降低系统效率;如果用稀疏的网格来拟合星球表面,精度上又不能达到要求。因此,本节引入视相关球面 LOD(Level of Detail)建模方法来解决这个矛盾,下面对该方法的实现方式进行说明。

1)目标天体模型的经纬网分割

由于目标天体椭球模型可以在球面模型基础上沿自转轴方向压缩,可先将椭球模型简化为球面模型。球面可以看作是由分布均匀的经纬网组成的,经纬网越密,模型的精度越高。最简单有效的方法是根据视点到球面的距离来动态调整经纬网的密度,这样能在保证视觉效果的前提下实现球面模型的简化,图 9 - 4 显示了在不同视点距离下,球面模型的简化程度。

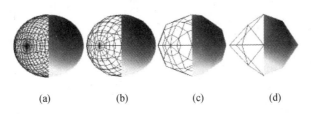

(a)　　　　　(b)　　　　　(c)　　　　　(d)

图 9 - 4　不同视点距离下球面模型的简化程度

2)利用凹凸贴图(Bump Map)表现星球表面起伏情况

当采用球面法绘制目标天体的三维模型时,不能用几何形状来表达星球表面的起伏,但可以采用凹凸贴图的方法,在一定程度上减小模型误差。在凹凸贴图的实现过程中,为每一个顶点计算光线矢量是一个非常费时的工作,为了加快凹凸贴图的速度,可以采用基于像素着色的硬件加速方法。为了验证这些方法的可行性与实际效果,以地球为例在计算机上对这些算法进行了验证。软件平台在三维图形 OpenGL 软件基础上构建,仿真结果如图 9-5 所示。

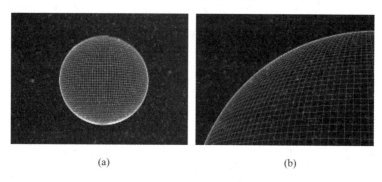

(a)   (b)

图 9-5　视点到地球不同距离时地球模型绘制结果

(a) 距离 20000km;(b) 距离 3000km。

从图 9-5 中可以看出,当视点远离地球时,网格较稀疏,表示模拟精度变低;当视点靠近地球时,网格变密,表示模拟精度提高。

2. 目标天体光照度计算模型

太空中目标天体发射或者反射的光信号是导航敏感器信号的主要来源,为了保障图像模拟的真实性,要求地面模拟设备能够准确计算这些天体到达导航敏感器处的光照度。为了将目标天体的光学信号转换为模拟器屏幕上的亮度信息,必须建立目标天体的光照度模型。恒星目标的光照度计算较为简单,可以直接建立恒星视星等与光照度之间的换算关系。对于本身不发光的天体,可根据辐射和辐射传输理论,建立天体相对于导航敏感器的视星等模型,再以恒星作为参照,利用星等与照度之间的换算关系,建立目标天体的光照度模型。

1) 视星等与照度的换算关系

视星等通常用来表示恒星的亮度,也可用来表示观测到的目标天体以恒星为参照的亮度。视星等与光照度之间的关系为

$$E = E_0 \times 2.512^{-m} = 2.65 \times 10^{-6} \times 2.512^{-m} \text{lx} \qquad (9-6)$$

式中:lx 为 lux(勒克斯)的缩写,为光照度的单位符号。利用式(9-6),可以根据依巴谷星表数据给出的恒星视星等参数,计算每一颗恒星的光照度。

2) 天体视星等计算

如果天体本身不发光,其入射到导航敏感器的光信号来自于对太阳辐

射能量的反射。太阳所发出的总辐射量在空间方向上的分布是均匀的,在 $\lambda_1 \sim \lambda_2$ 波长范围内太阳在行星表面产生的照度 E_0 为

$$E_0 = 10^{12} R_s^2 c_1 D^{-2} \int_{\lambda_1}^{\lambda_2} \lambda^{-5} [\exp(c_2/\lambda T_0) - 1]^{-1} d\lambda \qquad (9-7)$$

式中:太阳半径 $R_s = 6.9599 \times 10^8 \mathrm{m}$; λ 为波长($\mu \mathrm{m}$);第一辐射常数 $c_1 = 3.742 \times 10^{-4} \mathrm{W} \cdot \mu \mathrm{m}^2$,第二辐射常数 $c_2 = 14388 \mu \mathrm{m} \cdot \mathrm{K}$; $T_0 = 5900 \mathrm{K}$(通常太阳辐射可以认为是温度为5900K的黑体辐射); D 为太阳与天体的距离;照度 E_0 的单位为 $\mathrm{W/m}^2$。

到达天体表面的太阳辐射能量,由于其本身的漫反射作用,会在空间发散,导航敏感器在轨道上以一定的角度对其进行探测。如果将天体看作一个等效反射球体(朗伯辐射体),那么可以计算到达敏感器光学系统入瞳处的点目标辐射强度为

$$I_e = \frac{E_0 \cdot \cos\theta \cdot \rho \cdot A_{\mathrm{obj}}}{2\pi} \qquad (\mathrm{W} \cdot \mathrm{sr}) \qquad (9-8)$$

式中:θ 为观测相角,即太阳与天体连线和天体与敏感器连线所形成的夹角;ρ 为天体的平均反射率;A_{obj} 为天体的相对于敏感器的等效截面积,可根据天体的半径估计得出。

根据到达敏感器入瞳处的点目标辐射强度和光学系统入瞳所对应的立体角,可以计算出敏感器光学系统采集到的天体反射太阳光的信号能量,将其转化为光子数,从而可得到最终进入光学系统的信号光子流量密度:

$$\Phi_s = \frac{I_e \times \bar{\lambda}}{R_{\mathrm{oc}}^2 \times hc} \qquad (\mathrm{photons} \cdot \mathrm{m}^{-2} \cdot \mathrm{s}^{-1}) \qquad (9-9)$$

式中:I_e 为天体反射后的辐射强度;R_{oc} 为天体到敏感器的距离;h 为普朗克常量;c 为光速;$\bar{\lambda}$ 为平均波长。

习惯上将空间点目标的信号亮度等效为天文学上的视星等来衡量,视星等为 m_0 的点光源每秒钟发射到敏感器入瞳处的光子数为

$$\Phi_s = 5 \times 10^{10} \times 10^{-\frac{2}{5}m_0} \qquad (\mathrm{photons} \cdot \mathrm{m}^{-2} \cdot \mathrm{s}^{-1}) \qquad (9-10)$$

式中:m_0 为视星等。联合以上各式,则可得到表征天体反射信号亮度的等效视星等的表达式:

$$m_0 = -2.5 \lg \left(\frac{E_0 \times \cos\theta \times \rho \times A_{\text{obj}} \times \overline{\lambda}}{2\pi \times 5 \times 10^{10} \times R_{\text{oc}}^2 \times hc} \right) \qquad (9-11)$$

利用式(9-11)可计算出目标天体相对于航天器的视星等,然后再采用与恒星相同的方法计算其光照度。

3. 目标天体的模拟过程

在获得目标天体的准确位置,并通过计算得到各类信号源的照度值后,为建立准确的时空关系,利用 OpenGL 软件三维图形库对目标天体进行三维重建,模拟其在空间中的位置。根据模拟器输入的时间和敏感器的指向数据,生成相应方向的模拟场景,并投影到高分辨率 LCD 上,完成光学信号在空间和辐射亮度上的数/模(D/A)转换,最终形成模拟的光学信号,模拟流程如图9-6所示。

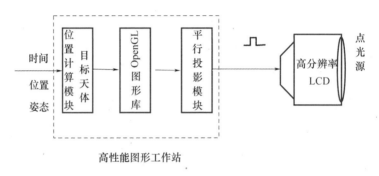

图9-6 目标天体的模拟流程图

9.2.3 恒星成像仿真

1. 恒星位置计算模型

每一颗恒星都按照自己的运行规律运动,并且不同的恒星自行(Proper Motion:恒星垂直观测者视线方向上单位时间内的角位移,一般单位是(″)/年)的大小并不相同,需要对恒星位置进行自行改正,得到任意时刻 t 恒星平位置 (α_t, δ_t)。

$$\begin{cases} \alpha_t = \alpha_0 + \mu_\alpha(t - t_0) \\ \delta_t = \delta_0 + \mu_\delta(t - t_0) \end{cases} \qquad (9-12)$$

式中: μ_α 和 μ_δ 分别为恒星在赤经方向和赤纬方向的自行,可以从星表中直接

读取。在此基础上，还需要将其转换到笛卡儿坐标，计算公式为

$$\begin{cases} x = r\cos\alpha_t\cos\delta_t \\ y = r\cos\delta_t\sin\alpha_t \\ z = r\sin\delta_t \end{cases} \tag{9-13}$$

式中：笛卡儿坐标 (x,y,z) 单位为光年；(α_t,δ_t) 的单位为 rad；r 为恒星到地球的光年距离。

依巴谷星表（The Hipparcos Catalogue）是国际上通用的高精度恒星星表，1997 年发表的第 2 版包括 120313 个恒星，极限星等为 13 等，恒星位置精度为千分之一弧秒，此外还包括自行、秒差距等数据。利用秒差距可以换算得到恒星到地球的光年距离，依据星表提供的数据可以计算出任一时刻恒星的位置。

2. 恒星亮度模型

在目标模拟器上，不同星等的亮度难以定量表现，因为 5 个星等的差异，对应光度相差 100 倍，对于只有 256 个灰度级别的显示设备而言，是难以具体体现的。针对该问题，可以通过线性插值来定性地表示出不同星等的灰度差别：

$$B = B_0 - k \cdot G \tag{9-14}$$

式中：G 为星等；B 为插值后的亮度，在 OpenGL 软件中，亮度只能用 $0.0 \sim 1.0$ 间的小数表示，需要通过式（9-14）将星等亮度值归化到 $0.1 \sim 1.0$；B_0 和 k 为常数，具体数值可以根据硬件性能和试验要求来确定。

3. 恒星大小模型

恒星的真实视张角都非常小，如天狼星的张角为 $0.0068''$，即使张角最大的心宿二（天蝎座的主星），其张角也只有 $0.04''$。这么小的张角，如果在目标模拟器的典型观测距离（50cm）上表现出来，星点的直径最大也只有 $0.1\mu m$，其尺寸远远小于显示设备像元的大小。因而，恒星的大小难以在目标模拟器上定量的表示出来，在成像平面上普遍采用离焦的方法获得一定大小的弥散星像，成像模拟时可通过线性插值来定性地表示出不同星等的大小差别：

$$R = R_0 - l \cdot G \tag{9-15}$$

式中：G 为星等；R 为插值后的大小；R_0 和 l 为常数，具体数值同样可以根据硬件性能和试验要求来确定。例如，将 R_0 设置为 3，l 设置为 6.5，这样如果所用星表的最大星等为 13，那么整个星表中的恒星大小就可以规划至 $1 \sim 3$ 个像素间。

⊿9.2.4 仿真实例

天文自主导航数学仿真软件框架如图9-7所示,包括目标天体图像模拟、图像处理、导航滤波解算、导航性能评估等模块,其中导航解算所需的测量数据由图像处理算法模块对仿真图像进行处理得到。

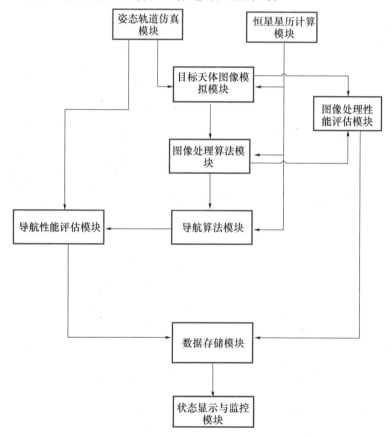

图9-7 基于光学成像的天文自主导航数学仿真软件框图

以500km圆轨道航天器为例,对地球成像过程和天文自主导航方法进行仿真验证,生成的图像及处理结果如图9-8所示。仿真软件显示界面左侧为自主导航算法评估结果,给出了航天器位置和速度误差曲线,中间为当前时刻仿真得到的导航敏感器对地球拍摄的图像,以及根据图像计算得到的测量结果,包括地球明亮部分几何中心的像素坐标、视线方向和视半径等,右侧为航天器当前的运行状态。

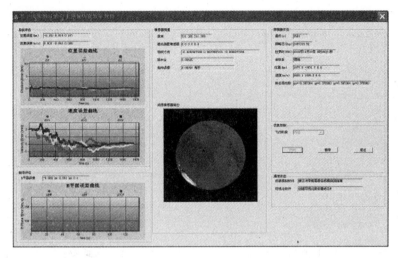

图 9 – 8 基于光学成像的天文自主导航数学仿真生成的图像及处理结果

此外,以高轨航天器为背景,开发了以紫外敏感器为核心,GNSS 和 IMU 为辅助测量的高轨航天器多信息源组合导航仿真软件,仿真软件图如图 9 – 9 所示,分别用紫外敏感器和 GNSS 测量信号进行滤波,再输入到联邦滤波器进行信息融合,将组合导航结果与轨道动力学计算提供的基准数据比较来评估导航精度。

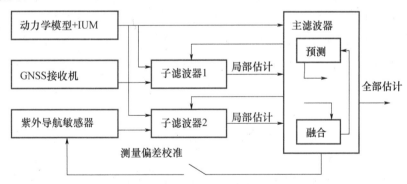

图 9 – 9 高轨航天器多信息源组合导航仿真软件框图

以地球同步轨道航天器为例,进行了高轨多信息源组合导航仿真验证,仿真结果如图 9 – 10 ~ 图 9 – 12 所示,仿真软件给出组合导航误差曲线、紫外敏感器对地球和恒星成像结果、图像处理得到的地心方向测量结果、GNSS 卫星相对于高轨航天器的可见星数及空间几何关系。

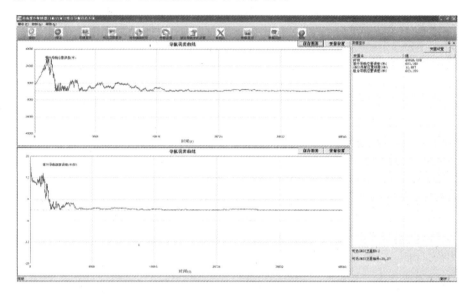

图 9 – 10　高轨航天器多信息源组合导航误差曲线

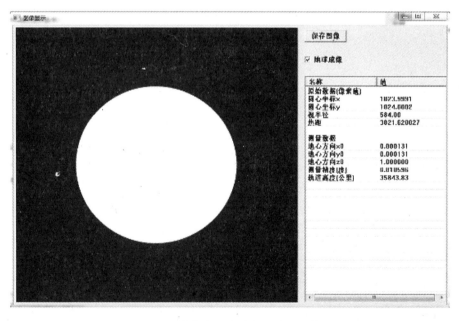

图 9 – 11　高轨航天器紫外敏感器成像图

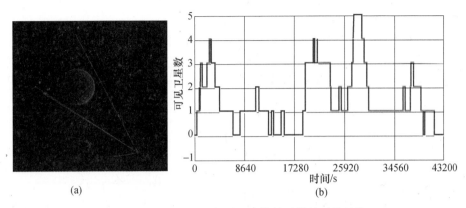

(a)　　　　　　　　　　　(b)

图 9 - 12　GNSS 卫星相对于高轨航天器的可见星数

从上述两个仿真实例可以看出,利用所开发的数学仿真软件,可以方便地对图像处理算法、自主导航算法进行仿真验证,进一步还可分析各种误差源对导航精度的影响,对天文自主导航系统的性能进行评估。

9.3　基于一体化日 - 地 - 月敏感器的自主导航试验

一体化日 - 地 - 月敏感器由双圆锥扫描式红外地球敏感器和扇形狭缝视场扫描式日 - 月敏感器构成,特点是受在轨振动及变形造成的相对安装误差的影响较小,利用导航敏感器测量得到地心方向、地球视半径和日月方向,从而确定航天器轨道和三轴姿态。本节建立了基于一体化日 - 地 - 月敏感器的自主导航试验系统,利用转台转动模拟日月方位在敏感器视场中的连续变化,利用地球模拟器的弦宽变化模拟航天器轨道高度变化,从而在地面模拟航天器轨道运动。与数学仿真相比,一体化日 - 地 - 月敏感器测量特性更接近于在轨真实情况,能更有效地验证导航敏感器的性能、导航方案的合理性和自主导航系统的精度水平。

9.3.1　试验方案

基于一体化日 - 地 - 月敏感器的自主导航试验方案如图 9 - 13 所示。导航敏感器安装在小单轴转台上,扫描轴与小单轴转台的转轴重合,并与地球模拟器的光学主轴重合。地球模拟器和小单轴转台安装在大单轴转台的台面上,地球模拟器的光学主轴与大单轴转台的转轴垂直。导航敏感器的安装保证其光学基准中心在大转台的转轴上。大单轴转台以航天器轨道角速度转动来模拟航天器在轨道面内的运动,小单轴转台带动敏感器转动来模拟星体的滚动姿态。太阳模拟器和月球模拟器置于隔振基座上,使其光轴指向导航敏感器,保证试验过程中对导航敏感器的视场可见。

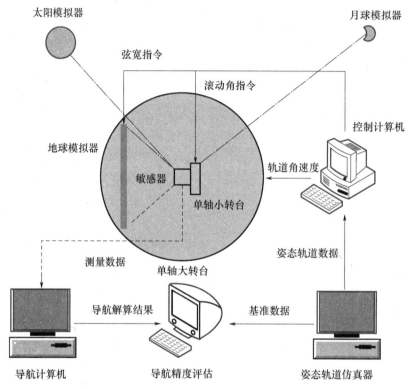

图 9-13　基于一体化日-地-月敏感器的自主导航试验方案

一体化日-地-月敏感器对地球、太阳、月亮等天体模拟器进行观测,计算得到敏感器测量系下的太阳方向、月亮方向、地心方向和地心距离,并传送到导航计算机,导航计算机以太阳方向和地心方向夹角、月亮方向和地心方向夹角及地心距离为测量值进行导航滤波计算,得到航天器位置和速度的估计值;最后与姿态轨道仿真器的基准数据进行比较来评估导航精度。

9.3.2　系统组成

基于一体化日-地-月敏感器的自主导航试验系统主要包含以下几个部

分:一体化日－地－月敏感器、地球模拟器、太阳模拟器、月亮模拟器、大单轴转台、小单轴转台、姿态轨道仿真器、控制计算机、导航计算机及显示评估系统等。下面分别进行说明。

1. 一体化日－地－月敏感器

一体化日－地－月敏感器由红外地球敏感器和两个日－月敏感器组成，如图9－14所示，由导航敏感器输出的测量脉冲计算得到地球、太阳和月亮在敏感器测量坐标系下的方位角和高度角，利用地球弦宽解算得到航天器至地心的距离。

一体化日－地－月敏感器的主要技术指标:①圆锥扫描角:38°±0.05°（圆锥1）,73°±0.05°（圆锥2）;②红外视场:2.5°×2.5°;③可见光视场:

图9－14 一体化日－地－月敏感器

72°×2.5°;④地心方向测量精度:随机误差不大于0.1°,系统误差不大于0.05°;⑤日/月方向测量精度:随机误差不大于0.05°;⑥数据刷新率:1Hz。

2. 单轴转台与地球模拟器系统

单轴转台与地球模拟器系统由大单轴转台、小单轴转台、38°地球模拟器和73°地球模拟器组成,如图9－15所示。

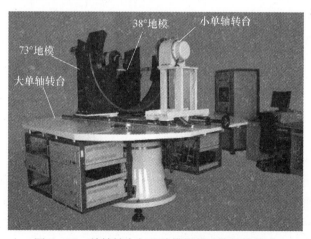

图9－15 单轴转台与地球模拟器系统结构组成

大单轴台为整个设备的承载部分,38°地球模拟器、73°地球模拟器及小单轴转台通过支架安装于大单轴转台上,下面有滚珠丝杠及导轨机构,可以通过手动方式前后移动。大单轴转台作为运动模拟器,模拟航天器轨道运动,与太阳模拟器和月亮模拟器配合,可模拟日－月相对导航敏感器的空间方位关系。大单轴转台的主要技术指标:①大单轴转台承载能力不小于100kg;②大单轴转台最大速度为5°/s;③大单轴转台最小平稳速度为0.005°/s;④大单轴转台控制精度优于0.005°。

小单轴转台用来模拟导航敏感器相对地球的滚动姿态。小单轴转台由转台台体、支架和转台控制器组成。小单轴转台的转轴水平安装,与地球模拟器的轴重合,并和大单轴转台转轴相交于中心点。小转台台面直径200mm,台面负载重量0~10kg,台面上有角度指示用刻度,具有角度机械锁紧装置。

地球模拟器用来模拟地球辐射状态(即辐射亮度和地球弦宽),为一体化日－地－月敏感器的红外视场提供探测目标。导航敏感器红外部分由73°和38°两个圆锥扫描视场组成,双弦宽地球模拟器能同时为73°和38°圆锥视场提供不同的弦宽。73°地球模拟器为半圆柱形,38°地球模拟器为半圆盘形,两者的轴重合。

地球模拟器中用于模拟地球红外辐射的主要部件为热板和冷板,其中热板固定不动,采用电加热膜加热,用来模拟地球红外辐射的物理特性。冷板分左右两部分,由计算机控制转动,用来模拟太空背景。冷板和热板的温度差由温控系统调节,来模拟地球与空间辐射亮度差。通过控制两对冷板的夹角来改变热板在视场扫描一周中所占的宽度,从而改变地球弦宽,实现对航天器姿态和轨道高度的模拟。地球模拟器的主要技术指标:①38°地球模拟器弦宽范围40°~140°,精度0.005°;②73°地球模拟器弦宽范围110°~150°,精度0.005°;③温度控制范围35~80℃;④温控精度不大于±0.5℃。

3. 太阳模拟器和月亮模拟器

太阳模拟器用来模拟太阳视直径、准直精度、太阳圆盘幅照均匀性和太阳相对敏感器的方位,如图9－16所示。太阳模拟器由氙灯、氙灯控制器、姿态控制器和升降机构控制四部分组成,其中,氙灯(太阳模拟器本体)用于模拟外层空间太阳光的辐照特性,其作用是在实验室条件下获得类似于太阳光线特性的光源。氙灯控制器的作用是给氙灯提供高稳定度电源,并通过调整输出功率控制辐照强度。姿态控制器的作用是驱动俯仰与回转步进电机,进行太阳模拟器光束俯仰角与方位角的设定。升降机构用来调整氙灯的高度和转角。太阳模拟器主要技术指标:①辐照强度不小于0.1太阳常数;②光线张角为32′±1′;③光束有效直径为 ϕ300mm;④准直精度为优于10″。

图9-16 太阳模拟器

月亮模拟器用来模拟月亮视直径、准直精度、月相变化以及月亮相对一体化日-地-月敏感器的方位。月亮模拟器的组成、结构以及各部分功能均与太阳模拟器相似,区别在于光线张角稍小,辐照强度较弱。月亮模拟器辐照强度可以在一定范围内调节,采用调节电流和加入不同的滤光片方法实现。月亮模拟器的主要技术指标如下所示:①辐照强度:0~0.07太阳常数;②光线张角为31′±1′;③光束有效直径为 ϕ300mm;④准直精度为优于10″;⑤能够通过调整挡板模拟月相变化。

4.姿态轨道仿真器

姿态轨道仿真器用来产生航天器和目标天体的基准轨道和相应的姿态,其输出数据的用途主要有两个:一为自主导航试验系统的精度评估提供基准;二为敏感器测量模型提供输入(或经过换算后作为输入,使天体模拟器按照轨道参数和飞行姿态对被测天体进行模拟)。

5.导航计算机

导航计算机负责导航敏感器的数据采集、存储、预处理以及进行导航解算等任务,根据敏感器的测量数据计算得到航天器位置、速度的估计值,如图9-17所示。试验系统中采用星载计算机作为导航计算机,导航计算机与敏感器之间采用422接口进行串行通信。

图9-17 导航计算机(TSC695F)

6.控制计算机

控制计算机根据姿态轨道仿真器提供的基准轨道姿态信息,生成地球模拟器的弦宽控制指令、转台转速控制指令。

7.显示评估系统

显示评估系统主要由显示投影设备、计算机和视景仿真软件组成,主要用于自主导航精度和轨道机动效果的评估、各种误差曲线与指令参数的显示。

9.3.3 试验实例

基于一体化日 - 地 - 月敏感器的航天器自主导航试验系统实物如图 9 - 18 所示,试验流程如图 9 - 19 所示。

基于一体化日 - 地 - 月敏感器的自主导航软件在导航计算机上运行,软件实时采集一体化日 - 地 - 月敏感器测量信号后,对数据的相容性进行检验,剔除野值;然后由测量数据计算得到地心方向矢量、太阳方向

图 9 - 18　基于一体化日 - 地 - 月敏感器的
自主导航试验系统实物图

矢量、月球方向矢量在敏感器测量坐标系中的投影,同时还可得到航天器到地心的距离;再将地心方向矢量与太阳方向矢量的夹角、地心方向矢量与月亮方向矢量的夹角以及地心距离作为观测值输入 EKF 进行导航滤波;最后将导航解算结果与姿态轨道仿真器的基准数据进行比对来评估导航精度。

利用所研制的姿态轨道仿真器、一体化日 - 地 - 月敏感器、单轴转台、地球模拟器、太阳模拟器、月亮模拟器和自主导航试验软件,以 500km 太阳同步轨道航天器为例,进行了基于一体化日 - 地 - 月敏感器的自主导航系统地面半物理仿真试验,试验结果如图 9 - 20 所示。

统计仿真试验结束前 1000s 位置误差的均方根(RMS),试验结果表明,基于一体化日 - 地 - 月敏感器的自主导航半物理仿真定位精度为 970m,达到了导航精度优于 1km 的预期指标要求。

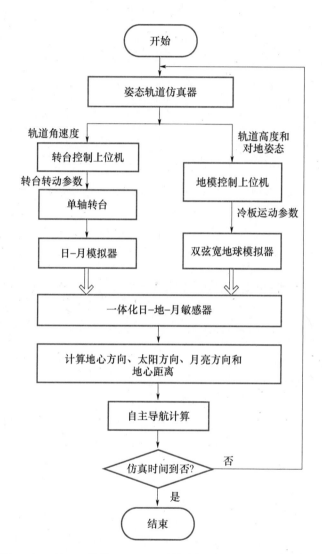

图 9-19 基于一体化日-地-月敏感器的自主导航试验流程图

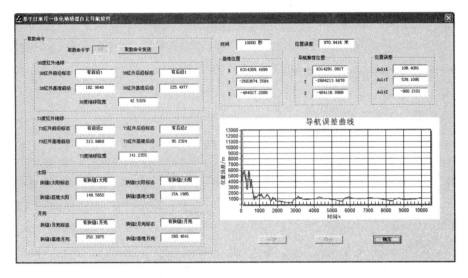

图 9-20　基于一体化日-地-月敏感器的自主导航试验结果

▶9.4　基于红外地球敏感器和星敏感器的自主导航试验

红外地球敏感器不仅能得到地心方向,还可解算出航天器到地心的距离,辅以星敏感器给出的惯性姿态,经滤波处理可确定航天器的位置。本节介绍了基于红外地球敏感器和星敏感器的自主导航试验系统,利用动态恒星模拟器模拟航天器相对惯性空间的运动,利用地球模拟器的模拟航天器轨道高度变化,从而在地面模拟航天器轨道运动。与数学仿真相比,在半物理仿真试验中,红外地球敏感器的测量特性更接近于在轨真实情况,能更有效地验证导航敏感器的性能、导航方案的合理性和自主导航系统的精度水平。

▱9.4.1　试验方案

基于红外地球敏感器和星敏感器的自主导航试验方案如图 9-21 所示。红外地球敏感器安装在小单轴转台上,扫描轴与小单轴转台的转轴重合,并与地球模拟器的光学主轴重合。小单轴转台带动敏感器模拟星体的滚动姿态。红外地球敏感器对地球模拟器进行测量,得到由航天器指向地心的方向矢量。星敏感器与动态恒星模拟器对接,后者根据航天器姿态、轨道变化和恒星星表生成实时星图,模拟航天器在地心惯性坐标系的位置变化。导航计算机对红外地球敏感器和星敏感器的测量数据进行滤波计算,得到航天器位置和速度的估计值,最后与姿态轨道仿真器的基准数据进行比较来评估导航精度。

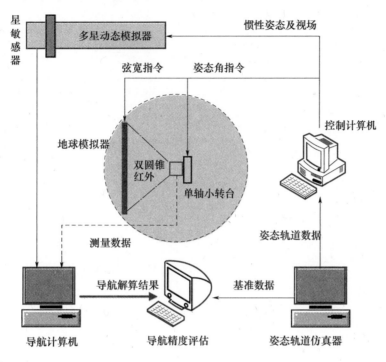

图 9-21 基于红外地球敏感器和星敏感器的自主导航试验方案

9.4.2 系统组成

基于红外地球敏感器和星敏感器的自主导航试验系统主要包含以下几个部分:红外地球敏感器、地球模拟器、小单轴转台、星敏感器、动态恒星模拟器、姿态轨道仿真器、导航计算机及控制计算机等,其中关于地球模拟器、小单轴转台等设备与基于一体化日-地-月敏感器的自主导航试验的情况一致。

1.红外地球敏感器

红外地球敏感器如图 9-22 所示,该敏感器具有单一的光学扫描头部,利用反射镜结构得到两个 2.5°×2.5° 的红外视场,扫描红外视场的轨迹是两个共轴的圆锥,半锥角分别为 38° 和 73°。光学头部扫描一圈,热电检测器最多可以检测到四个地平穿越信号,由信号出现的时刻确定地心方向矢量在敏感器测量坐标系中的坐标,利用地球弦宽还可求得航天器到地心的距离。红外地球敏感器的主要技术指标:①圆锥扫描频率:4Hz ± 0.5Hz;②圆锥扫描半角:38° ± 0.05°(圆锥1),73° ± 0.05°(圆锥2);③红外视场:2.5° × 2.5°;④红外光谱波段:13.9 ~ 16.25μm;⑤测量精度:随机误差不大于0.08°,系统误差不大于0.05°。

图9 – 22　红外地球敏感器

2. 星敏感器

星敏感器是以恒星为测量基准的高精度姿态敏感器,通过测量恒星的观测矢量在敏感器测量坐标系中的方位以及恒星亮度,利用星表得到这些恒星在地心惯性坐标系中的方位,经姿态确定算法可提供航天器姿态信息。由于星敏感器的姿态测量精度高、无转动部件、可靠性高,被广泛应用于航天器的姿态测量和控制系统。试验系统中采用星敏感器测量恒星方向,并给出航天器的惯性姿态。星敏感器的主要技术指标:①光学视场:20° × 20°;②光轴指向精度:不大于5″(3σ);③数据更新速率:不小于5Hz;④全天球捕获时间:小于2s;⑤光谱范围:0.47 ~ 0.71μm。

3. 动态恒星模拟器

动态恒星模拟器根据控制计算机提供的星敏感器光轴在地心惯性坐标系中的指向和视场的大小,按照恒星星表数据生成当前时刻星敏感器观测到的星图,通过接口及驱动电路在液晶光阀上产生模拟星图。由模拟星点发出的光线经准直光学系统汇聚后形成平行光,可在室内有限距离上模拟对恒星的观测效果。图9 – 23给出了试验中用的动态恒星模拟器和星敏感器。动态恒星模拟器的主要技术指标:①有效视场:20° × 20°;②有效孔径:不小于φ32mm;③出瞳距:不小于40mm;④单星位置误差:不大于100″。

9.4.3　试验实例

基于红外地球敏感器和星敏感器的航天器自主导航试验系统实物如

图 9 – 24 所示,自主导航试验流程如图 9 – 25 所示。

图 9 – 23 动态恒星模拟器和星敏感器

图 9 – 24 基于红外地球敏感器和星敏感器的自主导航试验系统实物

基于红外地球敏感器和星敏感器的自主导航软件运行在导航计算机上,软件实时采集敏感器的测量信息,首先对数据的相容性进行检验,剔除野值;由红外地球敏感器扫入/扫出角计算得到敏感器测量坐标系中的地心方向和地心距,由星敏感器对恒星矢量的测量值计算航天器的惯性姿态,确定惯性坐标系中的地心方向和地心距;将导航解算结果与姿态轨道仿真器的基准数据进行比对来评估导航精度。

利用姿态轨道仿真器红外地球敏感器地球模拟器、星敏感器、动态恒星模拟器和自主导航试验软件,以 500km 太阳同步轨道航天器为例,进行了基于红

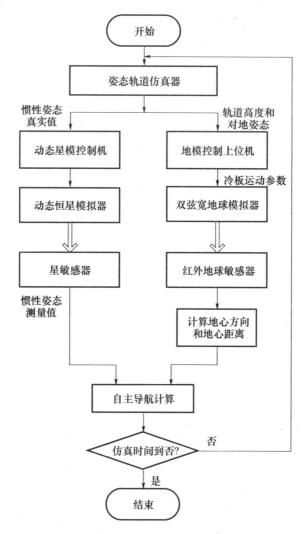

图 9-25   基于红外地球敏感器和星敏感器的自主导航试验流程图

外地球敏感器和星敏感器的自主导航系统地面半物理仿真试验,试验结果如图 9-26 所示。

统计仿真试验结束前 1000s 位置误差的均方根(RMS),结果表明,基于红外地球敏感器和星敏感器的自主导航半物理仿真精度为 732m,达到了导航精度优于 1km 的预期指标要求。

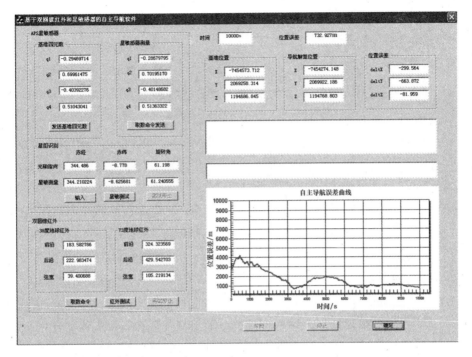

图 9 - 26　基于红外地球敏感器和星敏感器的自主导航试验结果

9.5　基于紫外敏感器的自主导航试验

　　紫外敏感器采用组合视场设计,通过地球紫外辐射边缘测量地心方向和地球视半径,通过恒星测量航天器惯性姿态,将二者结合确定航天器的位置。本节介绍了基于紫外敏感器的自主导航试验系统,利用动态恒星模拟器来模拟航天器相对惯性空间的运动,利用紫外地球模拟器模拟轨道高度变化,从而在地面模拟航天器轨道运动。与数学仿真相比,紫外敏感器测量特性更接近于在轨真实情况,能更有效地验证导航敏感器的性能、导航方案的合理性和自主导航系统的性能。

9.5.1　试验方案

　　基于紫外敏感器的自主导航试验方案如图 9 - 27 所示。试验系统中,

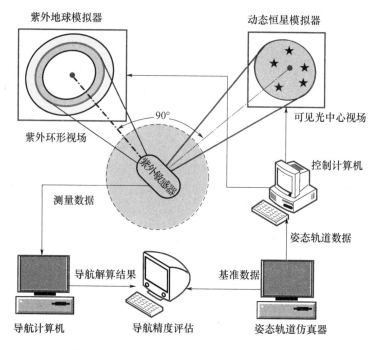

图 9 - 27 基于紫外敏感器的自主导航试验方案

姿态轨道仿真器用于生成基准轨道和姿态,驱动动态恒星模拟器产生给定视场内的星图。紫外敏感器同时对紫外地球模拟器的地球圆盘和动态恒星模拟器的星图进行成像测量,经图像处理后,给出地心方向、地球视半径和惯性姿态。导航计算机对紫外敏感器测量数据进行处理,完成导航滤波解算,最后与姿态轨道仿真器的基准数据进行比较来评估导航精度。

9.5.2 系统组成

基于紫外敏感器的自主导航试验系统主要由以下几部分组成:姿态轨道仿真器、紫外敏感器、紫外地球模拟器、动态恒星模拟器、导航计算机和控制计算机等。

1.紫外敏感器

紫外敏感器如图 9 - 28 所示,采用组合视场和 CCD 成像器件,综合了地球敏感器和星敏感器的功能,其视场由一个圆锥形中心视场和一个环形锥视场组合而成,环形视场工作在紫外谱段,用于对地球成像,测量地心方向和地球视半径;中心视场工作在可见光谱段,用于对恒星目标成像,测量惯性姿态。

紫外敏感器的主要技术指标:①视场:环形视场110°~150°,中心视场30°;②工作谱段:环形视场350~360nm,中心视场500~800nm;③天体中心方向测量精度:0.03°;④恒星方向测量精度:27″;⑤数据刷新率:1Hz。

图9-28　紫外敏感器

2. 紫外地球模拟器

紫外地球模拟器是紫外敏感器专用的地面模拟测试设备,用于模拟在地球轨道观测到的地球圆盘,包括地球圆盘的几何特性和紫外谱段的辐射特性。紫外地球模拟器主要由结构主体、紫外光源和电源系统三部分组成。紫外地球模拟器的主要技术指标:①发光圆面直径:不小于ϕ2200mm;②光谱范围:355nm±50nm;③辐亮度:3~6 W/(sr·m^2)可调;④发光面不均匀度:不大于±30%;⑤圆心位置对准误差:不大于20μm。

9.5.3　试验实例

基于紫外敏感器的航天器自主导航试验系统实物如图9-29所示,自主导航试验流程如图9-30所示。

图9-29　基于紫外敏感器的自主导航试验系统实物

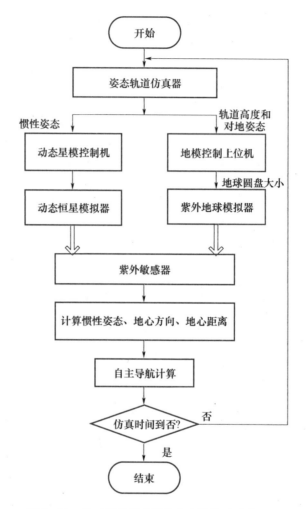

图 9 - 30 基于紫外敏感器的自主导航试验流程图

基于紫外敏感器的自主导航软件运行在导航计算机上,实时采集紫外敏感器的测量信息,对数据的相容性进行检验,剔除野值;然后由环形视场得到的地球成像圆盘的圆心和半径计算敏感器测量坐标系中的地心方向和地心距,由中心视场对恒星矢量的测量值计算航天器的惯性姿态,确定惯性系中的地心方向和地心距;将导航解算结果与姿态轨道仿真器的基准数据进行比对来评估导航精度。

利用姿态轨道仿真器、紫外敏感器、紫外地球模拟器、动态恒星模拟器和自主导航试验软件,以 500km 太阳同步轨道航天器为例,进行了基于紫外敏感器的自主导航半物理仿真试验,紫外敏感器实测图像如图 9-31 所示,中间区域是对中心视场对星图所成图像,多边形为环形视场对紫外地球边缘所成图像,自主导航试验结果如图 9-32 所示。

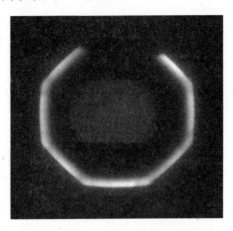

图 9-31　紫外敏感器实测图像

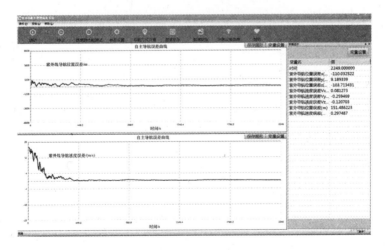

图 9-32　基于紫外敏感器的自主导航试验结果

统计仿真试验结束前 1000s 位置误差的均方根,结果表明,基于紫外敏感器的自主导航半物理仿真精度为 251m,达到了导航精度优于 1km 的预期指标要求。

▶ 9.6 小结

　　本章论述了航天器自主导航地面试验验证技术,包括天文自主导航数学仿真和敏感器在回路内的半物理仿真技术。介绍了航天器轨道仿真方法、自然天体测量特性模拟方法、自主导航地面半物理仿真试验系统方案、基于导航敏感器真实测量数据的地面验证系统实现方法,以及典型自主导航仿真试验情况。数学仿真可快速、方便地对自主导航方法进行性能分析,初步验证导航方法的可行性,但可信度依赖于敏感器测量模型、目标特性仿真精度等诸多因素,仿真结果与工程实际存在一定差别。利用导航敏感器样机、天体模拟器和导航计算机等硬件设备进行敏感器在回路内的地面半物理仿真试验,可以更有效地验证导航敏感器的性能和导航方案的有效性。自主导航半物理仿真试验系统的建立,对深入研究航天器自主导航方法具有重要意义,还可拓展为融合多种测量信息的组合导航地面试验系统,能够为航天器自主导航技术工程应用提供设计基础。

⊙ ▶ 参 考 文 献

[1] 刘良栋. 卫星控制系统仿真技术[M]. 北京:宇航出版社,2003.

[2] 王大轶,黄翔宇,魏春岭. 基于光学成像测量的深空探测自主控制原理与技术[M]. 北京:中国宇航出版社,2012.

[3] 周黉,陈金平,刘志俭. 基于 HLA 的卫星自主导航仿真系统设计[J]. 计算机仿真,2006,23(10):8-14.

[4] 王凌云,高玉军,张国玉. 圆锥扫描式红外地球模拟器研究[J], 光学技术,2007,33(5):666-668.

[5] 张国玉,张帆,徐熙平,等. 小型准直式红外地球模拟器研究[J]. 仪器仪表学报,2007,28(3):545-549.

[6] 孙高飞,张国玉,姜会林,等. 甚高精度星模拟器设计[J]. 光学精密工程,2011,19(8):1730-1735.

[7] 郝云彩,王大轶. 深空自主导航光学敏感器及其验证[J]. 空间控制技术与应用,2012,38(3):5-10.

[8] 王大轶,黄翔宇. 深空探测转移段光学成像测量自主导航及仿真验证技术[J]. 控制理论与应用,2014(12).

[9] 徐达,张国玉,孙高飞. 静态紫外地球模拟器光学系统设计[J]. 光电工程,2014,(8):85-89.

第 10 章
航天器自主导航技术展望

　　航天技术是一个国家科技水平和综合国力的重要体现。我国已经步入世界航天大国的行列,在地球卫星、载人航天和空间探测三大领域开展了广泛的研究,空间活动的能力有了长足进步,开始高度关注自由进入空间、增强空间控制和实现天地往返等航天任务。航天任务的成功离不开对航天器的有效导航,传统的航天器导航主要通过地面站的无线电、光学测量和通信来实现。随着航天器数量的不断增多,以及卫星系统在经济、军事上的广泛应用,对航天器自主导航提出了更高的要求,实现全部或部分自主导航是新一代卫星平台的技术发展趋势。目前,国内外均大力开展电推进卫星平台的研究,使用电推进系统增加了时间成本与地面支持成本,导致电推进卫星需要占用大量的地面资源,用于轨道控制策略的制定和实施。航天器实现自主导航不仅可以降低对地面人力、物力和设备的需求,降低航天计划的成本,更重要的是当航天器与地面测控系统的信息传输发生中断时,可以保障航天器具备较强的生存能力;此外,发展自主导航技术可以缓解因国土有限造成的地面站布局困难,适应未来航天任务发展需要,对推动我国从航天大国走向航天强国具有重要意义。

　　国际上有影响力的大国十分重视空间自主导航技术的发展。美国空间航天中心在《航天和导弹投资战略》报告中指出自主导航是一项需要优先发展的技术。美国空军 2010 年发布的《技术地平线》报告中,将 GPS 在不可用环境下的定位、导航和授时"列为 12 项科研重点领域之一。2015 年,美国国防预先研究计划局(DARPA)发布了战略指南文件《保障国家安全的突破性技术》,明确指出"增强不依赖 GPS 的定位、授时和导航能力"是未来重点研究领域。在致力于开发传统惯性、天文和无线电导航技术的同时,国外仍在不断研究新体制、新概念自主导航方法,如 X 射线脉冲星导航(XNAV)、量子定位系统(QPS),以及全源定位和导航(ASPN)等。

航天器自主导航作为提升自主运行能力的核心关键技术之一,是实现航天器自主控制的基础,已受到越来越多的关注和重视,掀起了航天器自主导航研究的新一轮高潮。航天器自主导航系统除了要求实现很高的定位精度外,还要求可以工作于高对抗的电子环境中。尽管卫星导航定位技术等具有精度高、实时性好等优点,但这些导航方式要依赖外部人造信号进行工作,从一定程度上消弱了系统的隐蔽性和自主性。完全自主的、无源的、适用于军事应用的导航方式成为现代导航技术的研究热点,根据对恒星、地心、太阳矢量、大气偏振光或地球重力场等自然天体或物理现象的观测确定载体的绝对位置或姿态,是实现高精度高安全性自主导航的有效途径。

未来地球轨道航天器自主导航的研究主要以高轨航天器和卫星星座高精度自主运行为背景,重点突破基于新型光学导航敏感器、微型导航定位和授时(Micro-PNT)单元和星间相对测量敏感器等星载设备的自主导航技术,包括研制满足在轨应用要求的高性能导航敏感器、解决导航目标特性分析和系统误差在轨校正问题、设计适合工程化要求的自主导航方案、进行地面半物理仿真试验和在轨飞行试验等。同时,积极开展基于多源信息融合的组合导航技术研究,充分依托地面试验和飞行试验结果,分析制约导航精度的关键因素,探索用于提高导航性能的新型数据处理方法。本章简要介绍未来航天器自主导航研究的主要热点。

10.1 提高导航性能的技术手段和系统架构

航天器导航系统的主要任务是确定航天器相对参考坐标系的位置和速度,通常地球轨道航天器自主导航的核心技术问题是"确定地心位置"。影响导航精度的主要因素包括测量精度、目标特性和处理算法。作为不依赖人造信标的全自主导航方式,天文导航在较长一段时间内仍将是航天器自主导航的重要手段,主要研究方向是进一步提高导航精度的理论方法和新型测量方式。

1. 目标特性研究

天文导航具有全自主、高可靠、误差不随时间积累、抗干扰能力强、可同时提供位置和姿态信息等优点,能够在不依赖地面支持的条件下自主完成轨道确定任务。天文导航系统利用对自然天体辐射特性的测量确定卫星位置,对导航目标辐射特性的研究是天文导航的研究方向之一,如对地球紫外波段辐射进行研究,取得有关地球大气、臭氧层和恒星的紫外辐射特性数据,是紫外敏感器研制的依据。利用光学导航敏感器进行天文自主导航时,核心问题是如何高精度测定天体中心方向。由于地球近似为旋转椭球,当按照标准球模型解算地心方向时,地球扁率是测量误差的主要来源之一,地球扁率误差的补偿需要在地球辐射特性研究的基础上进行。对基于一体化日-地-月敏感器的自主导航系统而言,由于太阳光照条件的影响以及观察位置的变化,月球明亮部分的形状不断变化,敏感器测量得到的月心方向和实际月心方向存在一定的偏差,这个角度偏差会带来较大的导航误差。研究地球和月球等天体目标的辐射特性,分析导航敏感器成像测量的特点以及天体中心矢量偏差变化规律,解决天体辐射特性等因素造成的有规律误差的补偿问题,是实现高精度天文自主导航的基础。

2. 误差建模和校正

受导航敏感器光轴与 CCD 成像平面坐标系不正交、光学角距误差等因素的影响,将造成地心方向测量的系统误差。系统误差的存在造成观测模型的不准确,会大大降低估计精度,甚至导致滤波发散。采用系统误差自校正方法,或融合 GNSS 等辅助测量信息,实现导航敏感器系统误差的精确校正,是改善天文自主导航系统性能的有效手段之一。采用经过校正的导航敏感器,在基于人造信标的外部信息源不可用的情况下,通过对自然天体的测量仍可为航天器提供中等精度的绝对位置信息。对敏感器系统误差的精确建模是实现误差在轨校正的基础。基于系统误差模型,可将系统误差扩充为状态变量,通过最优滤波算法加以估计和补偿。系统误差经过校正,不可避免会剩余部分残差,加强对鲁棒滤波和自适应滤波等先进滤波算法的研究,将进一步减小系统误差校正后剩余残差的影响。

3. 测量手段的集成化和可复用

航天器自主导航的发展目标是不断扩展导航能力和提高导航精度。为了实现上述目标:一方面,应加强对具有更高精度和更高灵敏度的新型导航敏感器的研制;另一方面,应注重天文导航测量手段的集成化和可复用,如紫外敏感器通过光机电一体化设计,实现只用一个固态敏感器组件同时对恒星和地球进行成像,能够同时提供三轴姿态数据和自主导航信息,有效降低相对安装误差(恒星观测和地球观测)对自主轨道计算的影响。为了提高导航性能:一方面要求获取导航天体的高质量图像;另一方面,还要提高图像处理的精度、快速性和鲁棒性。针对航天器高精度自主导航需求,研究天文导航信息获取方法,以恒星和地球同时同探测器成像为基础研究地心方向测量方法,突破强光背景下弱目标成像技术,以及基于成像边缘点矢量拟合的地心矢量快速提取技术。航天领域的发展特点要求航天器上携带的导航器件应满足体积小、重量轻的特点。随着现代微电子技术、微机电系统(MEMS)技术和微型定位、导航与授时(Micro - PNT)技术不断飞跃,航天器天文自主导航系统正朝着小型化、模块化和集成化的方向发展,可以预见,随着新型敏感器技术、微处理器技术和 MEMS 技术的应用,未来导航系统的性能将不断提高,体积和功耗会越来越小,集成度会越来越高。

4. 全源定位与导航

全源定位与导航(ASPN)是美国 DARPA 提出的一项针对 GNSS 拒止环境下的高精度定位、导航和授时研究计划,旨在设计高精度、低成本、高鲁棒性的无缝导航解决方案,研究不依赖 GNSS 的导航敏感器组合方式、快速集成系统架构,以及信息融合和导航滤波算法,以期在未来对抗条件下保持精确 PNT 能力的优势。ASPN 计划的实现方式可归纳为:融合微型惯性导航系统、多模 GNSS 接收机(导航信号可用情况下)、光学导航敏感器和芯片级原子钟等的导航信息,充分发挥多种导航方式的优势,为作战人员、车辆、机器人和空间飞行器等用户提供全时高精度自主 PNT 服务。ASPN 系统主要具备以下技术特点:第一,对导航敏感器的体积、重量和功耗提出了较高要求,要求系统的体积、重量、功耗和导航精度达到或接近 GNSS 接收机的水平,微型惯性基准的发展是 ASPN 研究的重要基础,并且支持通过多源信息融合增强系统性能;第二,采用即插即用技术和开放式体系架构,使得导航系统兼容现有的(以及一些尚未开发的)导航敏感器,能够智能识别环境变化并及时作出调整,实现对多种导航资源的优化配置。

全源导航未来发展目标是开发一个以微型惯性系统和精确时钟为核心的导航系统,按照使用环境和任务需求的不同,自主选取适当的测量源和相应的模型数据库进行处理,为用户提供无卫星导航信号条件下的精确定位、导航与授时服务。在系统架构方面,基于总线结构,建立标准接口规范,改变以往导航系统只能识别特定导航设备的状况,提高自适应性和可扩展性,实现对不同导航设备的自主识别和数据优化处理,为全系统的试验、使用和维护提供便利。

10.2　多信息源融合的组合导航技术

随着航天技术的发展和空间任务的增多,对航天器自主导航性能的要求越来越高,单独一种自主导航方式往往难以满足航天器长时间、高精度、高可靠自主导航的要求。将传统天文导航方法与人造或天然信标信号相融合,构成组合导航系统(如天文/GNSS 组合导航系统、光学/脉冲星组合导航系统),可实现各种导航方法之间的优势互补,并使组合导航系统的性能优于各子系统,是以现有技术手段改善自主导航性能的有效方法。一方面,组合导航系统融合了各个子系统的导航信息,有助于实现系统误差校正,能够取得超越单个子系统的导航精度;另一方面,组合导航系统获得了冗余的测量信息,增强了系统对环境的适应性,提高了整个系统的可靠性。

组合导航的发展趋势是从单一敏感器类型发展到多敏感器组合,信息处理方法由围绕单个特定敏感器的数据处理,向着多信息源融合的方向发展。在组合模式方面,组合导航系统经过了一个由浅入深的发展过程,如典型的惯性/卫星组合导航系统,由早期的伪距、伪距率组合模式,到现在的载波相位组合模式,以及利用惯性导航系统对卫星导航接收机跟踪环路进行辅助的模式。例如,近年来,国内外正在大力研发不依赖 GNSS 的组合导航系统——ASPN系统。

随着新概念导航敏感器的不断涌现,以及现代信号处理技术、计算机技术、人工智能技术等的日益发展,信息融合逐渐成为自主导航系统中不可或缺的技术手段。要实现一个高性能组合导航系统,需要研究多信息源融合方面的诸多实际问题,包括组合导航系统中导航敏感器的类型、配置方式、数据同步、系统计算能力、容错处理方式,以及有效融合算法等。在理论方法层面,完善多源异步信息融合的基础理论、改进数据处理方法,以及设计工程实用的滤波算法等,对组合导航技术的发展具有重要意义。下面结合几种典型的组合导航方式进行论述。

1.高轨天文/有限 GNSS 信号组合导航

基于光学导航敏感器的天文导航方式通过对多个空间参考目标的光学探测完成导航信息获取。光学导航敏感器可以实现绝对自主导航模式,相比GNSS 等半自主模式具有更高的安全性,且具有集成度高、自主性强等优势,可以同时完成三轴姿态和轨道信息的解算。但是,基于光学导航敏感器的天文导航是利用自然天体与探测器之间的角度信息进行定位,导航精度受到地心(或其他天体中心)位置提取精度的限制,且精度随航天器轨道高度的增加而降低,仅依赖光学导航敏感器难以实现航天器高精度自主导航。为了提高航天器自主导航精度,需要改进现有的导航方式,并引入新的导航信息。基于高轨天文/有限 GNSS 信号的组合导航系统处理来自光学导航敏感器和高轨多模GNSS 接收机的测量信息,通过融合算法给出航天器位置和速度、星钟误差、敏感器系统误差,以及轨道动力学参数等的最优估计值,能够有效提升自主导航的精度和可靠性。

人造卫星技术与信息技术的结合应用,为导航卫星系统的产生奠定了基础。卫星导航系统的应用不断增长,已在全球范围内得到普及。GPS 和 GLO-NASS 分别于 1995 年和 1996 年达到各自的实用水平,欧洲已启动伽利略(GALILEO)导航卫星星座系统的建设。中国于 20 世纪 80 年代提出建设自己的卫星导航系统,"北斗"1 号双星定位导航通信系统于 2000 年发射并随即投入使用,正在发展第二代北斗(BD)卫星导航系统。从世界范围来看,卫星导航系统的数据更新率和动态性能等正在不断提高,并且呈现出多元化的发展趋势。随着新的卫星导航系统的陆续建成和投入使用,未来卫星导航覆盖范围、精度和完整性将提升到一个新的高度,并极大地促进军用和民用事业的发展。可以预见,可用导航卫星信号将越来越多,天文/GNSS 组合导航系统有望成为地球轨道航天器首选的导航手段。

利用 GNSS 信号的高轨航天器自主导航需要解决信号微弱、可见星少、定位几何差等问题。以地球另一侧的导航卫星作为有限信标,研制高轨星载多模 GNSS 接收机,突破 BD/GPS/GLONASS/GALILEO 多导航系统融合处理技术,是解决高轨 GNSS 测量问题的基础;研究微弱 GNSS 信号快速捕获方法,突破微弱信号的稳定跟踪技术,是提升接收机测量性能的重要手段。在 GNSS 卫星上增加后向天线,将有利于高轨航天器接收导航信号,提升 GNSS 的高轨应用水平。此外,针对 GNSS 信号易受干扰的问题,在天文/GNSS 组合导航方式中,在 GNSS 卫星信号不可用的情况下,通过星载光学导航敏感器,仍能为航天器提供中等精度的导航信息。

2. 天地往返航天器的一体化组合导航

随着空天一体化技术的发展,天地往返航天器将是未来发展的趋势之一。这类航天器同时扮演着地球卫星和返回器的角色,由火箭发射升空以后,在轨运行数年,用于开展一系列的科学任务。在轨任务完成以后,经历离轨段、初期再入段、能量管理段和终端着陆段,最后以水平姿态返回地面着陆场。导航方式的选择取决于制导与控制系统对导航系统的需求以及导航敏感器对工作环境的要求。天地往返航天器采用组合导航技术,在轨和离轨段,主要采取基于 GNSS 的导航手段。当航天器以超高速进入大气层以后,表面会形成等离子区,中断了航天器与外界的无线电通信,这一区域称为"黑障区",在"黑障区"内,航天器依赖于惯性导航。由于惯性导航误差会随时间累积,在出"黑障区"后可再次引入 GNSS 导航,对惯性导航误差进行修正。在着陆前的末端能量管理段,航天器在大气层中飞行,制导与控制系统要求导航系统提供攻角、侧滑角等信息,需要引入大气数据系统。在终端着陆段,利用高度表提供高度信息,并引入差分 GNSS 进一步提高导航精度,以保障航天器安全着陆。

天地往返航天器的组合导航技术是现代信息融合技术在自主导航系统中的一个典型应用。对于这一特定的导航系统,一方面需要综合分析各种误差源对导航系统性能的影响,以合理的方法进行导航方式切换和指标分配;另一方面需要研究鲁棒性强的信息融合算法,以提高导航系统的可靠性。

3. 基于天文/星间测量的星座自主导航

星座系统在不具备自主导航功能的情况下,星座卫星的定位精度将逐步降低,如美国 GPS 卫星在与地面站联系中断情况下,14 天末卫星导航服务精度(URE)达到 200m,180 天末达到 1500m。实现高精度自主导航是新一代星座系统的发展趋势。中高轨星座由于轨道长期预报精度较高,采用预报星历和星间测距的整网平差方法,能够实现一定时段的自主导航,如美国的 GPS 星座采用"预报星历 + 星间链路伪距测量"的自主导航方案,能够在不依赖地面测控站的情况下自主工作一段时间。但是,仅利用星间伪距测量进行星座自主导航时存在"亏秩"问题,造成部分轨道参数不能确定,绝对定位误差随时间积累。

星座自主导航误差主要有两大主要来源:一是地球旋转参数长期预报误差,在星上系统进行地心惯性坐标系与地球固联坐标系转换时,地球旋转参数的预报误差将对航天器定位精度产生影响;二是利用星间测距信息维持的星座卫星在惯性系中的位置误差,由于星间测距只能确定卫星之间的相对位置,星座的整体旋转不可测定。对于地球定向参数的误差,可通过加强建模研究,提高预报模型精度来控制。对于星座的整体旋转误差,可以建立基于天文/星间测量的星座组合导航系统,通过光学导航敏感器确定星座中一颗或几颗卫星的绝对位置,避免星座定位误差随时间积累。此外,设计和研制具有星间方向测量和指向跟踪功能的高性能星相机,也是实现星座定向的有效手段。

针对星座系统对自主导航能力的需求,天文/星间测量组合导航的研究重点包括星间测量可实现性分析、星座卫星目标识别、暗弱空间目标成像模拟和数据处理,以及高性能星相机研制等。在具有较高精度要求的星座自主导航系统中,轨道动力学模型的作用至关重要,建立既满足导航精度要求又计算简单的动力学模型是重要研究方向。在方案研究和敏感器研制的基础上,进行星座组合导航地面半物理仿真试验,是相关技术走向飞行试验和航天应用过程中必不可少的一步。

▶ 10.3 新体制自主导航方法

在致力于提高传统天文导航能力的同时,国内外仍在不断探索新概念自主导航方法,如 X 射线脉冲星导航、陆标导航、偏振光导航、量子定位系统和重力场匹配导航等,其中,脉冲星导航、偏振光导航和重力场匹配导航以天然信标作为测量对象,量子定位系统以人造信标为测量对象,而陆标导航既能够以天然信标作为测量对象,也能以人造信标作为测量对象。

1. X 射线脉冲星导航

脉冲星是恒星大部分核燃料已经耗尽时爆发形成的致密天体。当恒星不再燃烧核燃料时,不能以热压力的方式来支持自身的引力塌陷,导致星体收缩,在巨大的引力作用下,星体内的电子和质子结合成中子,从而形成高速自转的中子星。中子星能够沿磁极方向发射辐射波束,由于其自转轴与磁极方向不一致,脉冲星的转动带着辐射波束在宇宙中扫过一个巨大的锥形,当辐射波束扫过安装在航天器上的探测设备时,探测设备就接收到一个脉冲信号,犹如海上的灯塔。脉冲星具有极其致密的结构,其自转周期非常稳定,所辐射的脉冲信号具有良好的周期稳定性。

X 射线脉冲星能够发射具有稳定周期的脉冲信号,是理想的导航天体源,被誉为“宇宙中的灯塔”、“自然界的天体钟”,可以作为宇宙空间中的信标站,为航天器提供导航信息。脉冲星导航技术的发展为航天器自主导航研究提供了一种新的思路。X 射线脉冲星导航依赖航天器上搭载的测量设备进行工作,理论上能够达到优于传统天文导航的精度。作为导航信号源的脉冲星是自然天体,其信号具有规律性强和覆盖率高的优点。将脉冲星发射的 X 射线信号引入航天器导航系统,能够摆脱对 GNSS 及其他人造信标的依赖,实现高精度和高可靠的自主定位和授时。

脉冲星导航是国内外研究的热点问题,研究重点已从原理方法转向工程应用技术,包括研制 X 射线导航敏感器和开展飞行演示试验。由 NASA 和 DARPA 资助的研究团队所取得的成果展示了 X 射线脉冲星在导航领域的巨大潜力,近期目标是获得 100m 量级的导航精度。中国在 X 射线脉冲星的空间观测方面研究基础不足,但正在积极开展工作,目的是基于脉冲星信号构建绝对时空基准系统,实现北斗卫星导航星座和深空探测器的自主导航,研究的主要关键技术包括脉冲星导航数据库技术、大尺度时空基准技术、自主导航算法与容错处理技术、X 射线探测器技术、脉冲到达时间(TOA)观测量信号处理技术,以及在轨演示试验技术等。

2. 陆标导航

除了地心矢量之外,地面上固定的陆标也可以作为自主导航系统的测量基准。陆标导航的基本方法是通过测量陆标来确定卫星位置。陆标既可以是自然景物特征(如海岸线、河流等),也可以是人造测量基准点(如高速公路、地面微波发射站等)。以陆标跟踪器作为导航敏感器,可以给出航天器与陆标之间的方向矢量的测量值。陆标导航技术已在美国的地球静止轨道操作环境卫星(Geostationary Operational Environmental Satellite,GOES)得到实际应用。

基于陆标的导航方法在飞行器自主着陆和巡航导弹自主寻的等方面研究较多,但相关技术用于航天器导航时存在局限性,原因是陆标跟踪测量易受到云层覆盖等自然环境的影响,当天气恶劣或能见度较低时,难以准确的识别陆标,不能保证足够高的跟踪精度,其导航精度为千米量级。将陆标量测信息与天文导航信息相结合,建立天文/陆标组合导航系统,有助于提高导航精度。此外,基于陆标观测信息的导航方法可用于深空探测领域,如解决月球卫星和小行星探测器的自主导航问题。对于不存在大气的天体目标,陆标导航不会受天气变化等因素的影响。

3. 自然偏振光导航

太阳发出的自然光是非偏振的,由于地球大气的散射作用,会产生光的偏振。偏振光的方向和强度与太阳光的入射方向,以及观测者的方位相关,大气散射产生的偏振光能够为观测者提供太阳的方向信息。人的肉眼看不到光的偏振现象,而一些昆虫却能够利用大气的偏振特性进行导航定位。偏振光导航具有误差不随时间积累的特点,是一种全自主导航方式。模拟昆虫复眼结构的偏振光导航敏感器作为一种测角传感器,具有体积小、集成度高和抗干扰能力强的特点。偏振光导航作为一种以太阳光的自然偏振特性为信息载体的天文导航方式,优势在于不要求直接对太阳进行观测,在磁罗盘失灵的南、北极上空,仍能提供导航信息。国内外在大气层内的偏振光模式、仿生偏振光敏感器、基于偏振光的导航方法等方面开展了研究,并研制了偏振光天文罗盘,自然偏振光导航已用于移动机器人、地面车辆、船舶、飞行器等大气层内运动物体。将偏振光导航与INS等进行组合导航,能够有效控制航向误差,改善长航时条件下的导航精度,同时保障系统的自主性,具有广阔的应用前景。

基于自然偏振光进行大气层外的航天器导航,是一种自主导航新方法,国内外正在开展探索研究。国外对偏振光导航研究的起步较早,美国、日本等已经用卫星将偏振光敏感器送入地球轨道,对全球偏振光现象进行观测。理论分析与通过遥感卫星获得的实测结果表明,在航天器上能够观测到偏振光,偏振光特性反映了航天器、太阳与地球的方位信息。国内相关技术近 5 年发展比较迅速,在理论方法研究方面已经接近国际同类水平,偏振光敏感器测角精度达到 0.1°。探索基于偏振光的自主导航机理与方法,将偏振光导航推广用于航天器的姿态与轨道确定,在改善自主导航精度和可靠性等方面具有重要意义。在未来自然偏振光导航研究中,需要重点解决大气层外的偏振光特性、测量方法,以及导航方案等方面的问题。

4.量子定位系统

已经建成并应用的 GPS 存在的最大问题是对其无线电频谱缺乏必要的保护措施,信号易受干扰,在可用性方面存在弱点,在应用过程中会出现无任何先兆的情况下系统失效的现象。为了解决这一问题,一种方法是应用组合导航技术,使用多种导航设备对同一信息进行测量,利用不同导航设备性能上的互补性,基于多源测量信息进行在轨检测,以提高整个导航系统的可用性;另外一种方法是应用量子测量技术,采用与传统 GPS 相似的结构形式,利用纠缠光子信号取代电磁波,建立天基量子定位系统(QPS),QPS 在定位精度和安全性方面存在优势。

量子定位系统是由美国 MIT 的研究人员提出的一个富有想象力的技术创造,其核心思想是通过纠缠光子这一新型信号形式来实现高精度高安全性的用户距离测量。量子测量方式利用了量子力学中的量子纠缠特性,光子脉冲具有强相关性和高密集程度,这些脉冲能够以近似相同的速率传播并且成束到达,从而增强了信号,为用户距离的实时精确测量和高精度导航定位提供了信号基础。与传统的无线电测距方式相比,天基量子测量能够突破信号的功率和带宽对测量精度的限制,并且可以从原理上解决测量信号传输的安全性问题。根据量子力学理论中有关量子态的测不准原理以及不可克隆原理,敌方难以对量子定位信息实施截获和欺骗;即使窃听者能够截获到部分光子,也无法根据这些光子来获取信息或对信号进行复制,因此,敌方难以对量子测量实施有效的干扰。QPS 所具有的独特的加密能力使其适用于具有高安全性要求的军事系统。

开展天基量子测量和导航技术研究具有重大的战略意义,除了建立 QPS 之外,天基量子测量技术还可用于星间相对测量,从而实现星座自主导航。基于量子测量设备在地球卫星和拉格朗日点卫星(或地球卫星和月球卫星)之间进行星间距离测量,仅依赖测距信息和三体动力学可以实现基于相对测量的绝对定轨,确定参与导航的航天器的绝对位置,满足高精度和高安全性要求,上述系统的设计与实现是未来自主导航领域的研究方向之一。随着更多科学家加入该领域的研究,未来量子测量与导航技术将会得到快速发展,并对航天科学进步起到推动作用。

5.重力场匹配导航

地球重力场是存在于地球表面及其附近空间的一种力场,可以由通过卫星测高反演、航空重力测量和地面点测等手段获得的重力图来描述。INS/GAEA(重力梯度仪辅助导航)组合导航方法将地球重力场信息引入航天器自主导航系统中,基本方法为:航天器运动过程中,重力梯度仪实时获取重力测量值,同时,根据 INS 提供的位置信息,从重力图中读取相应的重力参考值;将重力测量值与重力参考值送给匹配解算计算机进行处理,求得最佳匹配位置,利用该信息对 INS 进行校正,从而达到抑制 INS 误差、提高导航精度的目的,特别适合用于近空间航天器自主导航。

航天器自主导航系统除了要求很高的定位精度外,还要求可以工作于高对抗的电子环境中。重力场匹配导航系统通过重力梯度仪测量地球重力场进行定位,不需要发射和接收无线电信号,不易受外界干扰,作为导航信号源的地球重力场具有规律性强和覆盖率高的优点,能够满足"高精度、长时间、自主性、无源性"的导航需求,是自主导航领域重要研究方向。基于 INS 和 GAEA 建立起来的导航系统,理论上可以达到接近 INS/GPS 组合导航系统的精度。开展重力场匹配导航理论方法研究,面向工程应用解决关键技术难题,将有力推动近空间航天器自主导航技术的发展。

▶10.4　先进导航滤波方法

在航天器自主导航系统中,通常基于最优滤波方法处理随时间变化的观测量,对系统的状态量进行递推估计。最优滤波方法在很多领域得到广泛应用,对于一个由高斯白噪声驱动的线性系统而言,KF 在最小方差意义上是一种最优状态估计方法。但是,航天器天文自主导航系统是一种系统非线性、噪声非高斯的系统,往往还受到模型不确定性的影响(如动力学建模误差和系统误差校正后剩余残差),因此,需要有针对性的设计先进滤波方法来提高自主导航精度。先进的滤波方法层出不穷,每种方法都有其特定的优势和应用领域,不断探索导航滤波新方法,并对滤波器性能(如鲁棒性、稳定性、收敛性)、误差影响因素和优化设计方法进行分析,是航天器自主导航研究的重要内容。

1. 高阶滤波方法

对于线性高斯系统,KF 是一种最优滤波算法。对于非线性系统而言,由于状态变量的后验概率分布很难完整精确的进行描述,设计最优滤波算法比较困难。为此,人们提出了多种次优滤波算法,其中最著名的是 EKF。但 EKF 算法存在一阶线性化对非线性函数的近似精度偏低、需要计算雅克比矩阵,以及要求非线性函数连续可微等自身无法克服的局限性,尤其在系统具有强非线性和高维数时,EKF 估计精度不佳,数值稳定性较差。

为了克服 EKF 的缺点,人们提出了一系列具有里程碑意义的非线性滤波算法,其中,无迹卡尔曼滤波(UKF)、中心差分卡尔曼滤波(CDKF)以及容积卡尔曼滤波(CKF)是一类基于确定性采样近似方法的高阶滤波算法,具有估计精度高、实现简单等优点,受到广泛关注。由于 UKF 所采用的无迹变换技术、CDKF 的多项式插值拟合思想和 CKF 的球面径向规则在本质上都是基于一组在个数、空间分布及权值方面确定的加权采样点来逼近非线性状态的后验分布,从这个意义上,它们可以统称为确定采样型滤波器,核心思想可以归纳为:首先,对状态先验分布抽取一定数量的确定性样本,称为 Sigma 点,然后,通过对这些 Sigma 点经非线性函数计算后的结果进行加权综合,以逼近非线性状态的后验分布。理论上已经证明,无迹变换、多项式插值和球面径向规则都至少能以二阶精度逼近非线性系统状态的后验均值和方差,由此推断,确定采样型滤波精度高于 EKF,适用于解决强非线性系统的状态估计问题。同时,确定采样型滤波器无需计算非线性函数的雅克比矩阵,比 EKF 更容易实现,且不要求非线性函数必须连续可微,克服了 EKF 的理论局限性。

与粒子滤波(PF)不同,确定采样型滤波器基于解析方法对状态变量的先验分布进行采样,而 PF 则是基于随机蒙特卡洛方法进行采样。确定采样型滤波器的计算量通常远远小于 PF,且不会出现 PF 因随机采样而产生的粒子退化和贫化问题。鉴于上述优点,确定采样型滤波已成为非线性滤波领域一个非常活跃的研究热点。将确定采样型滤波和 PF 相结合,可以同时处理模型非线性和噪声非高斯的问题,但存在计算量大的缺点,如何提高计算效率是该类方法亟待解决的问题。

2. 鲁棒滤波方法

针对模型不确定性带来的问题,学术界进行了广泛的研究工作,目的是增强滤波算法处理或容忍模型不确定性的能力。在这个研究方向上,研究人员提出了多种鲁棒滤波或 H_∞ 滤波方法。一般来说,鲁棒滤波的设计思路是在存在模型不确定性的情况下确保估计误差的方差有上界,并设法使估计误差的方差上界最小化;H_∞ 滤波的设计思路是确保估计误差与模型误差(不确定性)的范数的比值的有界性。鲁棒滤波(或 H_∞ 滤波)都是基于不确定模型设计的,如果实际系统中的模型不确定性与模型中关于不确定性的表述一致,那么,鲁棒滤波能够取得优于传统 KF 的估计精度。原因在于,不确定模型中包含了实际系统模型不确定性的先验知识,对实际系统的刻画更准确,而传统 KF 在设计过程中未考虑模型不确定性的影响。如何建立适当的不确定模型,合理有效的描述实际系统中存在的不确定性,是鲁棒滤波应用研究中需要解决的问题。

应当说明,如果模型中关于不确定性的表述与实际系统不一致,那么,应用鲁棒滤波算法代替 KF 有可能降低估计精度。举例来说,如果作为模型不确定性的未知干扰仅在少数情况下存在,此时,不确定模型多数情况下与实际系统不一致,基于不确定模型设计的鲁棒滤波算法往往不是设计者的最佳选择。将鲁棒滤波与多模型滤波技术相结合,有助于解决上述问题。

3. 多模型滤波

多模型自适应估计(MMAE)是另外一种能够处理模型不确定性的滤波方法。为了设计 MMAE 算法,通常由一系列模型组成的模型集来描述模型不确定性,模型集的设计对 MMAE 算法的性能有重要影响。在 MMAE 算法中,基于模型集中的各个模型分别设计滤波器,各个滤波器通过并行解算,获得各自的状态估计值,MMAE 算法总的状态估计值是各个并行滤波器状态估计值的加权和。各个并行滤波器的权值通过测量残差(新息)计算得到,反映了各个滤波模型与实际系统模型的相似程度。通过优化模型集和自适应律的设计,使得与实际系统相一致的模型在状态估计中起主要作用,此时,多模型滤波能够取得优于 KF 的估计精度。

MMAE 的发展已经历了三代:第一代是静态多模型滤波算法,各个并行滤波器基于固定的模型集分别进行递推估计;第二代是交互多模型(IMM)滤波算法,各个并行滤波器之间存在信息交流;第三代是变结构多模型(VSMM)滤波算法,其特色是用于设计并行滤波的模型集是时变的,可以根据环境的变化进行调节。随着 MMAE 算法的发展,其处理模型不确定性的能力不断增强。

通过设计 MMAE 算法,能够识别出系统中未知干扰开始和结束的时间,以及干扰的严重程度,并采取适当策略进行处理,如在未知干扰出现时,令噪声方差阵较大的模型起主导作用,相反,在不存在未知干扰的情况下,令噪声方差阵较小的模型起主导作用。MMAE 算法能够自适应的在多个模型间进行切换和折衷,这使其在应对航天器发动机喷气推力不确定性或敏感器受环境影响测量特性发生变化时,能够体现出优于 KF 和鲁棒滤波的性能优势。模型集的优化设计及其对滤波性能的影响分析是多模型滤波研究中需要关注的问题。

4.信息融合滤波方法

现代科学技术能够给地球轨道航天器提供多种导航方式,包括基于光学成像测量的传统天文导航、无线电导航和惯性导航等;此外,人们还在研究其他新概念导航方法,如 X 射线脉冲星导航、重力场匹配导航和自然偏振光导航等。这些导航方式都各有优缺点,精度和成本也大不相同。通过多源测量信息融合技术,将各种导航方式适当的组合起来,可以取长补短,实现对某些系统误差的在轨估计和补偿,提高整个导航系统的性能。

为了实现航天器组合导航,需要设计具有一定容错性的信息融合滤波算法。目前有两种典型的融合方式:集中式融合和分布式融合。集中式融合首先对敏感器测量值进行时间同步、误差校正、坐标变换等,然后基于集中式滤波算法进行状态估计。分布式融合方式是针对状态估计的信息融合,首先对每组导航敏感器的观测数据进行滤波估计,得到局部的状态估计值,然后将局部的状态估计值作为输入进行状态融合,得到全局状态估计值。直接采用 KF 或 EKF 进行集中式融合,存在状态维数高、计算负担重和不利于故障诊断等问题。分布式融合在容错性和运算效率方面较集中式融合有优势,符合信息融合技术的发展趋势。对于航天器组合导航系统而言,基于 KF 理论得到的联邦滤波算法具有设计灵活、计算量小和容错性能好的特点,是实现信息融合的重要方法。由于组合导航系统中包含余度信息,如果组合得当,可利用余度信息检测出某导航子系统的故障,将失效的子系统隔离掉,并利用正常子系统进行系统重构,继续完成导航任务。

在航天器组合导航系统中,各个子系统采用的是共同的轨道动力学模型,这使得子系统的局部估计具有相关性。此外,不同敏感器之间采样频率的异步性,以及通信延迟等因素给分布式融合算法的设计带来了困难。协方差交叉融合算法能够有效地解决局部估计的相关性,提供次优的融合估计。在解决敏感器异步延时的问题上,典型解决途径包括:从硬件层面设计时间同步装置,以及将不同时刻的状态扩维成新的状态进行估计等,上述方法为融合算法的设计提供了思路。针对典型航天器组合导航系统,考虑子系统相关性、敏感器异步延时等因素的分布式融合算法设计是信息融合滤波方法研究的重要方向。

10.5 小结

科学研究永无止境,导航定位的高精度和高可靠性始终是人们不断追求的目标。在全球政治、经济和军事的激烈竞争中,航天器自主导航技术发展十分迅速,美国、俄罗斯、欧洲和日本等国家都在积极开展研究,并取得了一系列成果。我国在从航天大国向航天强国迈进的过程中,在自主导航技术领域面临机遇与挑战并存的局面。展望未来,航天器自主导航技术将在高轨卫星、空间操作平台、新一代卫星导航系统,以及载人飞船和空间站等应用领域发挥更加重要的作用。

参考文献

[1] Christian J A, Lightsey E G. Review of options for autonomous cislunar navigation[J]. Journal of Spacecraft and Rockets,2009,46(5):1023 – 1036.

[2] Liop J V. Autonomous optical navigation for orbits around Earth – Moon collinear libration points[J]. Acta Astronautica,2013,86:119 – 125.

[3] 魏春岭,张斌,张春青. 一种姿态机动辅助下的天文导航系统偏差自校准方法[J]. 宇航学报,2010,31(1):93 – 97.

[4] 程会艳,郝云彩,熊凯. 自适应两级 UKF 算法及其在时变偏差估计中的应用[J]. 空间

控制技术与应用,2010,36(3):33-37.

[5] 石恒,徐世杰. 连续小推力航天器自主导航及在轨参数标定[J]. 中国空间科学技术,2012,4:62-70.

[6] 张卫星,刘万科,龚晓颖,等. 导航卫星自主定轨中光压模型精化方法及其影响研究[J]. 武汉大学学报,2013,38(6):700-704.

[7] 高有涛,徐波,熊欢欢. 一种提高导航卫星星座自主定轨精度的方法研究[J]. 宇航学报,2014,35(10):1165-1175.

[8] Aboutalib O,Awalt B,et al. All source adaptive fusion for aided navigation in Non-GPS environment[J]. Proc. of SPIE,Vol. 6575,2007.

[9] Shkel A M. Precision navigation and timing enabled by microtechnology:are we there yet[J]. Proc. of SPIE,2011.

[10] 江城,张嵘. 美国 Micro-PNT 发展综述[C]. 西安:第六届中国卫星导航学术年会,2015.

[11] Xiong K,Wei C L,Liu L D. The use of X-Ray pulsars for aiding navigation of satellites in constellations[J]. Acta Astronautica,2009,64:427-436.

[12] Emadzadeh A A,Speyer J L. X-ray pulsar-based relative navigation using epoch folding[J]. IEEE Transactions on Aerospace and Electronic Systems,2011,47(4):2317-2328.

[13] 刘利,郑伟,汤国建,等. 基于 X 射线脉冲星的导航半实物仿真系统[J]. 国防科技大学学报,2012,34(5):10-14.

[14] Du J,Fei B,Liu Y,et al. Application of STEKF in X-ray pulsar based autonomous navigation[J]. Procedia Engineering,2012,29:4369-4373.

[15] 黄良伟,帅平,林晴晴,等. X 射线脉冲星导航标称数据库构建[J]. 中国空间科学技术,2015,3:66-74.

[16] 李永放,王兆华,等. 激光脉冲作用下的量子定位试验方案的设计和分析[J]. 光子学报,2010,39(10):1811-1815.

[17] 彭堃墀,苏晓龙,贾晓军,等. 光场压缩态与纠缠态的增强及量子信息网络[J]. 山西大学学报,2012,35(2):231-242.

[18] 朱俊,陈霄祥,曾贵华. 基于量子关联的星间链路技术研究[J]. 量子光学学报,2013,19(1).

[19] 葛悦涛,蒋琪,文苏丽,等. 量子定位系统技术发展及其对导航武器发展的影响[J]. 导航定位与授时,2014,1(2):7-10.

[20] Shen Y,Xu L,Zhang H,et al. Relative orbit determination for satellite formation flying based on quantum ranging[J]. Advances in Space Research,2015,56:680-692.

[21] Shen Y,Xu L,Zhang H,et al. Doppler shift and ambiguity velocity caused by relative motion in quantum-enhanced measurement[J]. Optics Express,2015,23(14):18445-18457.

[22] 周军,刘莹莹. 基于自然偏振光的自主导航新方法研究进展[J]. 宇航学报,2009,30

(2):409 – 414.

[23] 杨中光,周军,黄河,等.偏振导航传感器测角误差分析与补偿[J].光学精密工程, 2014,22(6):1424 – 1429.

[24] 邬静云,高有涛.基于人工拉格朗日点太阳帆的导航卫星自主定轨技术[J].南京航空航天大学学报,2014,46(6):856 – 861.

[25] 熊凯,魏春岭,刘良栋.基于星间距离测量的高精度自主导航[J].空间控制技术与应用,2014,40(2):41 – 46.

[26] 王小旭,潘泉,黄鹤,等.非线性系统确定采样型滤波算法综述[J].控制与决策, 2012,27(6):801 – 812.

[27] Goodwin G C,Sin K S. Adaptive filtering,prediction and control[M]. Englewood Cliffs,NJ: Prentice – Hall,1984.

[28] Julier S,Uhlmann J. Durrant – Whyte H F. A new method for the nonlinear transformation of means and covariances in filters and estimators[J]. IEEE Transactions on Automatic Control,2000,45(3):477 – 482.

[29] Arulampalam M S,Maskell S,Gordon N,et al. A tutorial on particle filters for online nonlinear/non – Gaussian Bayesian tracking[J]. IEEE Transactions on Signal Processing,2002, 50(2):174 – 188.

[30] Arasaratnam I,Haykin S. Cubature Kalman filters[J]. IEEE Transactions on Automatic Control,2009,54(6):1254 – 1269.

[31] Alsuwaidan B N,Crassidis J L,Cheng Y Y. Generalized multiple – model adaptive estimation using an autocorrelation approach[J]. IEEE Transactions on Aerospace and Electronic Systems,2011,47(3):2138 – 2152.

[32] Lan J,Li X R. Equivalent – model augmentation for variable – structure multiple – model estimation[J]. IEEE Transactions on Aerospace and Electronic System,2013,49(4): 2615 – 2630.

[33] Hu J,Wang Z,Gao H,et al. Stergioulas. Extended Kalman filtering with stochastic nonlinearities and multiple missing measurements[J]. Automatica,2012,48:2007 – 2015.

[34] George J. Robust Kalman – Bucy filter[J]. IEEE Transactions on Automatic Control,2013, 58(1):174 – 180.

[35] Yun J,Ryoo C K. Missile guidance law estimation using modified interactive multiple model filter[J]. Journal of Guidance,Control,and Dynamics,2014,37(2):484 – 496.

[36] Xiong Kai,Wei Chunling,Liu Liangdong. Robust multiple model adaptive estimation for spacecraft autonomous navigation [J]. Aerospace Science and Technology,2015,42: 249 – 258.

附录 A
天文常数

单位:米(m)、千克(kg)和秒(s)分别为国际单位系统(SI)中的长度、质量和时间单位。

1. 光速:299792458m/s

2. 地球赤道半径:6378140m

3. 地球极半径:6356775m

4. 地球平均半径:6371004m

5. 地球赤道周长:40075.13km

6. 地球表面重力加速度:9.8061m/s^2

7. 地球平均轨道速度:29.79km/s

8. 地心引力常数:3.986005×10^{14}m^3/s^2

9. 地球扁率:0.00335281

10. 地球质量:5.9742×10^{24}kg

11. 日地平均距离(天文单位):$1.49597870 \times 10^{11}$m

12. 日地最远距离:1.5210×10^{11}m

13. 日地最近距离:1.4710×10^{11}m

14. 日心引力常数:$1.32712438 \times 10^{20}$m^3/s^2

15. 太阳质量:1.9891×10^{30}kg

16. 太阳与地球的质量比:332946.0

17. 太阳与地月系质量比:328900.5

18. 太阳半径:696265km

19. 太阳目视星等:-26.74 等

20. 太阳表面重力加速度:274m/s^2

21. 月球质量:7.3506 × 10^{22}kg

22. 月球直径:3476.4km

23. 月球扁率:0.0012

24. 地月平均距离:384401km

25. 月球平均轨道速度:1km/s

26. 月球满月的亮度:-12.7 等

27. 月球表面重力加速度:1.62m/s^2

28. 1 光年:9.4605536 × 10^{15}m

29. 1 秒差距:3.085678 × 10^{16}m

30. 1 儒略年:365.2500 日

附录 B
多模型自适应估计算法

多模型自适应估计（MMAE）算法是多模型滤波的实现形式之一，主要用于处理存在模型不确定性情况下的状态估计问题。作为实现自适应滤波的重要手段之一，多模型滤波算法的基本思路是建立由多个模型构成的模型集来描述带有不确定性的实际系统，基于模型集中的各个模型分别设计滤波算法，多个滤波器进行并行计算，取各滤波器状态估计值的加权平均作为多模型滤波算法的估计结果。传统的 MMAE 算法是针对线性系统提出的，基于 KF 滤波理论设计并行滤波器。将 MMAE 与 EKF、UKF、CKF 或 PF 等非线性滤波算法相结合，可以将多模型自适应估计推广用于非线性系统，在此以 EKF 为例进行说明。

用于 MMAE 算法研究的状态空间模型可写为

$$\boldsymbol{x}_k(\tau) = f^{(\tau)}[\boldsymbol{x}_{k-1}(\tau)] + \boldsymbol{w}_k(\tau) \tag{B-1}$$

$$\boldsymbol{y}_k(\tau) = h^{(\tau)}[\boldsymbol{x}_k(\tau)] + \boldsymbol{v}_k(\tau) \tag{B-2}$$

式中：$\boldsymbol{x}_k(\tau) \in \mathbb{R}^l$ 为状态变量；$\boldsymbol{y}_k(\tau) \in \mathbb{R}^m$ 为观测量；$f^{(\tau)}: \mathbb{R}^l \rightarrow \mathbb{R}^l$ 为状态转移函数；$h^{(\tau)}: R^l \rightarrow R^m$ 为测量函数；$\boldsymbol{w}_k(\tau)$ 和 $\boldsymbol{v}_k(\tau)$ 均为零均值白噪声，并且满足以下条件

$$E[\boldsymbol{w}_k(\tau)\boldsymbol{w}_j^{\mathrm{T}}(\tau)] = \begin{cases} \boldsymbol{Q}_k(\tau), & k=j \\ 0, & k \neq j \end{cases}, E[\boldsymbol{v}_k(\tau)\boldsymbol{v}_j^{\mathrm{T}}(\tau)] = \begin{cases} \boldsymbol{R}_k(\tau), & k=j \\ 0, & k \neq j \end{cases} \tag{B-3}$$

式中：$\boldsymbol{Q}_k(\tau)$ 和 $\boldsymbol{R}_k(\tau)$ 分别为系统噪声方差阵和测量噪声方差阵；下标 k 表示不同的时刻，括号中的符号 $\tau(\tau = 1, 2, \cdots, L)$ 用于区分不同的模型；L 为模型集

中的模型数。模型集中的模型具有不同的状态转移函数、测量函数、系统噪声或测量噪声,针对模型集中的每个模型建立一个滤波器,对于由 L 个模型构成的模型集,需要建立 L 个并行滤波器。模型集的选择是 MMAE 算法设计中的关键问题,如果模型集中的某个模型接近于实际系统,那么应用 MMAE 算法往往能够获得优于传统 KF 或 EKF 的估计结果。举例来说,解决机动目标跟踪问题是 MMAE 算法的典型应用实例之一,可根据机动目标的不同运动模式(如匀速运动、加速运动和转弯机动)建立多个模型;MMAE 算法用于系统故障诊断时,可基于系统中的多个潜在的故障模式建立模型集;对于存在参数不确定性的系统,要求模型集以足够高的精细程度覆盖不确定参数的取值范围。应当说明,如果模型集中的模型数量太大,将影响算法的计算效率。

MMAE 算法的实施步骤如下:

1)初始化

针对各个并行滤波器,根据先验知识选择初始状态 $\hat{x}_0(\tau)$ 和初始误差方差阵 $P_0(\tau)$,并为每个并行滤波器分配一个初始权值

$$\mu_0(\tau) = \frac{1}{L} \tag{B-4}$$

权值反映了模型集中的模型与实际系统的接近程度。

2)并行滤波

各个并行滤波器分别进行滤波,获得 L 个状态估计值 $\hat{x}_k(\tau)$($\tau = 1, 2, \cdots, L$),相应的递推解算过程与 EKF 类似。对于第 τ 个并行滤波器,状态变量 $\hat{x}_k(\tau)$ 及其估计误差方差阵 $P_k(\tau)$ 的预测和更新过程为

$$\hat{x}_{k|k-1}(\tau) = f^{(\tau)}[\hat{x}_{k-1}(\tau)] \tag{B-5}$$

$$P_{k|k-1}(\tau) = F_k(\tau) P_{k-1}(\tau) F_k^{\mathrm{T}}(\tau) + Q_k(\tau) \tag{B-6}$$

$$\hat{x}_k(\tau) = \hat{x}_{k|k-1}(\tau) + K_k(\tau)\{y_k - h^{(\tau)}[\hat{x}_{k|k-1}(\tau)]\} \tag{B-7}$$

$$K_k(\tau) = P_{k|k-1}(\tau) H_k^{\mathrm{T}}(\tau)[H_k(\tau) P_{k|k-1}(\tau) H_k^{\mathrm{T}}(\tau) + R_k(\tau)]^{-1} \tag{B-8}$$

$$P_k(\tau) = [I - K_k(\tau) H_k(\tau)] P_{k|k-1}(\tau)[I - K_k(\tau) H_k(\tau)]^{\mathrm{T}} + K_k(\tau) R_k(\tau) K_k^{\mathrm{T}}(\tau) \tag{B-9}$$

式中:$K_k(\tau)$ 为滤波增益矩阵,雅克比矩阵 $F_k(\tau)$ 和 $H_k(\tau)$ 按下式计算:

$$F_k(\tau) = [\partial f^{(\tau)}(x_{k-1})/\partial x_{k-1}]_{x_{k-1}=\hat{x}_{k-1}(\tau)}, H_k(\tau) = [\partial h^{(\tau)}(x_k)/\partial x_k]_{x_k=\hat{x}_{k|k-1}(\tau)} \tag{B-10}$$

3）权值计算

根据测量残差 $\tilde{\boldsymbol{y}}_k(\tau)$ 的大小计算各个并行滤波器的权值 $\mu_k(\tau)$。对于第 τ 个并行滤波器,权值可按以下公式递推计算:

$$\mu_k(\tau) = \frac{\mu_{k-1}(\tau)\Lambda_k(\tau)}{\sum\limits_{\tau=1}^{L}\mu_{k-1}(\tau)\Lambda_k(\tau)} \qquad (\text{B}-11)$$

其中,似然函数 $\Lambda_k(\tau)$ 的计算公式为

$$\Lambda_k(\tau) = \frac{1}{\sqrt{|2\pi\boldsymbol{S}_k(\tau)|}}\exp\left[-\frac{1}{2}\tilde{\boldsymbol{y}}_k^{\mathrm{T}}(\tau)\boldsymbol{S}_k^{-1}(\tau)\tilde{\boldsymbol{y}}_k(\tau)\right] \qquad (\text{B}-12)$$

测量残差 $\tilde{\boldsymbol{y}}_k(\tau)$ 及其方差阵 $\boldsymbol{S}_k(\tau)$ 的计算公式为

$$\tilde{\boldsymbol{y}}_k(\tau) = \boldsymbol{y}_k - h[\hat{\boldsymbol{x}}_{k|k-1}(\tau)] \qquad (\text{B}-13)$$

$$\boldsymbol{S}_k(\tau) = \boldsymbol{H}_k(\tau)\boldsymbol{P}_{k|k-1}(\tau)\boldsymbol{H}_k^{\mathrm{T}}(\tau) + \boldsymbol{R}_k(\tau) \qquad (\text{B}-14)$$

4）加权融合

计算得到各个并行滤波器的状态估计值 $\hat{\boldsymbol{x}}_k(\tau)$ 及相应的权值 $\mu_k(\tau)$ 后,根据下式计算状态估计值的加权和,作为第 k 步的状态估计结果:

$$\hat{\boldsymbol{x}}_k = \sum_{\tau=1}^{L}\mu_k(\tau)\hat{\boldsymbol{x}}_k(\tau) \qquad (\text{B}-15)$$

$$\boldsymbol{P}_k = \sum_{\tau=1}^{L}\mu_k(\tau)\{\boldsymbol{P}_k(\tau) + [\hat{\boldsymbol{x}}_k - \hat{\boldsymbol{x}}_k(\tau)][\hat{\boldsymbol{x}}_k - \hat{\boldsymbol{x}}_k(\tau)]^{\mathrm{T}}\} \qquad (\text{B}-16)$$

对于 $k = 1,2,\cdots$,预测更新、权值估计及加权和计算反复迭代进行,可以根据观测量 $\boldsymbol{y}_k$ 获得不同时刻状态变量的估计值 $\hat{\boldsymbol{x}}_k$,从而实现多模型自适应估计。

多模型滤波算法能够基于不同滤波器的测量残差,自适应地选取接近实际系统的模型在滤波过程中起主导作用,理想情况下,如果模型集中的一个模型与实际系统相一致(不失一般性,假定第 1 个模型与真实模型一致),那么,滤波器收敛后,权值 $\mu_k(1) \to 1, \mu_k(\tau) \to 0 (\tau \neq 1)$。MMAE 算法的性能取决于模型集中的模型与实际系统相符的程度,为了取得理想的滤波结果,要求模型集中的至少一个模型与实际系统足够接近。MMAE 算法的局限性在于,往往需要大量模型才能有效地描述模型不确定性的影响,因此计算负担较重,用于高维系统时会发生"维数灾难"。通过优化模型集的设计,或采用变结构多模型滤波技术(如模型集切换或自适应网格),有助于解决这一问题。

附录 C
术语

ALOS	Advanced Land Observing Satellite	先进陆地观测卫星
ANT	Autonomous Navigation Technology	自主导航技术
AMM	Autonomous Multiple – Model	自治多模型
ARGOS	Advanced Research and Global Observation Satellite	先进研究和地球观测卫星
ARL	Army Research Laboratory	陆军研究实验室
AUKF	Adaptive Unscented Kalman Filter	自适应无迹卡尔曼滤波
CCD	Charge Coupled Device	电荷耦合装置
CDKF	Central Divided – Difference Kalman Filter	中心差分卡尔曼滤波
CKF	Cubature Kalman Filter	容积卡尔曼滤波
CMM	Cooperating Multiple – Model	协作多模型
CMOS	Complementary Metal Oxide – Semiconductor	互补金属氧化物半导体
CRLB	Cramer – Rao Lower Bound	Cramer – Rao 下界
DARPA	Defense Advanced Research Project Agency	国防高级研究项目局
DORIS	Doppler Orbitography and Radiopositioning Integrated by Satellite	卫星组合多普勒定轨和雷达定位
EKF	Extended Kalman Filter	扩展卡尔曼滤波
EO	Earth Observing	地球观测

ERADS	Earth Reference Attitude Determination System	地球基准确定系统
FSMM	Fixed Structure Multiple – Model	固定结构多模型
GAEA	Gradiometer As an External Navigation Aid	重力梯度仪辅助导航
GEO	Geosynchronous Orbit	地球同步轨道
GNSS	Global Navigation Satellite System	全球导航卫星系统
GOES	Geostationary Operational Environmental Satellite	地球静止轨道操作环境卫星
GPS	Global Position System	全球定位系统
GLONASS	Global Navigation Satellite System	全球导航星系统
HEO	High Earth Orbit	高地球轨道
HPOP	High Precision Orbit Propagator	高精度轨道预报模型
HST	Hubble Space Telescope	哈勃太空望远镜
IGRF	International Geomagnetic Field Model	国际地球重力场模型
IMM	Interacting Multiple – Model	交互多模型
IMU	Inertial Measurement Unit	惯性测量单元
INS	Inertial Navigation System	惯性导航系统
ISL	Inter – Satellite Link	星间链路
JD	Julian Date	儒略日
JPL	Jet Propulsion Laboratory	喷气推进实验室
KF	Kalman Filter	卡尔曼滤波
LEO	Low Earth Orbit	低地球轨道
LES	Lincoln Experimental Satellite	林肯试验卫星
LOP	The Long – Term Orbit Propagator	长期轨道预报模型
MANS	Microcosm Autonomous Navigation System	微型自主导航系统
MIT	Massachusettes Institute of Technology	(美国)麻省理工学院
MMAE	Multiple – Model Adaptive Estimation	多模型自适应估计
MSE	Mean Square Error	均方误差
NASA	National Aeronautics and Space Administration	(美国)国家航空和宇宙航行局
NICE	Neutron star Interior Composition Explorer	中子星内部成分探测器
NPSAT	Naval Postgraduate School Spacecraft Architecture and Technology	海军研究生院航天器结构和技术

NRL	Naval Research Laboratory	海军研究实验室
MJD	Modified Julian Date	约化儒略日
QPS	Quantum Positioning System	量子定位系统
PF	Particle Filter	粒子滤波
RBF	Radial Basis Function	径向基函数
RF	Radio Frequency	射频
RMS	Root Mean Square	均方根
SSB	Solar System Barycenter	太阳系质心
SSGS	Standardized Space Guidance System	标准化空间制导系统
STK	Satellite Tool Kit	卫星工具软件包
TDMA	Time Division Multiple Address	时分多址
TDOA	Time Difference of Arrival	脉冲到达时间之差
TDRSS	Tracking and Data Relay Satellite System	跟踪与数据中继卫星系统
TOA	Time of Arrival	脉冲到达时间
UKF	Unscented Kalman Filter	无迹卡尔曼滤波
ULTRA	Unknown Landmark Tracker	未知陆标跟踪器
URE	User Range Error	用户测距误差
USA	Unconventional Stellar Aspect	非常规恒星特征
UT	Unscented Transform	无迹变换
VSMM	Variable – Structure Multiple – Model	变结构多模型
XNAV	X – Ray Navigation for Autonomous Position Verification	基于 X 射线源的自主导航定位

内 容 简 介

航天器自主导航指的是在不依赖地面测控站支持的情况下，仅利用自身携带的测量设备在轨实时确定航天器的位置和速度。自主导航能够降低航天器对地面测控的依赖程度，提高航天器自主生存能力。本书以提升地球轨道航天器自主运行能力为技术需求，重点论述以自然天体为测量目标的自主导航理论、新型导航方案以及地面试验验证技术。

本书是作者十多年相关研究成果的总结和提炼，涉及地球轨道航天器自主导航的理论、方法和技术问题，以及提高自主导航精度的技术途径，是一本融基础理论与试验技术为一体的学术专著，既可作为航天工程科研人员的参考书，也可作为高等院校相关专业研究生和高年级本科生的教材。

The autonomous navigation system determines the position and velocity of a spacecraft on orbit by using only the equipment aboard the spacecraft. It does not depend on tracking station on the Earth. It can improve the survivability of the spacecraft effectively in the case that the communication with the ground is lost. In order to realize the goal of autonomous operation independent of the Earth station, the autonomous navigation theory based on the celestial body, the practical method to improve the navigation accuracy, the novel navigation scheme and the ground experiment and verification technique is investigated.

This book summarizes the authors' work in more than ten years. The contents focus on the theory, method and technical problems of the autonomous navigation for Earth orbit spacecrafts. Moreover, this book presents some technique approaches to improve the navigation accuracy. It is a scientific monograph that consists of basic theory and experiment technique. Hopefully, it would be a useful handbook for engineers of aerospace project, as well as a teaching material for advanced undergraduates and graduates in relevant fields.